手工钨极氩弧焊培训教材

主　编　赵伟兴

哈尔滨工程大学出版社

内 容 简 介

本书叙述了手工钨极氩弧焊的基本原理,介绍了钨极氩弧焊各类金属焊丝及相关材料,重点讨论了钨极氩弧焊机的构造原理及使用方法,系统地讲解了各类金属的焊接特点及操作工艺要点,并列举大量的生产实例,内容充实且丰富。

本书可作为手工钨极氩弧焊培训教材,也可供技校焊接专业师生及从事焊接专业的技术人员参考。

图书在版编目(CIP)数据

手工钨极氩弧焊培训教材/赵伟兴主编. ——哈尔滨:
哈尔滨工程大学出版社,2010.3(2022.1 重印)
ISBN 978 - 7 - 81133 - 605 - 4

Ⅰ.①手… Ⅱ.①赵… Ⅲ.①手工焊:钨极惰气保护
焊 - 技术培训 - 教材 Ⅳ.①TG444

中国版本图书馆 CIP 数据核字(2010)第 037613 号

出版发行　哈尔滨工程大学出版社
社　　址　哈尔滨市南岗区南通大街 145 号
邮政编码　150001
发行电话　0451 - 82519328
传　　真　0451 - 82519699
经　　销　新华书店
印　　刷　哈尔滨市石桥印务有限公司
开　　本　787mm × 1092mm　1/16
印　　张　13.75
字　　数　325 千字
版　　次　2010 年 4 月第 1 版
印　　次　2022 年 1 月第 3 次印刷
定　　价　25.00 元
http://www.hrbeupress.com
E - mail:heupress@ hrbeu.edu.cn

编 者 的 话

在现代焊接生产领域中,对于重要的钢结构和有色金属焊接工作,钨极氩弧焊已成为重要的焊接方法。手工钨极氩弧焊的质量优良,使用方便,能焊接各种金属,已为人们所公认。手工钨极氩弧焊现已在化工、航空、造船、管道及压力容器中得到了广泛的应用。随着造船工业的跨越式发展和中小型企业的兴起,培训大量的手工钨极氩弧焊工的需要性日益突出。鉴于造船工业手工钨极氩弧焊培训类教材的缺乏,编者总结了若干高级焊接技师和焊接工人的实践经验,收集了大量的技术资料和文献,并结合本人数十年培训焊工的经验,编写了本书。

本书的重点内容是材料、设备及操作工艺,要使学员会选用焊接材料,会使用钨极氩弧焊机,会用手工钨极氩弧焊操作各种金属的焊缝。

在编写本书过程中,注重了焊工培训的特点,对于基础知识的叙述,力求深入浅出,通俗易懂。列举了大量的生产实例,讲解了手工钨极氩弧焊焊接有色金属的操作工艺要点,做到了理论联系实际。本书还介绍了先进的手工钨极氩弧焊的操作工艺,内容较为丰富,有利于焊工技术的提高和今后发展。

本书编写过程中,杜逸明、陈景毅、杨光伟、吴晓东等高级焊接技师和焊接工人提供了有价值的生产经验和技术资料,并协助进行编写工作,在此致以衷心的感谢。对本书所引用的参考文献的作者,表示诚挚的谢意。

由于编者水平有限,实践经验不足,书中难免会有错误和不妥之处,恳请读者给予批评指正。

编　者

2009 年 5 月

目　　录

第一章　钨极氩弧焊概述

第一节　氩弧焊原理、特点、分类及应用

一、氩弧焊原理及发展

氩弧焊是高质量的焊接方法,现已在航空、造船、化工等工业部门得到了迅速推广应用。

1882 年俄国科学家贝那尔多斯发明了碳极电弧焊(图1-1)。他的方法是利用碳棒 1 和工件(金属板)2 之间产生的电弧 3,其热量熔化工件和附加金属棒(焊丝)4,冷却后形成焊缝 5,获得工件的永久性连接。焊接过程中碳棒是不熔化的。随着科学技术的发展,人们以钨棒代替碳棒,并用氩气来保护电弧,提高了焊接质量。钨极氩弧焊于 20 世纪 30 年代问世,以高熔点的钨棒作为电极,电极和工件之间产生电弧,电弧在氩气保护下熔化工件和焊丝,冷凝后构成焊缝,获得优质的焊接接头(图1-2)。这种焊接方法称为钨极氩弧焊,一般以 TIG 表示。

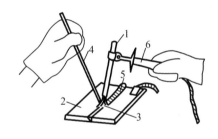

图1-1　碳极电弧焊
1—碳棒;2—工件;3—电弧;4—附加金属棒;5—焊缝;6—焊枪

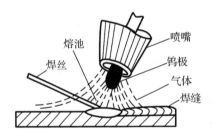

图1-2　钨极氩弧焊

在氩弧焊发展过程中,受到了 CO_2 气体保护半自动焊的启迪和促进,以可熔化的焊丝代替钨极,于是形成了熔化极氩弧焊(图1-3)。熔化极氩弧焊是以与工件金属成分相近的盘状金属焊丝作为电极,并由焊丝给送机构送入电弧区,在氩气保护中的电弧热作用下,电极(焊丝)熔化以熔滴形式过渡到熔池(已熔化的部分工件金属)中,冷凝后构成焊缝。熔化极氩弧焊一般以 MIG 表示。

氩弧焊发展初期,由于氩气价格昂贵,影响着氩弧焊

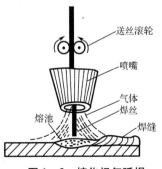

图1-3　熔化极氩弧焊

在生产中的推广应用。制氧技术的发展带动了制氩技术的进步,使生产氩气的成本得到大幅度的下降,于是氩弧焊获得了转机,取得了蓬勃的发展,现在氩弧焊已在焊接有色金属领域中占据了主导地位,在管道焊接生产作业中成为重要的焊接方法。

二、钨极氩弧焊的特点

钨极氩弧焊在实际应用中有以下几方面优点。

(一)无不良的化学反应

氩气是单原子惰性气体,高温下不和熔化的熔池金属发生化学反应,也不溶于液态金属中。焊接时氩气笼罩着电弧和熔池,隔绝空气,确保熔滴和熔池不发生氧化等不良反应,能获得高质量的焊缝。

(二)电弧稳定

氩气以一定的流量喷出,具有一定的挺度,对电弧的保护能力强。还有高熔点的钨棒在焊接过程中不熔化,电弧易达到稳定状态。

(三)可以控制填加焊丝的量

钨极氩弧焊可以加焊丝,也可以不加焊丝。加焊丝时通常焊丝是不通电的,并不存在焊丝熔化量和焊接电流大小成正比的关系,这样可以利用填加焊丝量的大小,来控制焊缝的尺寸。在焊接时,可以不加或少加焊丝,使焊缝的成形美观。钨极氩弧焊还可以对已焊好的焊缝进行重新熔透并整形。

(四)没有焊渣

氩弧焊过程中无化学反应,没有焊渣,焊后不需要进行清理焊渣工作,减少了辅助工作时间。

(五)能焊大多数金属

氩气没有吸热分解反应,电弧热量集中,且损失少,适合焊接有色金属和高温合金。除了锡、锌、铅等低熔点和易蒸发金属外,钨极氩弧焊能焊钢、铜、铝、钛、镍、镁、锆等大多数金属。

钨极氩弧焊也存在以下几方面问题。

(一)氩弧焊成本高

氩气的价格尚属较高,焊有色金属的坡口清理工作要求高,故氩弧焊的总成本高。

(二)氩弧焊设备要求高

氩气的电离电位高,引燃电弧比较困难。氩弧焊设备通常需要有引弧及稳弧装置。

(三)焊厚板效率低

氩弧焊的功率不高,宜焊薄板,焊厚板的效率低。

(四)焊工技能要求高

操作手工钨极氩弧焊时,焊工要双手操作,钨棒和焊丝要协调动作,对焊工技能要求高,且劳动强度大。

三、氩弧焊的分类

（一）按电极不同可分为钨极氩弧焊和熔化极氩弧焊

钨极氩弧焊和熔化极氩弧焊的区别是电极是否熔化,钨极氩弧焊的电极是不熔化的,焊丝是附加的,可以加也可以不加;熔化极氩弧焊的电极是金属焊丝,焊接过程中焊丝(电极)被熔化加入到焊缝中,熔化焊丝的量必然随着焊接电流的增大而增多,焊接电流直接影响到焊缝的尺寸。

（二）按操作机械化程度可分为手工钨极氩弧焊、半自动熔化极氩弧焊、自动氩弧焊

（1）手工钨极氩弧焊。焊工一手拿夹住钨极的焊枪产生电弧,并移动电弧,另一手拿焊丝送入熔池,移动电弧和给送焊丝都是手工操作的;(2)半自动熔化极氩弧焊。焊丝给送是机械操作的,由焊丝给送机构(送丝机)通过软管电缆从焊枪输出,进入电弧区,而电弧移动是由手工操作的(图1-4);(3)自动氩弧焊。有自动钨极氩弧焊和自动熔化极氩弧焊,它们的焊丝给送是机械操作的,且电弧沿焊接方向移动也是机械操作的。图1-5为自动钨极氩弧焊。

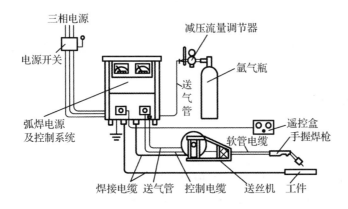

图1-4 半自动熔化极氩弧焊

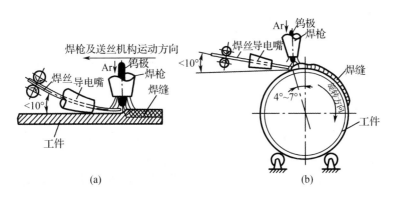

(a)　　　　　　　　　(b)

图1-5 自动钨极氩弧焊

a—对接自动焊;b—环缝自动焊

（三）按焊接电流波形不同可分为直流氩弧焊、交流氩弧焊、脉冲氩弧焊

直流氩弧焊的电流是稳恒的直流电（图1-6,a）；交流氩弧焊的电流是正弦交流电（图1-6,b）；脉冲氩弧焊的电流是以一定频率变化大小的脉动电流（图1-6,c）。

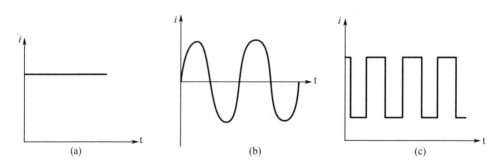

图1-6　氩弧焊的焊接电流波形
a—直流氩弧焊;b—交流氩弧焊;c—脉冲氩弧焊

（四）按保护气体组成不同可分为纯氩保护焊和混合气体保护焊

纯氩保护焊要求氩（Ar）气的纯度达99.98%。混合气体保护焊是在氩气中加入一定量的氦（He）或二氧化碳（CO_2）或氧（O_2），用混合气体焊某些金属时，电弧稳定，熔深增加，焊缝成形良好，飞溅少。

四、氩弧焊的应用

氩弧焊的应用范围是很广的。

（一）能焊很多种金属

氩弧焊过程中没有不良的化学反应，所以能焊很多种金属，除了锡、铅、锌等低熔点和易蒸发的金属外，能焊碳钢、合金钢、不锈钢、铜及铜合金、铝及铝合金、镍及镍合金、钛及钛合金、镁合金、锆合金及其他难熔金属。在有色金属焊接领域中，氩弧焊是首选的焊接方法。用氩弧焊焊接异种金属也能获得高质量的焊缝。

（二）宜焊薄板

氩弧焊的功率小。5 A 小电流焊接电弧仍能稳定燃烧，所以特别适宜焊接 3 mm 以下的薄板，焊接小于 0.8 mm 的板，也能获得满意的焊接质量。

（三）重要管子或筒体的打底层焊接

直径不大的管子或筒体，由于工人无法进入内部工作，只能在外面施行单面焊。重要的管子或筒体不允许内部有焊渣，这样只有用氩弧焊进行打底层焊接，焊后背面没有焊渣，也不需要清理焊渣。用氩弧焊焊好打底层，然后可用焊条电弧焊或其他焊接方法焊满坡口焊缝。

（四）可实现全位置焊接

氩弧焊是明弧焊，手工操作时焊工观察电弧和熔池清楚，容易掌握全位置焊接技能。脉

冲氩弧焊时,利用脉冲电流电弧加热熔化焊丝和熔池,而利用脉冲电流的间歇时间使熔池冷却,对熔池加热和冷却,能使全位置焊接焊缝成形良好。

第二节　氩气中的电弧

一、气体电离和电子发射

(一)原子、电子、离子

众所周知:物质是由分子组成的,分子是由原子组成的,原子是由带正电荷的原子核和带负电荷的电子组成的。通常情况下,原子核所带正电荷数和电子带负电荷数是相等的,所以原子不带电。当正、负电荷数不相等时,原子就会带电。若原子核带正电荷数多于电子带负电荷数,原子就带正电荷,带正电荷的原子称为阳离子(正离子)。反之,若原子内带负电荷的电子数多于原子核带正电荷数,原子就带负电荷,称为阴离子(负离子)。从原子中撞击出来的电子,若不和其他的离子或原子结合,则称为自由电子,自由电子是带负电荷的。

(二)气体电离

通常气体是不导电的,当气体受到光照、加热及被冲撞时,中性的气体分子或原子会分离成阳离子和电子,这种现象称为气体电离。电弧中气体电离有三种形式:(1)光电离,气体的中性粒子(原子或分子)受光辐射作用,气体电离,产生阳离子和电子;(2)热电离,气体的中性粒子受高热作用而产生的气体电离;(3)碰撞电离,气体的中性粒子受到高速电子的碰撞而产生的气体电离。

(三)阴极电子发射

常态下电子受到原子核的引力,绕原子核旋转而不脱离轨道,原子内的正负电荷数是相等的,原子不带电。当直流电源阴极上的电子受到外加能量达到一定数值时,就能冲破电极表面的制约而发射到金属表面外的空间,这就是电子发射现象。阴极电子发射有三种形式:(1)热发射,阴极表面受热作用而产生电子发射;(2)电场发射,两电极间加上电压,在强电场作用下,阴极表面产生电子发射;(3)撞击发射,高速运动的粒子(阳离子)撞击阴极表面,使阴极表面发射出电子。

以上几种电子发射和气体电离通常是同时存在的,又是相互促进的。电弧就是在电能、热能、光能、粒子动能的交替作用下产生,并持续不断地燃烧起来的。

(四)电子逸出功和电离电位

1. 电子逸出功

在两电极间施加一定电压后,阴极表面的电子在电场力作用下脱离原子核的引力,即发射出电子。电子从阴极表面逸出所需要的能量,称为电子逸出功。不同的电极材料有不同的电子逸出功(表1-1),电子逸出功越高,需要供给的能量越大,即越不易发射出电子。

表 1-1 电弧中常见气体及元素的电离电位(E_l)和电子逸出功(φ_y)

气体	E_l/eV	元素	E_l/eV	φ_y/eV	元素	E_l/eV	φ_y/eV
He(氦)	24.58	Al(铝)	5.98	4.25	Ca(铯)	3.38	1.81
Ar(氩)	15.76	Cr(铬)	6.76	4.59	Pd(钯)	4.18	2.16
N_2(氮)	15.50	Ti(钛)	6.82	3.95	K(钾)	4.34	2.22
N(氮)	14.53	Mo(钼)	7.10	4.29	Na(钠)	5.14	2.33
H_2(氢)	15.60	Mn(锰)	7.43	3.38	Ba(钡)	5.21	2.4
H(氢)	13.60	Ni(镍)	7.63	4.91	Li(锂)	5.39	2.38
O_2(氧)	12.5	Mg(镁)	7.64	3.64	La(镧)	5.61	3.3
O(氧)	13.61	Cu(铜)	7.72	4.36	Ca(钙)	6.11	2.96
CO_2(二氧化碳)	13.8	Fe(铁)	7.87	4.40	B(硼)	8.30	4.30
CO(一氧化碳)	14.01	W(钨)	7.98	5.50	I(碘)	10.45	2.8~6.8
HF(氟化氢)	15.57	Si(硅)	8.15	4.80	Br(溴)	11.84	—
		Cd(镉)	8.99	4.10	Cl(氯)	13.01	—
		C(碳)	11.26	4.45	F(氟)	17.42	—

注:E_l—电离电位;φ_y—电子逸出功;eV—电子伏特

2. 电离电位

要把电子从原子中拉出来使其与原子核分离,这是需要做功的,所消耗的功称为电离的功,以伏特表示的功称为电离电位。常见气体及元素的电离电位见表 1-1。气体或元素的电离电位越高,说明电离需要的功越大,即越不易使气体电离。由表可知,氩气的电离电位高于氮、氢、氧等,也就是氩气电离比较难。

二、在氩气中电弧的引燃

在氩气中引燃电弧有两种方法,即接触引燃电弧和非接触引燃电弧。

(一)接触引燃电弧

两电极(钨极和工件)接上电源,并输入氩气,使钨极和工件直接短路接触,随后拉开 2 mm~4 mm,即引燃起电弧。

钨极和工件短路接触,接触面积小,短路电流大,产生大量的电阻热,使钨极端头发热呈白热状态,于是引起热发射和热电离。随后提起钨极,开始时电极间隙很小,电场强度达到很大的值,电子就从阴极表面逸出,加速运动去撞击两极间的氩气,产生碰撞电离,随着温度的升高,光电离及热电离也进一步强化,带电的粒子剧增,随后钨极提高,两极间有大量的电子和阳离子,也有少量的阴离子。在电场力作用下,电子和阴离子向阳极碰撞,阳离子向阴极碰撞。这样阴极不断发射电子,两极间的氩气不断电离,两电极不断受到碰撞,电弧被引燃并燃烧起来,发出光和热。

（二）非接触引弧

在钨极和工件之间留有一定的空隙,然后加上高电压(1 000 V左右),在强电场作用下,阴极发射电子,大量的电子去撞击两极间的氩气,使中性粒子变成电子和阳离子,也有少量阴离子,气体被电离,电子和阴离子向阳极碰撞,阳离子向阴极碰撞,于是引燃电弧,发出光和热。

三、在氩气中电弧燃烧的特点

（一）在氩气中引燃电弧困难

由于氩气的电离电位较高,即氩气电离困难,所以在氩气中引燃电弧是困难的。目前专用的氩弧焊机都配有高压、高频引弧装置。利用高压高频产生的强电场,使阴极发射电子,两极间的氩气被电离,引燃起电弧。

（二）在氩气中电弧燃烧稳定

虽然在氩气中引弧困难,但一旦电弧引燃后,由于氩气的热容量低和热传导能力小,所以只需要外界供给较小的能量就能稳定电弧在氩气中的燃烧。

在氩气中引弧是困难的,而电弧燃烧是稳定的。

第三节　钨极氩弧的特性

一、电弧的组成

电弧沿长度方向由三部分组成:阴极区、弧柱区、阳极区,如图1-7所示。

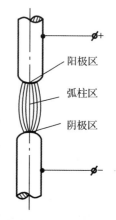

图 1-7　电弧的组成

（一）阴极区

阴极区是近阴极表面的很薄一层,厚度约 10^{-5} cm,阴极区主要是向弧柱发射电子,发射出的电子能使弧柱中气体产生电离,而弧柱中的阳离子冲向阴极区而产生热量。

（二）弧柱区

阴极区和阳极区之间的部分称为弧柱区。阴极发出的电子,向弧柱中的原子撞击,将电子撞出原子,离开原子核,变成电子和阳离子。但也有少部分电子撞击能量不足,反而被原子吸收,变成阴离子,还有少量的中性原子。弧柱中充满着电子、阳离子和少量阴离子。大量的电子和少量的阴离子向阳极移动;阳离子向阴极移动。弧柱长度几乎等于电弧长度。

（三）阳极区

阳极区是近阳极表面的薄层，厚度略比阴极区厚些。阳极表面受到大量电子的撞击，产生较多的热量。

二、钨极氩弧的热特性

钨极氩弧是指两钨电极间充满氩气并引燃后的电弧。钨极氩弧热特性讨论的是钨极氩弧三部分的温度和热量分布。

钨极氩弧的阴极区受到正离子的撞击，产生的能量转为热能，阴极受热并升高温度，接近3 000 K。另一方面，阴极区要发射电子，消耗能量。阴极区产生的热量约为电弧总热量的36%。

钨极氩弧的阳极区，不能发出阳离子，只能受电子和阴离子的撞击，产生热量较大，约为电弧总热量的43%，温度高达4 250 K。

弧柱区中充有大量的电子和阳离子，也有一些阴离子和中性粒子。弧柱中所进行的电过程比较复杂，它的温度要受到气体种类和电流大小等因素的影响。整个弧柱区的温度沿弧柱长度方向是均匀分布的，弧柱中心温度最高可达6 000 K以上，但弧柱周围的温度要低得多，所以弧柱放出的热量仅为电弧总热量的21%。

表1-2为钨极氩弧各部分的温度和热量分布情况。此表是两电极接直流电源，若两电极接的是交流电源，其电源的极性周期性地发生变化，那么两电极的温度和热量就趋向于一致，也即直流阴极区和阳极区温度和热量的平均值。

表1-2　钨极氩弧各部分的温度和热量分布

部位	阴极区	弧柱	阳极区
温度/K	3 000	中心6 000	4 250
热量分布/%	36	21	43

三、钨极氩弧的电特性

金属固体导体通过的电流跟其两端的电压成正比，这是欧姆定律。气体导体却不是这样的，不是任何电压都可以使气体导电的，也不是成正比关系的，电弧电压和焊接电流也存在一定的关系。在电极材料、气体介质和电弧长度一定的条件下，电弧稳定燃烧时，焊接电流和电弧电压之间的关系称为电弧静特性。焊条电弧焊和手工钨极氩弧焊的电弧静特性曲线如图1-8所示。由于电弧电阻不是一个常数，所以电弧静特性曲线是呈L形的。很小的焊接电流电弧燃烧时，电弧的热量小，电弧的温度低，要维持

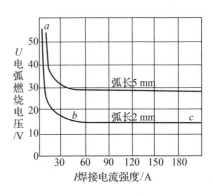

图1-8　电弧静特性曲线

电弧稳定燃烧必须加上较高的电弧电压。随着焊接电流的增大,电弧电压是下降的(图1-8中的a~b区),因为增大电流使电弧温度升高,气体电离和阴极电子发射就增强,这时维持电弧燃烧的电压就可以下降些。当焊接电流大于50 A(弧长不变)时,弧柱中的气体大部分已电离,所以不需要再增加电弧电压,电弧静特性是水平的(图1-8中的b~c区)。

手工钨极氩弧焊的焊接电流范围:小电流约在50 A左右,大电流约在200 A左右,大多数工件的焊接电流在50 A~200 A范围,所以它的电弧静特性的工作区基本上是水平段。

当钨极氩弧焊的弧长增长时,电弧静特性曲线向上移动,即使焊接电流不变,电弧电压也要相应提高,因为弧长增长,电弧电阻也相应增大,电弧电压要随之提高。若弧长减短,则电弧静特性曲线向下移。

第四节 钨极氩弧焊的极性接法

钨极氩弧焊可以使用交流或直流电源工作,用交流电焊接,需要有交流弧焊变压器;用直流电焊接,需要有焊接整流器或直流弧焊发电机。

直流电焊接时,直流焊接电源上有两个极,即正极和负极,两个极分别要和钨极、工件相连接,所以有两种极性接法。当焊接电源的正极和工件相接,负极和钨极相接时,这种接法称为直流正接(图1-9,a);当焊接电源的正极和钨极相接,负极和工件相接时,这种接法称为直流反接(图1-9,b)。

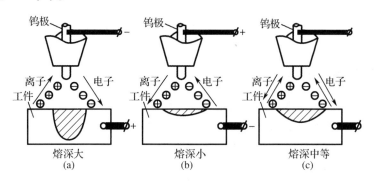

图1-9 钨极氩弧焊的极性接法
a—直流正接;b—直流反接;c—交流

一、直流正接钨极氩弧焊

直流正接时,电弧中大量的电子和阴离子向工件运动,工件上获得较多的热量(约占电弧总热量的43%),形成的是熔深大的焊缝。而钨极热量低(约占电弧总热量的36%),这样可以允许使用较大的焊接电流。直流正接钨极氩弧焊可用于除铝镁及其合金以外的其余金属的焊接。

二、直流反接钨极氩弧焊

直流反接时,钨极处于阳极区,钨极的热量高,易过热熔化进入焊缝,产生夹钨缺陷。故直流反接钨极氩弧焊的钨极使用电流要比直流正接时小得多,约为直流正接焊接电流的1/4,可得到熔深浅的焊缝。

铝镁及其合金极易氧化,焊接时易形成一层致密的高熔点氧化物覆盖在熔池表面和坡口表面。清除氧化物才能获得优良的焊接质量。

用直流反接钨极氩弧焊焊铝镁及其合金时,弧柱中有大量的质量很大的阳离子,在电场力作用下,向阴极区(熔池)冲击,其能量足以使熔池表面的氧化膜被击碎,使焊丝熔化成的熔滴和熔池良好熔合。这就是"阴极破碎"作用,又称阴极清理作用。

直流反接在熔化极氩弧焊中得到广泛的应用。但钨极氩弧焊时,由于钨极接正接,阳极区温度热量高,钨极严重烧损,故不能使用大电流。直流反接仅用于小电流焊薄板。

三、交流钨极氩弧焊

钨极和工件接上弧焊变压器的两端,其焊接电流是大小和方向周期性变化的,这也可看成是直流正接和直流反接交替变换的(图1-9,c)。

交流钨极氩弧焊宜用于焊接铝镁等易氧化的有色金属。当交流电源的半周波处于直流反接时,电弧具有"阴极破碎"功能,能清理氧化膜;而交流半周波在直流正接时,可以减少钨极的损耗,这样就做到了两者兼顾。有的焊机还能调节直流正接和直流反接的时间,可以协调阴极破碎和钨极损耗的关系。

第五节　氩弧的稳定性

一、电弧不稳定的原因

氩弧焊中电弧的稳定性对焊接质量有很大的影响,不稳定的电弧使焊接质量低劣。

稳定的电弧是指在电弧燃烧过程中,电弧能维持一定长度范围的弧长、不偏吹、不摇摆地燃烧。造成电弧不稳定除焊工技术不熟练外,还有以下几个原因。

(一)焊接电源的影响

要使氩弧燃烧稳定,氩弧焊机的性能必须是良好的。焊机要适应不同弧长、不同焊接电流的焊接要求。引弧性能要好,调节电流要方便。交流电焊接时不允许有较大的直流分量。

(二)气体保护不佳

电弧是在氩气保护下燃烧的,若流量不足,氩气保护被破坏,熔池必然被氧化,焊缝质量变差。焊接处有风,电弧就不稳,风大时也可能吹灭电弧,无法焊接。

(三)焊接坡口处不清洁

焊接坡口处有油、水、锈、漆等污物,电弧加热使不洁气体混入氩气,电弧就不稳定。

(四)钨极端头形状

钨极氩弧焊时,钨极端头形状一定要和焊接电流相适应。小电流焊接时,若钨极端头面积大,即电流密度较低,钨极端部温度不够,电弧会发生飘移,电弧不稳。

（五）磁偏吹

从电工学我们可知道，通电的导体在磁场中要受到电磁力的作用。电弧是通电的导体，焊接时钨极和焊件接通电源后，其周围要产生磁场。当电弧移动到焊件边缘或周围有强磁场物质时，电弧的周围就组成一个不均匀分布的磁场。电弧——通电的导体在磁场中要受到电磁力作用，电磁力就把电弧推向一侧，形成磁偏吹，如图1-10所示。磁偏吹使电弧不稳定燃烧，严重的磁偏吹可以把电弧吹灭。

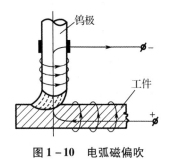

图1-10 电弧磁偏吹

二、改善电弧稳定性措施

确保和改善电弧稳定性的措施有以下几个方面：

（一）选用性能良好的钨极氩弧焊机

要根据焊件的材质、接头及坡口形式来选定焊接电源的种类（直流或交流）及规格（电流大小）。焊机的性能要良好。为了引弧方便，选用有高压、高频引弧装置的焊机。交流氩弧焊机要有消除直流分量的装置。

（二）良好的氩气保护环境

氩弧焊焊接场所不允许有较大的自然风通过，应设置挡风门及屏风，在焊接角接接头或端接接头时，在坡口两侧应加上挡板，防止空气窜入电弧区。氩气流量要适合，流量太小，起不到保护作用；流量太大，会引起紊流，将空气卷入电弧区。

（三）认真做好坡口清理工作

氩弧焊的坡口清理工作是特别重要的，这不仅影响到电弧的稳定性，更影响到焊接质量。有色金属焊接时，需要对焊件进行化学清理和机械清理。同样也要对焊丝做清理工作。

（四）选好钨极直径和端面形状

通常根据焊接电源种类和焊接电流大小来选定钨极端面形状。直流正接选用圆锥形，交流可选用球形。小电流焊接选用小直径和小锥角。

（五）减小磁偏吹

钨极氩弧焊减小磁偏吹的方法主要有以下几个措施。

（1）焊接电缆和焊件的连接点尽可能接近电弧，这样电弧两侧的磁场强度差异不大，可减小磁偏吹。

（2）在接缝两端放置引弧板和收弧板，这样将钢板两端强磁场的位置移到引弧板和收弧板上，原接缝两端的磁场强度可减弱，使磁偏吹偏小。

（3）适当减小焊接电流，因为焊接电流越大磁偏吹越严重，减小焊接电流就能减小磁偏吹。

（4）管子对接焊时，可用焊接电缆绕在管子接缝两侧，由此产生的磁场和原管子的磁场相反，调整绕管电流产生的磁场，使接缝处磁场为零，这就避免了磁偏吹。图1-11为几种减小磁偏吹的方法。

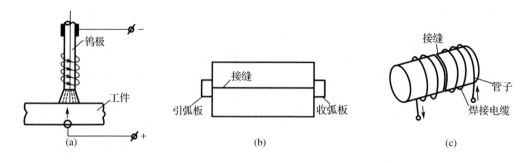

图1-11 减小磁偏吹的方法

a—电缆连接点近电弧;b—接缝两端安置引弧板和收弧板;c—管子上绕电缆

第二章　钨极氩弧焊的焊接材料

钨极氩弧焊的焊接材料是指钨极、保护气体(氩气或混合气体)及焊丝。在进行打底层焊接时,以衬垫材料作为辅助焊接材料。

第一节　保护气体

一、氩气(Ar)

(一)氩气的性质

空气中只有很少量的氩气,按容积计算约占空气总量的0.935%,其余大多是氧和氮。氩气是无色无味的,在0 ℃,1 大气压下的密度为1.789 g/L,约为空气的1.25 倍。氩的沸点是 -186 ℃,介于氧(-183 ℃)和氮(-196 ℃)的沸点之间。

氩气是惰性气体,不与其他物质发生化学反应,高温状态也不溶于液态金属,无论焊接任何金属都不与其发生化学反应,焊接质量容易得到保证。

氩气是单原子气体,没有双原子气体分解吸热现象。在高温状态下可直接离解成正离子和自由电子,离解时能量损耗低,电弧燃烧稳定。另一方面,氩气的热容量低和热传导能力较小,这样电弧更易稳定燃烧。在氩气中的电弧电压通常在8 V ~ 20 V 的范围内,电弧拉长时电弧电压升高变动值也不大,电弧不易熄灭。但是,由于氩气的电子逸出功较大,所以引弧是较困难的。虽然在氩气中引燃电弧是困难的,但引弧后电弧燃烧是稳定的。

(二)氩气的纯度及杂质

氩气的纯度及杂质对焊接质量有较大的影响,不同金属钨极氩弧焊对氩气的纯度及杂质的要求见表2 - 1。多年来提高氩气纯度的技术难题已得到了解决,目前我国市场生产供应的氩气纯度已达到99.99%,完全符合焊接的要求。但氩气中的杂质尚存在问题,氩气中的杂质主要是氧、氮及水,若氩气中杂质超标,将会使焊缝产生气孔和夹杂缺陷,且加剧钨极的损耗。

表2 - 1　不同金属钨极氩弧焊对氩气纯度及杂质的要求(体积分数/%)

被焊金属	氩(Ar)	氮(N_2)	氧(O_2)	水分(H_2O)
钛、钼、锆、铌及合金	≥99.98	≤0.01	≤0.005	≤0.02
铅、镁及其合金、铬镍耐热合金	≥99.90	≤0.04	≤0.050	≤0.02
铜及铜合金、铬镍不锈钢	≥99.70	≤0.08	≤0.015	≤0.002

二、混合气体

钨极氩弧焊采用的混合气体大多是在氩气中加入适量的氦,也有加入少量的氮、氢或二氧化碳等气体。合适的混合气体在焊接时能增加输入给母材的热量,增加熔深,或提高焊接速度,或改善熔融金属的润湿性使焊缝成形良好。

钨极氩弧焊焊铝及铝合金时,在氩气中加入氦(He),可使电弧温度升高,焊接热量输入加大,熔化速度加快,生产率提高,适宜用于焊接厚铝板。

焊铜及铜合金时,在氩气中加入氦,能改善熔融金属的润湿性,使焊缝成形良好,焊接热输入也加大,还可以降低预热温度。

焊高强度钢时,在氩气中加入氮(N₂),能提高电弧的刚度,改善焊缝成形。

焊镍基合金时,在氩气中加入氢(H₂),可以提高电弧功率,增加熔深,提高焊速。

焊不锈钢时,在氩气中加入氢,可增加焊接热输入,增加熔深。

关于混合气的比例问题,焊铝合金中的氦可用任意比例(随板厚增快,氦由10%递增到90%),其他金属焊接时,参与气体的比例尚需进行焊接工艺评定而确定。目前生产上应用的混合气体大多是氩和氦合成的,通常都用于厚板焊接,薄板焊接仍用纯氩。焊不同金属按板厚选用保护气体可参见表2-2。

表2-2 不同金属按板厚选用保护气体

焊件(母材)	厚度/mm	保护气	优 点
铝	1.6~3.2 4.8 6.4~9.5	氩 氦 氩+氦	容易引弧且有清理作用 较高的焊速 与单用氦气相比较,加入氩气能降低气体流量
碳钢	1.6~6.4	氩	较好地控制熔池,延长钨极使用寿命,容易引弧
低合金钢	25	氩+氦	氦能加深熔化
不锈钢	1.6~4.8 6.4	氩 氩+氦	较好地控制熔池,减少热量输入 比较高的热量,比较高的焊速
钛合金	1.6~6.4 12.7	氩 氦	较低的气体流量,减少了焊缝周围的骚动以免污染 比较好的熔深,要求背面保护
铜合金	1.6~6.4 12.7	氩	较好地控制熔池,易获得较好的鱼鳞状焊缝 比较高的热量输入
镍合金	1.6~2.4 3.2	氩 氩+氦	较大的熔深和较好的焊缝外形 增加熔深

第二节　钨　　极

一、对钨极的要求

(一)耐高温,损耗少

非熔化极氩弧焊要求电极是不熔化的,这就要求电极能耐高温,在焊接过程中不易被烧损。钨(W)金属是较佳的电极材料,它的熔点为 3 410 ℃,能不被电弧熔化进入熔池,确保焊接过程的稳定和焊接质量。正常的焊接过程中,钨极因高温蒸发和缓慢氧化也会发生少量损耗,这个损耗量要求越少越好。

(二)引弧易,电弧稳

引弧和稳弧性能主要取决于电极材料的电子逸出功和焊接电源的特性。电极的电子逸出功小,容易发射电子,引弧易,电弧稳。用纯钨作电极是不够理想的,因为纯钨的电子逸出功尚不够小。在钨中加入少量钍、铈元素,就能降低电极的电子逸出功,提高电极的电子发射能力,提高引弧和稳弧性能。同时钍钨极、铈钨极可使用较大的焊接电流,提高生产率。

二、钨极的种类

按在钨极中加入元素的不同,钨极可分为纯钨极、钍钨极、铈钨极及锆钨极。

(一)纯钨极

钨(W)的纯度达99.85%以上,熔点为 3 410 ℃,价格低,但电子发射能力低,电弧燃烧稳定性欠佳,且焊接许用电流小,可用于要求不高的场合。

(二)钍钨极

在纯钨中加入0.35% ~2%氧化钍(ThO₂),熔点略有提高,电子发射能力较高,比纯钨极容易引弧,电弧燃烧稳定性较好,使用寿命长,可使用较大的焊接电流,但成本较高,且有少量的放射性。

(三)铈钨极

在纯钨中加入0.5% ~2.2%氧化铈(CeO₂),电子发射能力更高,引弧易,稳弧性能好,许用电流更大,烧损少,寿命长,放射性剂量低,这是目前普遍使用的钨极。

(四)锆钨极

在纯钨中加入0.15% ~0.9%的氧化锆(ZrO),其性能介于纯钨极和钍钨极之间,即引弧性能和电流承载能力比纯钨极好,但比钍钨极差。

常用钨极的牌号及化学成分见表2 –3。

表2-3 常用钨极的牌号及化学成分

钨极类别	牌号	W（钨）	ThO₂（氧化钍）	CeO（氧化铈）	ZrO（氧化锆）	SiO₂（氧化硅）	Fe₂O₃＋Al₂O₃（氧化铁＋氧化铝）	Mo（钼）	CaO（氧化钙）
纯钨极	W1	99.92	—	—		0.03	0.03	0.01	0.01
	W2	99.85			杂质总含量<0.15				
钍钨极	WTh-7	其余	0.7~0.99	—	—	0.06	0.02	0.01	0.01
	WTh-10	其余	1.0~1.49	—	—	0.06	0.02	0.01	0.01
	WTh-15	其余	1.5~2.0	—	—	0.06	0.02	0.01	0.01
	WTh-30	其余	3.0~3.5			0.06	0.02	0.01	0.01
铈钨极	WCe-5	其余	—	0.50	杂质总含量<0.1				
	WCe-13	其余	—	1.3	杂质总含量<0.1				
	WCe-20	其余	—	1.8~2.2	杂质总含量<0.1				
锆钨极	WZr	99.2	—	—	0.15~0.40	其他≤0.5			

三、钨极的许用焊接电流

钨极氩弧焊的焊接电流合影响到电弧的稳定性和钨极的使用寿命,太大的焊接电流使钨极的烧损加剧。钨极的许用焊接电流和钨极材料、钨极直径、电流种类极性等有关。钨极直径越大,许用焊接电流越大。纯钨极的许用焊接电流最小,钍钨极的许用焊接电流约为纯钨极的1.3倍。铈钨极的许用焊接电流比钍钨极大5%~10%。直流正接和直流反接的钨极许用焊接电流相差很大,因为直流反接时电弧的高温和大部分热量加在阳极的钨极上,大大降低了钨极承载电流的能力。表2-4为各种钨极直径的许用焊接电流。

表2-4 各种钨极直径的许用焊接电流/A

钨极直径/mm	直流正接			直流反接	交流		
	纯钨	钍钨	铈钨	纯钨	纯钨	钍钨	铈钨
1	10~60	15~80	20~80	—	—	—	—
1.6	40~100	70~150	80~160	10~30	—	—	—
2.0	60~150	100~200	100~200	10~30	70~120	80~140	85~170
2.5	80~160	140~240	150~260	15~35	80~130	100~150	110~190
3.0	140~180	200~300	220~330	20~40	100~160	140~200	150~220
4.0	240~320	300~400	330~440	30~50	140~220	170~250	180~270
5.0	300~400	420~520	460~570	40~80	220~300	320~380	350~410
6.0	350~450	450~550	490~600	60~100	300~390	340~420	370~450

四、钨极的选用

选用钨极要考虑以下几个因素:母材金属的材质、焊件厚度和坡口形状、焊接电流种类和极性、焊接电流强度,还要考虑使用寿命和价格等。

厚板钨极氩弧焊要求获得较大的熔深,需要采用直流正接、大电流,通常选用许用电流大的钍钨极或铈钨极。铝镁合金交流钨极氩弧焊时,钨极损耗比直流反接的小,可以选用价格低的纯钨极。按母材材质、板厚及电源种类极性选用的钨极见表2-5。

表2-5　按母材材质、板厚及电源种类极性选用的钨极

母材材质	金属厚度	电流类型	电极	保护气体
铝	所有厚度	交流	纯钨或锆钨极	Ar 或 Ar + He
	厚件	直流正接	钍钨或铈钨板	Ar + He 或 Ar
	薄件	直流反接	铈钨、钍钨或锆钨极	Ar
铜及铜合金	所有厚度	直流正接	铈钨或钍钨极	Ar 或 Ar + He
	薄件	交流	纯钨或锆钨极	Ar
镁合金	所有厚度	交流	纯钨或锆钨极	Ar
	薄件	直流反接	锆钨、铈钨或钍钨极	Ar
镍及镍合金	所有厚度	直流正接	铈钨或钍钨极	Ar
低碳、低合金钢	所有厚度	直流正接	铈钨或钍钨极	Ar 或 Ar + He
	薄件	交流	纯钨或锆钨极	Ar
不锈钢	所有厚度	直流正接	铈钨或钍钨极	Ar 或 Ar + He
	薄件	交流	纯钨或锆钨极	Ar
钛	所有厚度	直流正接	铈钨或钍钨极	Ar

钨极直径的规格有 0.5 mm、1.0 mm、1.6 mm、2.0 mm、2.4 mm、3.0 mm、3.2 mm、4.0 mm、5.0 mm、6.0 mm、6.4 mm、8.0 mm、10 mm 等,钨极长度为 76 mm ~ 610 mm。

五、钨极端部形状

钨极端部处在电弧的阴极区或阳极区,钨极端部形状影响着电弧的稳定性和钨极的使用寿命。钨极端部的形状有尖锥形、平头锥形、半球形、圆柱形等几种,如图2-1所示。①尖锥形钨极,锥角30°~90°,30°小锥角适用于直流正接、小电流焊接薄板;90°锥角可采用交流电焊接;②平头锥形钨极,端面平头直径为0.3倍~0.5倍钨极直径,适用于直流正接、中电流焊接,电弧稳定;③半球形钨极,适用于交流电焊接;④圆柱形钨极,适用于交流电焊接铝、镁合金。在磨制钨极端部形状时,应根据钨极直径、焊接电流及极性而定。焊接电流大,端头平面可大些。磨制时不可使磨削方向痕迹和钨棒轴线垂直,这种磨削痕迹会约束焊接电流(纵向焊接电流不畅通),可能发生电弧飘移现象。焊接过程中焊工要观察焊接电流

大小对钨极端头形状的影响(图2-2),过大或过小的焊接电流对焊接质量都是不利的,这时需要调整焊接电流,或调整钨极端部形状。

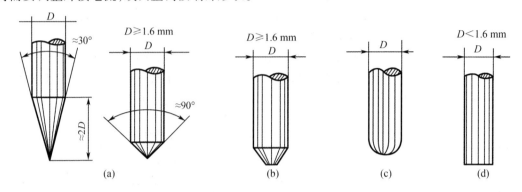

图2-1　钨极端部的形状

a—尖锥形;b—平头锥形;c—半球形;d—圆柱形

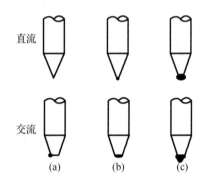

图2-2　焊接电流与钨极端头形状

a—电流太小;b—电流适宜;c—电流太大

第三节　氩弧焊焊丝

钨极氩弧焊的焊丝是作为填充金属用的,焊丝和母材充分熔合构成焊缝。氩弧焊是没有焊药或焊剂的,所以对焊丝的要求非常严格,焊丝的化学成分要和母材相匹配,通常要求焊丝中的合金成分要比母材高一些,而有害杂质要少一些。所谓开拓氩弧焊在有色金属中的应用领域,实质上就是创造出新的焊丝。目前我国氩弧焊用焊丝尚未建立完整的体系,有些有色金属焊丝尚需进口,或参照国外标准生产制造。在生产中如果没有合适的焊丝,可以从母材上截取条状材料,作为焊丝用。

氩弧焊焊丝按焊丝的用途可分为:①碳钢和低合金钢焊丝;②不锈钢焊丝;③表面堆焊焊丝;④铸铁焊丝;⑤铝及铝合金焊丝;⑥铜及铜合金焊丝;⑦钛及钛合金焊丝;⑧镍及镍合金焊丝;⑨镁合金焊丝。

焊丝型号是国家标准中对各种焊丝规定的编号,焊丝牌号是焊丝生产厂对其生产的各种焊丝的特定编号。型号是国家标准规定的,牌号是焊丝厂制定的。焊丝厂生产的焊丝符合国家标准,并在产品包装上标签注明产品"符合国标"。

一、碳钢和低合金钢焊丝

(一)碳钢和低合金钢焊丝的型号

1. 碳钢焊丝的型号

碳钢焊丝的型号用 ER××－× 表示,ER 表示实心焊丝,ER 后的两位数字表示熔敷金属抗拉强度(σ_b)的最小值,两位数字后有一短划,短划后有一数字表示成分和性能的差异。

例 1

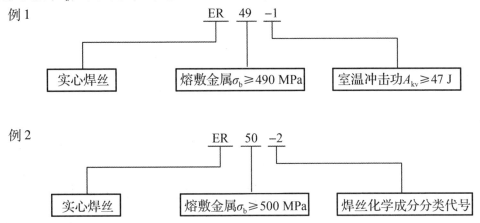

例 2

2. 低合金钢焊丝的型号

低合金钢焊丝的型号是以 ER××－×× 表示,ER 表示实心焊丝,ER 后两位数字表示熔敷金属抗拉强度(σ_b)的最小值,后有短划,短划后有字母和数字表示焊丝的化学成分分类代号,A 表示碳钼钢焊丝,B 表示铬钼钢焊丝,C 表示镍钢焊丝,D 表示锰钼钢焊丝。数字1,2,3 表示成分差异。若还有附加其他元素时,直接用元素符号拖后表示。

例

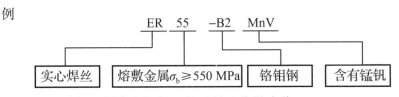

表 2－6 为碳钢和低合金钢焊丝的型号及化学成分。

表 2 - 6 碳钢和低合金钢焊丝的型号及化学成分（GB/T 8110—95）/%

	焊丝型号	C(碳)	Mn(锰)	Si(硅)	P(磷)	S(硫)	Ni(镍)	Cr(铬)	Mo(钼)	V(钒)	Ti(钛)	Zr(锆)	Al(铝)	Cu(铜)	其他元素总量
碳钢焊丝	ER49 - 1	≤0.11	1.80~2.10	0.65~0.95	≤0.30	≤0.30	≤0.30	≤0.20	—	—	—	—	—	≤0.50	—
	ER50 - 2	≤0.07	0.90~1.40	0.40~0.70	≤0.025	≤0.035	—	—	—	—	0.05~0.15	0.02~0.12	0.05~0.15	≤0.50	≤0.50
	ER50 - 3	0.06~0.15	0.90~1.40	0.45~0.75	≤0.025	≤0.035	—	—	—	—	—	—	—	≤0.50	≤0.50
	ER50 - 4	0.07~0.15	1.00~1.50	0.65~0.85	≤0.025	≤0.035	—	—	—	—	—	—	—	≤0.50	≤0.50
	ER50 - 5	0.07~0.19	0.90~1.40	0.30~0.60	≤0.025	≤0.035	—	—	—	—	—	—	0.50~0.90	≤0.50	≤0.50
	ER50 - 6	0.06~0.15	1.40~1.85	0.80~1.15	≤0.025	≤0.035	—	—	—	—	—	—	—	≤0.50	≤0.50
	ER50 - 7	0.07~0.15	1.50~2.00	0.50~0.80	≤0.025	≤0.035	—	—	—	—	—	—	—	≤0.50	≤0.50
铬钼钢焊丝	ER55 - B2	0.07~0.12	0.04~0.70	0.04~0.70	≤0.025	≤0.025	≤0.20	1.20~1.50	0.40~0.65	—	—	—	—	≤0.35	≤0.50
	ER55 - B2L	≤0.05	0.04~0.70	0.04~0.70	≤0.025	≤0.025	≤0.20	1.20~1.50	0.40~0.65	—	—	—	—	≤0.35	≤0.50
	ER55 - B2 - MnV	0.06~0.10	1.20~1.60	0.60~0.90	≤0.030	≤0.025	≤0.25	1.00~1.30	0.50~0.70	0.20~0.40	—	—	—	≤0.35	≤0.50
	ER55 - B2 - Mn	0.06~0.10	1.20~1.70	0.60~0.90	≤0.030	≤0.025	≤0.20	0.90~1.20	0.45~0.65	—	—	—	—	≤0.35	≤0.50
	ER62 - B3	0.07~0.12	0.04~0.70	0.40~0.70	≤0.025	≤0.025	≤0.20	2.30~2.70	0.90~1.20	—	—	—	—	≤0.35	≤0.50
	ER62 - B3L	≤0.05	0.04~0.70	0.04~0.70	≤0.025	≤0.025	≤0.20	2.30~2.70	0.90~1.20	—	—	—	—	≤0.35	≤0.50

表 2 - 6 （续）

	焊丝型号	C(碳)	Mn(锰)	Si(硅)	P(磷)	S(硫)	Ni(镍)	Cr(铬)	Mo(钼)	V(钒)	Ti(钛)	Zr(锆)	Al(铝)	Cu(铜)	其他元素总量
镍钢焊丝	ER55 - C1	≤0.12	≤1.25	0.40~0.80	≤0.025	≤0.025	0.80~1.10	≤0.15	≤0.35	≤0.05	—	—	—	≤0.35	≤0.50
	ER55 - C2	≤0.12	≤1.25	0.40~0.80	≤0.025	—	2.00~2.75	≤0.15	—	—	—	—	—	≤0.35	≤0.50
	ER55 - C3	≤0.12	≤1.25	0.40~0.80	≤0.025	—	3.00~3.75	≤0.15	—	—	—	—	—	≤0.35	≤0.50
锰钼钢焊丝	ER55 - D2 - Ti	≤0.12	1.20~1.90	0.40~0.80	≤0.025	≤0.025	—	—	0.20~0.50	—	≤0.20	—	—	≤0.50	≤0.50
	ER55 - D2	0.07~0.12	1.60~2.10	0.50~0.80	≤0.025	≤0.025	≤0.15	—	0.40~0.60	—	—	—	—	≤0.50	≤0.50
其他低合金钢焊丝	ER69 - 1	≤0.08	1.25~1.80	0.20~0.50	≤0.01	≤0.01	1.40~2.10	≤0.30	0.25~0.55	≤0.05	≤0.10	≤0.10	≤0.10	≤0.25	≤0.50
	ER69 - 2	≤0.12	1.25~1.80	0.20~0.60	0.02	0.02	0.08~1.25	—	0.20~0.55	—	—	—	—	0.35~0.65	≤0.50
	ER69 - 3	≤0.12	1.25~1.80	0.40~0.80	≤0.01	≤0.01	0.50~1.00	—	0.20~0.55	—	≤0.20	—	—	≤0.35	≤0.50
	ER76 - 1	≤0.09	1.40~1.80	0.20~0.55	≤0.01	≤0.01	1.90~2.60	≤0.50	0.25~0.55	≤0.04	—	≤0.01	≤0.10	≤0.25	≤0.50
	ER83 - 1	0.10	1.40~1.80	0.25~0.60	≤0.01	≤0.01	2.00~2.80	≤0.60	0.30~0.65	≤0.03	≤0.01	≤0.01	—	≤0.25	≤0.50
	ER x x - G									供需双方协商					

注：①焊丝中铜含量包括镀铜层；
②型号中字母 L 表示碳含量低的焊丝。

（二）碳钢和低合金钢焊丝的牌号

目前市场上使用着两种体系的钢焊丝牌号：一种是熔化焊（CO_2焊、埋弧焊、氩弧焊）通用钢焊丝牌号；另一种是钨极氩弧焊专用钢焊丝牌号。

1. 熔化焊通用钢焊丝牌号

熔化焊通用钢焊丝的牌号是以焊丝化学成分来标明的。①以"焊"字拼音首字母"H"开头，表示焊丝；②H后两位数字表示焊丝平均碳含量；③两位数字后有化学元素符号及其后的数字，表示该元素的近似含量的百分数，当元素含量不足1%，数字可省略；④焊丝牌号尾部有A或E表示优质品，尾部标A表示S,P杂质含量低于0.03%，尾部标E表示S,P含量低于0.02%。

例1

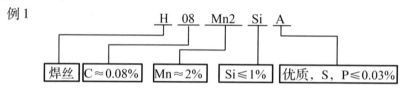

例2

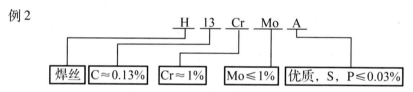

表2-7为熔化焊钢焊丝的牌号及化学成分。

2. 钨极氩弧焊专用钢焊丝牌号

钨极氩弧焊钢焊丝牌号表示方法为：①以TG开头，表示钨极氩弧焊；②TG后（有R的表示耐热钢用，也可以无R）的两位数字表示熔敷金属抗拉强度（σ_b）的最小值；③两位数字后的元素符号表示焊丝含有元素，其中用C表示铬（Cr）元素，用M表示钼（Mo）元素；④尾部若拖有L表示碳含量较低。

例1

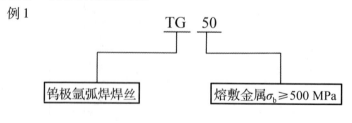

例2

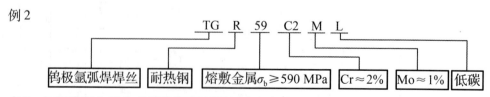

表2-8为碳钢和低合金钢钨极氩弧焊用实心焊丝的牌号、成分、性能及用途。

表 2-7 熔化焊钢焊丝的牌号及化学成分（GB/T 14957—95）/%

钢种	牌 号	化学成分/%									S（硫）≤	P（磷）≤
		C（碳）	Mn（锰）	Si（硅）	Cr（铬）	Ni（镍）	Mo（钼）	V（钒）	Cu（铜）	其他		
碳素结构钢	H08A	≤0.10	0.30~0.55	≤0.03	≤0.20	≤0.30	—	—	≤0.20	—	0.030	0.030
	H08E	≤0.10	0.30~0.55	≤0.03	≤0.20	≤0.30	—	—	≤0.20	—	0.020	0.020
	H08C	≤0.10	0.30~0.55	≤0.03	≤0.10	≤0.10	—	—	≤0.20	—	0.015	0.015
	H08MnA	≤0.10	0.80~1.10	≤0.07	≤0.20	≤0.30	—	—	≤0.20	—	0.030	0.030
	H15A	0.11~0.18	0.35~0.65	≤0.03	≤0.20	≤0.03	—	—	≤0.20	—	0.030	0.030
	H15Mn	0.11~0.18	0.80~1.10	≤0.03	≤0.20	≤0.03	—	—	≤0.20	—	0.035	0.035
合金结构钢	H10Mn2	≤0.12	1.50~1.90	≤0.07	≤0.20	≤0.30	—	—	≤0.20	—	0.035	0.035
	H08Mn2Si	≤0.11	1.70~2.10	0.65~0.95	≤0.20	≤0.30	—	—	≤0.20	—	0.035	0.035
	H08Mn2SiA	≤0.11	1.80~2.10	0.65~0.95	≤0.20	≤0.30	—	—	≤0.20	—	0.030	0.030
	H10MnSi	≤0.14	0.80~1.10	0.60~0.90	≤0.20	≤0.30	—	—	≤0.20	—	0.035	0.035
	H10MnSiMo	≤0.14	0.90~1.20	0.70~1.10	≤0.20	≤0.30	0.15~0.25	—	≤0.20	—	0.035	0.035
	H10MnSiMoTiA	0.08~0.12	1.00~1.30	0.40~0.70	≤0.20	≤0.30	0.20~0.40	—	≤0.20	Ti0.05~0.15	0.025	0.030
	H08MnMoA	≤0.10	1.20~1.60	≤0.25	≤0.20	≤0.30	0.30~0.50	—	≤0.20	Ti0.15	0.030	0.030
	H08Mn2MoA	0.06~0.11	1.60~1.90	≤0.25	≤0.20	≤0.30	0.50~0.70	—	≤0.20	Ti0.15	0.030	0.030
	H10Mn2MoA	0.08~0.13	1.70~2.00	≤0.40	≤0.20	≤0.30	0.60~0.80	—	≤0.20	Ti0.15	0.030	0.030
	H08Mn2MoVA	0.06~0.11	1.60~1.90	≤0.25	≤0.20	≤0.30	0.50~0.70	0.06~0.12	≤0.20	Ti0.15	0.030	0.030
	H10Mn2MoVA	0.08~0.13	1.70~2.00	≤0.40	≤0.20	≤0.30	0.60~0.80	0.06~0.12	≤0.20	Ti0.15	0.030	0.030
	H08CrNi2NoA	0.05~0.11	0.50~0.85	0.10~0.30	0.70~1.00	1.40~1.80	0.20~0.40	—	≤0.20	—	0.025	0.030
	H30CrMnSiA	0.25~0.35	0.80~1.10	0.90~1.20	0.80~1.10	≤0.30	—	—	≤0.20	—	0.025	0.025
铬钼耐热钢	H08CrMoA	≤0.10	0.40~0.70	0.15~0.35	0.80~1.10	≤0.30	0.40~0.60	—	—	—	0.030	0.030
	H13CrMoA	0.11~0.16	0.40~0.70	0.15~0.35	0.80~1.10	≤0.30	0.40~0.60	—	—	—	0.025	0.030
	H18CrMoA	0.15~0.22	0.40~0.70	0.15~0.35	0.80~1.10	≤0.30	0.15~0.25	—	≤0.20	—	0.025	0.030
	H08CrMoVA	≤0.10	0.40~0.70	0.15~0.35	1.00~1.30	≤0.30	0.50~0.70	0.15~0.35	—	—	0.030	0.030
	H08Cr2MoA	≤0.10	0.40~0.70	0.15~0.35	4.0~6.0	≤0.30	0.40~0.60	—	—	—	0.030	0.030
	H10CrMoA	≤0.12	0.40~0.70	0.15~0.35	2.00~2.50	≤0.25	0.90~1.20	—	—	—	0.030	0.030
	H1Cr5Mo	≤0.12	0.40~0.70	0.15~0.35	4.0~6.0	≤0.30	0.40~0.60	—	—	—	0.030	0.030

表2-8 碳钢和低合金钢钨极氩弧焊用实心焊丝牌号、成分、性能及用途

序号	牌号	型号 GB/T（国标）	焊丝化学成分/%						熔敷金属力学性能				特征和用途
			C	Si	Mn	Cr	Mo	其他	σ_b/MPa	σ_s/MPa	δ_5/%	A_{kv}/J	
1	TG50	ER50-4	≤0.07	0.60~0.85	1.2~1.5	—	—	S≤0.025 P≤0.025	≥490	≥390	≥22	≥27	具有良好的塑性、韧性和抗裂性能。用于各种位置的管子打底焊及填充质量满意。可用于焊接低合金钢，如09Mn2V、16Mn等
	TG50 Re	—	0.06~0.12					S≤0.025 P≤0.025 Re微量		≥410		≥27（-30℃）	
2	TGR 50M	—	0.06~0.12	0.45~0.70	0.75~1.05	—	0.45~0.65	S,P≤0.025	≥490	≥390	≥22	≥47（常温）	适于打底焊接，用于工作温度在510℃以下的锅炉受热面管子及450℃以下的蒸气管道，也可用于焊接低碳钢及低合金高强度钢
	TGR 50ML	—	≤0.07							≥370			
3	TGR 55CM	ER55-B2	0.06~0.12	0.45~0.70	0.75~1.05	1.1~1.4	0.45~0.65	S,P≤0.025	≥540	≥440	≥17	≥47（常温）	可全位置焊接，适于打底焊。用于工作温度在520℃以下的管道、高压容器、石油冶炼制设计等。主要焊接1.25%Cr、0.5%Mo珠光体件的，也可用于30CrMnSi铸钢耐热钢，修补热及打底焊
	TGR 55CML	ER55-B2L	≤0.07										
4	TGR 55V	ER55-B2MnV	0.06~0.12	0.45~0.70	0.75~1.05	—	—	V0.2~0.35 S,P≤0.025	≥540	≥440	≥17	≥47（常温）	适用于焊接1.25%Cr、0.5%Mo-v珠光耐热钢。热面管子和540℃以下的蒸气管道石油设备等的打底焊接
	TGR 55VL	—	≤0.07							≥410			
5	TGR 55WB	—	0.06~0.12	0.4~0.7	0.7~1.0	—	—	V0.25~0.45W0.3~0.5B0.003~0.005	≥540	≥440	≥17	≥47（常温）	适用于焊接CrMoWVB珠光体耐热钢，可全位置焊接，适用于12CrMoWVB钢制的蒸气管620℃以下的打底焊接
	TGR 55WBL	—	≤0.07							≥410			
6	TGR 59C2M	ER62-B3	0.06~0.12	0.45~0.70	0.75~1.05	2.3~2.7	0.95~1.25	S,P≤0.025	≥590	≥490	≥15	≥47（常温）	2.25%Cr、1%Mo珠光体耐热钢用钨极氩弧焊丝，全位置操作性能良好，适用于打底焊接。用于工作温度在580℃以下的锅炉受热面管子和工作温度550℃以下的高压蒸气管道、合成化工机械、石油裂化设备等
	TGR59 C2ML	ER62-B3L	≤0.07							≥440			

二、不锈钢焊丝

(一)不锈钢焊丝的型号

不锈钢焊丝型号用 ER×××(L)来表示,ER 表示实心焊丝,ER 后有三位数字表示不锈钢成分,尾部 L 表示碳含量低。

例

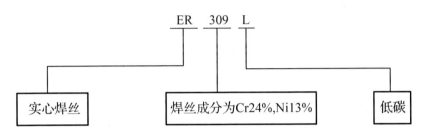

三位数字不同,表示了不锈钢中 Cr(铬)和 Ni(镍)含量的不同,308 为 Cr21 Ni10,309 为 Cr24 Ni13,310 为 Cr26 Ni21,316 为 Cr19 Ni12,347 为 Cr20 Ni10。

(二)不锈钢焊丝的牌号

不锈钢焊丝牌号是以化学成分来表示的:①以"焊"字拼音首字母"H"开头表示焊丝;②H 后有一个数字或两个数字,1 表示高碳,0 表示低碳,00 表示超低碳;③数字后跟随 Cr××Ni××,表示铬含量两位数百分比和镍含量两位数百分比;④尾部是附加元素符号和数字,表示该元素的含量。

例 1

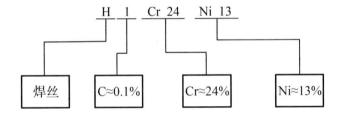

例 2

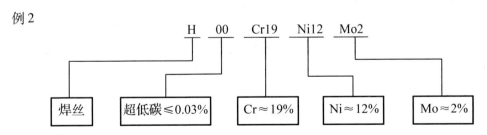

表 2 -9 为不锈钢钨极氩弧焊焊丝牌号、型号、成分及用途。

三、铜及铜合金焊丝

(一)铜及铜合金焊丝的型号

国标 GB 9460—88《铜及铜合金焊丝》中规定有铜焊丝、黄铜焊丝、白铜焊丝、青铜焊丝四类。

铜焊丝的型号是 HSCu,HS 表示焊丝,Cu 表示铜。

黄铜焊丝的型号是 HSCuZn,HS 表示焊丝,CuZn 表示黄铜,即铜锌合金。按其成分差异分别以 1,2,3,4 区别。例如 HSCuZn – 1,HSCuZn – 4。

白铜焊丝分成两种:锌白铜焊丝和白铜焊丝。锌白铜焊丝的型号是 HSCuZnNi,白铜焊丝的型号是 HSCuNi。

青铜焊丝分成四种:硅青铜焊丝、锡青铜焊丝、铝青铜焊丝、镍铝青铜焊丝。它们的型号分别是 HSCuSi,HSCuSn,HSCuAl,HSCuAlNi。

铜及铜合金焊丝的型号及化学成分见表 2 – 10。

(二)铜及铜合金焊丝的牌号

我国焊接材料厂生产的铜及铜合金焊丝牌号不多,分为紫铜焊丝、青铜焊丝、黄铜焊丝。铜及铜合金焊丝牌号以“HS”开头,表示“焊丝”,其后两位数字,20 表示紫铜焊丝;21 表示青铜焊丝;22 表示黄铜焊丝。尾部数字表示同类产品不同品种。铜及铜合金焊丝牌号、主要成分及用途见表 2 – 11。

白铜焊丝的牌号借用白铜材料的牌号,常用白铜焊丝牌号有 CuNi30Fe,该白铜焊丝镍含量为 30%,还有少量铁。该焊丝可用于焊接 CuNi10Fe 白铜。

四、铝及铝合金焊丝

(一)铝及铝合金焊丝的型号

国标 GB/T 10858—89《铝及铝合金焊丝》中规定有纯铝焊丝、铝镁合金焊丝、铝铜合金焊丝、铝锰合金焊丝、铝硅合金焊丝五类。

纯铝焊丝的型号是 SAl,S 表示焊丝,Al 表示铝。按铝焊丝的成分差别分成三个不同品种,以 1,2,3 区别列于型号尾部。SAl – 3 焊丝纯度最高,SAl – 1 纯度最低。

铝镁合金焊丝型号是 SAlMg,S 表示焊丝,AlMg 表示铝镁合金。同类产品不同品种也以尾部数字区别,现有四个品种。

铝铜合金焊丝型号是 SAlCu,AlCu 表示铝铜合金。

铝锰合金焊丝型号是 SAlMn,AlMn 表示铝锰合金。

铝硅合金焊丝型号是 SAlSi,AlSi 表示铝硅合金。该类焊丝也有两种不同品种,以数字1,2 区别。

铝及铝合金焊丝的型号及化学成分见表 2 – 12。

（二）铝及铝合金焊丝的牌号

铝及铝合金焊丝牌号有四类：纯铝焊丝、铝硅合金焊丝、铝锰合金焊丝、铝镁合金焊丝。

铝及铝合金焊丝牌号也是"HS"开头，表示"焊丝"。其后的两位数字 30 表示纯铝焊丝；31 表示铝硅合金焊丝；32 表示铝锰合金焊丝；33 表示铝镁合金焊丝。尾部数字表示同类产品不同品种。铝及铝合金焊丝的牌号、主要成分及用途见表 2 - 13。

五、镍及镍合金焊丝

（一）镍及镍合金焊丝的型号

国标 GB/T 15620—1995《镍及镍合金焊丝》规定镍焊丝种类不少。型号都是以 ERNi 开头，表示镍实心焊丝，随后有元素符号表示镍合金。ERNi 为纯镍焊丝；ERNiCu 为镍铜合金焊丝；ERNiCr 为镍铬合金焊丝；ERNiCrFe 为镍铬铁合金焊丝；ERNiMo 为镍钼合金焊丝；ERNiCrMo 为镍铬钼合金焊丝。

表 2 - 14 为镍及镍合金焊丝的型号及化学成分。

（二）镍及镍合金焊丝的牌号

镍及镍合金焊丝的牌号是借用了习惯使用的镍及镍合金母材的牌号，如蒙乃尔、因科镍、因科洛依、哈司特洛依等。表 2 - 15 为常用镍及镍合金焊丝的牌号、成分及用途。

六、钛及钛合金焊丝

我国目前还没有钛及钛合金焊丝的国家标准。焊接生产选用焊丝时采用两种方案参照：一是以美国焊接学会标准（AWS）A5.16《钛和钛合金焊丝和焊条》为准；另一个是以母材钛的牌号作为参照。

表 2 - 16 为美国标准的钛及钛合金焊丝化学成分。其中纯钛焊丝有四个牌号，其钛的纯度不同。钛合金焊丝中加入的合金元素主要有 Al，V，Sn，Cr，Fe，Mo，Nb，Pd（钯），Ta（钽），这些合金元素都很低，主要作用是可以保证其在低温工作状态的高韧性。

我国生产的钛焊丝是以母材钛的牌号为参照，钛及钛合金焊丝牌号有 TA1，TA2，TA5，TA6，TA7，TB2，TC3，TC4，TC6 等。牌号开头是 T 字母，表示"钛"焊丝，继后 A 表示 α 型工业钛，B 表示含有 Al，Mo，V，Cr 的 β 型钛合金，C 表示含 Al 等元素的 α + β 型钛合金。常用钛及钛合金焊丝的牌号及主要成分见表 2 - 17。

表 2-9 不锈钢钨极氩弧焊焊丝牌号、型号、成分及用途

序号	牌号	型号	焊丝化学成分/%						熔敷金属力学性能				特征和用途
			C(碳)	Si(硅)	Mn(锰)	Cr(铬)	Ni(镍)	其他	σ_b/MPa	δ_5/%	A_{kv}/J	铁素体含量/%	
1	H0Cr21Ni10	ER308	≤0.08	≤0.6	1.0~2.5	19.5~22.0	9~11	—	580	42	140	3~10	用于焊接304钢,制造化工、石油等设备
2	H00Cr21Ni10	ER308L	≤0.025	≤0.6	1.0~2.5	19.5~22.0	9.5~11.0	—	575	44	150	5~10	焊接304L钢,用于核电压力容器内壁
3	H1Cr24Ni13	ER309	≤0.12	≤0.6	1.0~2.5	22~25	12~14	—	590	37	130	10~14	焊接309钢,不锈钢与碳钢或合金钢的异种钢焊接
4	H00Cr24Ni13	ER309L	≤0.03	≤0.6	1.0~2.5	23~25	12~14	—	580	38	130	10~14	焊接复合钢的第一层及异种钢,用于核电压力容器,加氢反应器,尿素塔等容器内衬
5	H00Cr24Ni13Nb	—	≤0.03	≤0.6	1.0~2.5	23~25	12~14	Nb(铌)8×C~1.0	640	36	110	10~14	焊接核电压力容器内壁过渡层(第一层)
6	H0Cr20Ni10Nb	ER347	≤0.08	≤0.6	1.0~2.5	19~21	9~11.5	Nb(铌)8×C~1.0	640	38	85	13~20	焊接Cr18Ni8Nb或Cr18Ni8Ti钢(347钢或321钢)
7	H00Cr20Ni10Nb	—	≤0.03	≤0.6	1.0~2.5	18.5~20.5	9~11	Nb(铌)8×C~1.0	620	40	90	3~10	焊接核电压力容器的耐蚀层(第二层),热壁加氢反应器等的耐蚀层(第二层)
8	H0Cr22Ni12Ti	—	≤0.08	≤0.6	2~3	21~23	11~13	Ti(钛)0.5~0.7	590	42	110	5~10	焊接1Cr18Ni12Ti耐热钢,耐热不锈钢异种钢焊接及不锈铸钢的焊接
9	H0Cr19Ni12Mo2	ER316	≤0.08	≤0.6	1.0~2.5	18~20	11~14	Mo(钼)2~3	570	42	110	3~10	焊接304、316钢
10	H00Cr19Ni12Mo2	ER316L	≤0.03	≤0.6	1.0~2.5	18~20	11~14	Mo(钼)2~3	—	—	—	3~10	焊接化肥尿素、合成纤维等设备用不锈钢结构及铬不锈钢、异种钢等
11	H00Cr18Ni12Mo2N	—	≤0.03	≤0.6	1.0~2.5	17~20	11~14	Mo(钼)2~2.5 N(氮)0.08~0.13	620	44	140	3~10	焊接化肥尿素用钢316L、316LN及尿素钢内的焊补
12	H1Cr26Ni21	ER310	≤0.15	≤0.6	1.0~2.5	25~28	20~22	—	610	40	100	0	焊接高温下工作的同类型316L钢的同种钢
13	H00Cr20Ni25Mo4Cu	—	≤0.03	≤0.6	1.0~2.5	19~21	24~26	Mo(钼)4~5 Cu(铜)1~2	570	36	100	0	焊接耐海水、醋酸、甲酸等腐蚀介质的同类钢容器
14	H00Cr25Ni22Mn4Mo2N	—	≤0.03	≤0.6	3.5~5.5	24~26	21.5~23	Mo(钼)2.2~2.8 N(氮)0.1~0.15	590	40	85	0	焊接尿素用钢及补焊尿素内衬

表2-10 铜及铜合金焊丝型号及化学成分(GB 9460—88)/%

分类	型号	Cu(铜)	Zn(锌)	Sn(锡)	Si(硅)	Mn(锰)	Ni(镍)	Fe(铁)	P(磷)	Pb(铅)	Al(铝)	Ti(钛)	S(硫)	杂质元素总和
铜	HSCu	≥98.0	*	≤1.0	≤0.5	≤0.5	*	*	≤0.15	≤0.15	≤0.01*	—	—	
黄铜	HSCuZn1	56.0~61.0		0.5~1.5										
	HSCuZn2	56.0~60.0		0.8~1.1	0.04~0.15	0.01~0.50		0.25~1.20		≤0.05				
	HSCuZn3	56.0~62.0	余量	0.5~1.5	0.1~0.5	≤1.0	≤1.5	≤0.5			≤0.01			≤0.50
	HSCuZn4	61.0~63.0		—	0.3~0.7	—	—	—			—			
	HSCuZnNi	46.0~50.0			≤0.25		9.0~11.0		≤0.25	≤0.05*	≤0.02*			
白铜	HSCuNi	余量	*	*	≤0.15	≤1.0	29.0~32.0	0.45~0.70	≤0.02		—			
青铜	HSCuSi		≤1.5	≤1.1	2.8~4.0	≤1.5		≤0.5	*		≤0.01*	—	≤0.01	
	HSCuSn	余量	*	6.0~9.0	*	*	*	*	0.10~0.35	≤0.20*	—	0.2~0.5	—	
	HSCuAl		≤0.10	—		≤2.0	—	—			7.0~9.0			
	HSCuAlNi		≤0.10		≤0.10	0.5~3.0	0.5~3.0	≤2.0	*					

注：杂质元素总和包括带*号的元素；微量元素可以不分析。

表 2 – 11　铜及铜合金焊丝牌号、主要成分及用途

牌号	型号	名称	主要化学成分/%	熔点/℃	用途
HS201	HSCu	特制紫铜丝	Sn1.1,Si0.4,Mn0.4,余为Cu	1050	用于紫铜氩弧焊及气焊
HS202	—	低磷铜焊丝	P0.3,余为Cu	1060	用于紫铜气焊及碳弧焊
HS220	HSCuZn-1	锡黄铜焊丝	Cu59,Sn1,余为Zn	860	用于黄铜气焊和惰性气体保护焊，也适用于钎焊铜、铜合金、铜镍合金
HS221	HSCuZn-3	锡黄铜焊丝	Cu60,Sn1,Si0.3,余为Zn	890	黄铜气焊及碳弧焊也广泛应用于钎焊铜、铜镍合金、钢、灰口铸铁以及镶嵌硬质合金刀具等
HS222	HSCuZn-2	铁黄铜焊丝	Cu85,Sn0.9,Si0.1,Fe0.8,余为Zn	860	黄铜气焊及碳弧焊也可用于钎焊钢、铜镍合金、灰口铸铁以及镶嵌硬质合金刀具等
HS224	HSCuZn-4	硅黄铜焊丝	Cu62,Si0.5,余为Zn	905	黄铜气焊及弧焊也可用于钎焊铜、铜镍、灰口铸铁等
	HSCuZn-5	硅黄铜焊丝	Cu62,Si0.5,余为Zn		黄铜的气焊、碳弧焊及铜钎焊
	HSCuAl	铝青铜焊丝	Al7~9,Mn1.0~1.5,余为Cu		铝青铜的氩弧焊
	HSCuSi	硅青铜焊丝	Si2.75~3.5,Mn1.0~1.5,余为Cu		硅青铜的氩弧焊
	HSCuSn	锡青铜焊丝	Sn7~9,P0.15~0.35,余为Cu		锡青铜的钨极氩弧焊
HS211		硅青铜焊丝	Si2.8~4.0,Mo0.5~1.5,余为Cu		用于硅青铜、黄铜及铝青铜的氩弧焊，也用于铜和铸铁、铜和钢的焊接
	HSCuNi	白铜焊丝	Ni9~11,Fe1.0~1.5,Mo0.5~1.0,Zn0.3,余为Cu		焊接 BFe10-1 白铜管，也可焊接磁钢铜管和铜镍合金管的接头
CuNi30Fe		铜镍合金焊丝	Ni30,Fe少量,余为Cu		焊接 CuNi10Fe 白铜管

表 2-12 铝及铝合金焊丝的型号及化学成分（GB/T 10858—1989）/%

类型	型号	Si（硅）	Fe（铁）	Cu（铜）	Mn（锰）	Mg（镁）	Cr（铬）	Zn（锌）	Ti（钛）	V（矾）	Zr（锆）	Al（铝）	其他元素总量
纯铝	SAl-1	Fe+Si≤1.0		0.05	0.05	—	—	0.10	0.05	—	—	≥90.0	
	SAl-2	0.20	0.25	0.40	0.03	0.03	—	0.04	0.03	—	—	≥99.7	
	SAl-3	0.30	0.30	—	—	—	—	—	—	—	—	≥99.5	
铝镁	SAlMg-1	0.25	0.40	0.10	0.50~1.0	2.40~3.0	0.05~0.20	—	0.05~0.20	—	—	余量	0.15
	SAlMg-2	Fe+Si≤0.45		0.05	0.01	3.10~3.90	0.15~0.35	0.20	0.05~0.15	—	—		
	SAlMg-3	0.40	0.40	0.10	0.50~1.0	4.30~5.20	0.05~0.25	0.25	0.15	—	—		
	SAlMg-5	0.40	0.40	—	0.20~0.60	4.70~5.70	—	—	0.05~0.20	—	—		
铝铜	SAlCu	0.20	0.30	5.8~6.8	0.20~0.40	0.02	—	0.10	0.10~0.20	0.05~0.15	0.10~0.25		
铝锰	SAlMn	0.60	0.70	—	1.0~1.6	—	—	—	—	—	—		
铝硅	SAlSi-1	4.5~6.0	0.80	0.30	0.05	0.05	—	0.10	0.20	—	—		
	SAlSi-2	11.0~13.0	0.80	0.30	0.15	0.10	—	0.20	—	—	—		

表 2-13 铝及铝合金焊丝的牌号、主要成分及用途

牌号	型号	主要化学成分/%	熔点/℃	用途
HS301（丝301）	SAl-3	Al≥99.5,Si≤0.3,Fe≤0.3	660	焊接纯铝及对焊接要求性不高的铝合金
HS311（丝311）	SAlSi-1	Si4.5~6.0,Fe≤0.6,Al余量	580~610	焊接除铝镁合金以外的铝合金，特别是易于产生热裂纹的热处理强化铝合金
HS321（丝321）	SAlMn	Mn1.0~1.6,Si≤0.6,Fe≤0.7,Al余量	643~654	焊接铝锰及其他铝合金
HS331（丝331）	SAlMg-5	Mg4.7~5.7,Mn0.2~0.6,Si≤0.4,Fe≤0.4,Ti0.05~0.2,Al余量	638~660	焊接铝镁合金和铝锌镁合金，补焊铝镁合金铸件

表 2-14 镍及镍合金焊丝的型号及化学成分(GB/T 1562—1995)/%

焊丝型号	C(碳)	Mn(锰)	Fe(铁)	P(磷)	S(硫)	Si(硅)	Cu(铜)	Ni(镍)	Co(钴)	Al(铝)	Ti(钛)	Cr(铬)	Nb(铌)+Ta(钽)	Mo(钼)	V(矾)	W(钨)	其他元素总量
ERNi-1	≤0.15	≤1.0	≤1.0	≤0.03	≤0.03	≤0.75	≤0.25	≥93.0	—	≤1.5	2.0~3.5	—	—	—	—	—	—
ERNiCu-7	≤0.15	≤4.0	≤2.5	≤0.02	≤0.02	≤1.25	余量	62.0~69.0	—	≤1.25	1.5~3.0	—	—	—	—	—	—
ERNiCr-3	≤0.10	2.5~3.5	≤3.0	≤0.015	≤0.015	≤0.50	≤0.50	≥67.0	—	—	≤0.75	18.0~22.0	2.0~3.0	—	—	—	—
ERNiCrFe-5	≤0.08	≤1.0	6.0~10.0	≤0.03	≤0.03	≤0.35	≤0.50	≥70.0	—	—	—	14.0~17.0	1.5~3.0	—	—	—	—
ERNiCrFe-6	≤0.08	2.0~2.7	≤8.0	≤0.03	≤0.03	≤0.35	≤0.35	≥67.0	—	—	2.5~3.5	14.0~17.0	—	—	—	—	—
ERNiCr-1	≤0.05	≤1.0	≤22.0	≤0.03	≤0.015	≤0.50	1.50~3.0	38.0~46.0	≤2.5	≤0.20	0.60~1.2	19.5~23.5	—	2.5~3.5	—	—	—
ERNiFeCr-2	≤0.08	≤0.35	余量	≤0.015	≤0.015	≤0.35	≤0.30	50.0~55.0	—	0.20~0.80	0.65~1.15	17.0~21.0	4.75~5.50	2.80~3.30	—	—	≤0.50
ERNiMo-1	0.04~0.08	≤1.0	4.0~7.0	≤0.025	≤0.03	≤1.0	≤0.50	余量	≤2.5	—	—	≤1.0	—	26.0~30.0	0.20~0.40	≤1.0	—
ERNiMo-2	≤0.02	≤1.0	≤5.0	≤0.015	≤0.02	≤1.0	≤0.50	余量	≤0.20	—	—	6.0~8.0	—	15.0~18.0	≤0.50	≤0.05	—
ERNiMo-3	≤0.12	≤1.0	4.0~7.0	≤0.04	≤0.03	≤1.0	≤0.50	余量	≤2.5	—	—	4.0~6.0	—	23.0~26.0	≤0.60	—	—
ERNiMo-7	≤0.02	≤1.0	≤2.0	≤0.04	≤0.03	≤1.0	≤0.50	余量	≤1.0	—	—	≤1.0	—	26.0~30.0	—	≤1.0	—
ERNiCrMo-1	≤0.05	1.0~2.0	18.0~21.0	≤0.02	≤0.02	≤1.0	1.5~2.5	余量	≤2.5	—	—	21.0~23.5	1.75~2.50	5.5~7.5	—	—	—
ERNiCrMo-2	0.05~0.15	≤1.0	17.0~20.0	≤0.02	≤0.03	≤0.08	—	≥58.0	0.50~2.5	—	—	20.5~23.0	—	—	—	—	—
ERNiCrMo-3	≤0.10	≤0.50	≤5.0	≤0.02	≤0.02	≤0.50	≤0.50	余量	—	≤0.40	≤0.40	22.0~23.0	3.15~4.15	8.0~10.0	—	0.20~1.0	—
ERNiCrMo-4	≤0.02	≤1.0	4.0~7.0	≤0.04	≤0.03	≤1.0	—	余量	≤2.5	—	—	14.5~16.5	—	15.0~17.0	≤0.35	3.0~4.5	—
ERNiCrMo-7	≤0.015	≤1.0	≤3.0	≤0.04	≤0.04	≤1.0	0.7~1.20	47.0~52.0	≤2.0	—	0.70	14.0~18.0	—	14.0~18.0	—	≤0.50	—
ERNiCrMo-8	≤0.03	≤1.0	余量	≤0.03	≤0.03	≤1.0	—	余量	—	—	0.70~1.50	23.0~26.0	—	5.0~7.0	—	—	—
ERNiCrMo-9	≤0.015	≤1.0	18.0~21.0	≤0.04	≤0.04	≤1.0	1.5~2.5	余量	≤5.0	—	—	21.0~23.5	≤0.50	6.0~8.0	—	≤1.5	—

注:①ERNiCr-3、ERNiCrFe-5型号焊丝,当有规定时,钴的含量不应超过0.12%,钽的含量不应超过0.30%;

②ERNiFeCr-2型焊丝,硼的含量不应超过0.006%;

③在分析中,如出现其他元素,应对这些元素进行测定,并且总量的含量不应超过表中"其他元素总量"的要求。

表 2－15　常用镍及镍合金焊丝的牌号、成分及用途

焊丝牌号	相当于 GB 标准	Ni	C	Mn	Fe	Si	Cu	Al	Ti	Cr	Nb+Ta	Mo	主要用途
镍 61	ERNi－1（HS501）（AWS）	93（最小）	0.15	1.0	1.0	0.015	0.25	1.5	2.0~3.5				主要用于焊接镍 200 及镍 201，也可用作对不锈钢、因康镍合金等异种钢的焊接。还可以用作 Cu－Ni 合金与蒙乃尔、因康洛依镍合金的焊接
蒙乃尔 60	ERNiCu－7	62~69	0.15	4.0	2.5	1.25	余量	1.25	1.5~3.0				主要用于焊接蒙乃尔 400 及蒙乃尔 404 以及钢的堆焊，也可用于蒙乃尔合金与蒙乃尔合金 200、Cu 及 CuNi 合金的异种钢焊接
蒙乃尔 67	ERCuNi	29~32		1.0	0.4~0.75	0.25	余量		0.2~0.5				主要用于 Cu70Ni30、Cu80Ni20、Cu90Ni10 等铜镍合金的焊接及钢的堆焊，也可用于 CuNi 对不锈钢焊接
因康镍 82	ERNiCr－3	≥67	0.01	2.5~3.5	3.0	0.50	0.50		0.75	18~22	2.0~3.0		主要用于因康镍 600、因康镍 601 及因康洛依 800 合金的焊接；也可用于堆焊及因康镍、因康洛依 200、蒙乃尔 400、不锈钢等异种钢焊接；还可用于镍 200、蒙乃尔 400、碳素钢的焊接
因康镍 62	ERNiCrFe－5	≥70	0.08	1.0	6~10	0.35	0.50			14~17	1.5~3.0		主要用于厚度小于 50 mm 的因康镍 600 合金的焊接
因康镍 92	ERNiCrFe－6	≥67	0.08	2.0~2.7	8.0	0.35	0.50		2.5~3.5	14~17			专用于 TIG 和 MIG 焊接奥氏体钢及镍基合金焊丝；常用于因康镍、因康洛依 200 与不锈钢、碳钢、蒙乃尔等异种钢焊接；还可用于 9Ni 钢的焊接
因康镍 625	ERNiCrMo－3	≥58	0.10	0.5	5.0	0.50	0.50	0.40	0.40	20~23	3.15~4.15	8~10	主要用于因康镍 625、因康镍 601、因康镍 800 碳钢和 9Ni 钢的堆焊。常用于碳钢、低合金钢、蒙乃尔等异种钢的焊接
因康镍 781	ERNiFeCr－2	50~55	0.08	0.35	余量	0.35	0.30	0.20~0.80	0.65~1.15	17.0~21.0	4.75~5.50	2.8~3.30	主要用于因康镍 718、因康镍 716 及 X750 合金 TIG 焊接专用焊丝
因康洛依 65	ERNiFeCr－1		0.05	1.0	22.0	0.50	1.50~3.0	0.20	0.60~1.20	19.5~23.5	－	2.5~3.5	TIG 和 MIG 焊接因康洛依 825 合金专用焊丝

表 2-16 美国标准的钛及钛合金焊丝化学成分(AWSA 5.16)/%

牌号	C(碳)	O(氧)	H(氢)	N(氮)	Al(铝)	V(钒)或Sn(锡)	其他	Fe(铁)
ERTi-1	0.03	0.10	0.005	0.012				0.10
ERTi-2	0.05	0.10	0.008	0.020				0.20
ERTi-3	0.05	0.10~0.15	0.008	0.020				0.20
ERTi-4	0.05	0.01~0.25	0.008	0.020				0.30
ERTi-0.2Pd	0.05	0.15	0.008	0.020			Pd(钯)0.15~0.25	0.25
ERTi-3Al-2.5V	0.05	0.12	0.008	0.20	2.5~3.5	2.0~3.0		0.25
ERTi-3Al-2.5V-1	0.04	0.10	0.005	0.012	2.5~3.5	2.0~3.0		0.25
ERTi-5Al-2.5Sn	0.05	0.12	0.008	0.030	4.7~5.6	Sn2.0~3.0		0.40
ERTi-5Al-2.5Sn-1	0.04	0.10	0.005	0.012	4.7~5.6	Sn2.0~3.0		0.25
ERTi-6Al-2Nb-1Ta-1Mo*	0.04	0.10	0.005	0.012	5.5~6.5			0.15
ERTi-6Al-4V	0.05	0.15	0.008	0.020	5.5~6.75	3.5~4.5		0.25
ERTi-6Al-4V-1	0.04	0.10	0.005	0.012	5.5~6.75	3.5~4.5		0.15
ERTi-8Al-1Mo-1V	0.05	0.12	0.008	0.03	7.35~8.35	0.75~1.25	Mo(钼)0.75~1.25	0.25
ERTi-13V-11Cr-3Al	0.05	0.12	0.008	0.03	2.5~3.5	12.5~14.5	Cr(铬)10.0~12.0	0.25

* Mo(钼),0.5~1.5;Nb(铌)1.5~2.5;Ta(钽)0.5~1.5。

表 2-17 常用钛及钛合金焊丝的牌号及主要成分

钛及钛合金焊丝牌号	主要成分/%
TA1	工业纯钛
TA2	工业纯钛
TA3	工业纯钛
TA5	Ti4Al0.005B
TA6	Ti5Al
TA7	Ti5Al2.5Sn
TB2	Ti5Mo5V3Cr3Al
TC1	Ti2Al1.5Mn

表 2 - 17 （续）

钛及钛合金焊丝牌号	主要成分/%
TC2	Ti3Al1.5Mn
TC3	Ti5Al4V
TC4	Ti6Al4V
TC10	Ti6Al6,V2.5,Sn0.5,Cu0.5Fe

第四节　辅助焊接材料

钨极氩弧焊的辅助焊接材料主要是衬垫。为了防止熔池的液态金属从坡口背面流出，避免烧穿，以衬垫置于坡口背面，用衬垫托住液态金属，并使焊缝背面成形。衬垫有两种：永久性衬垫和可拆性衬垫。永久性衬垫是用与母材同种材料制成，焊接时将工件坡口根部和衬垫焊在一起。可拆衬垫是焊接时衬垫置于坡口背面，焊接过程中衬垫不与母材熔合，也无不良反应。常用的可拆衬垫有紫铜衬垫、碳钢衬垫、不锈钢衬垫、石墨衬垫、石棉衬垫、陶质衬垫。

紫铜衬垫有一定的强度，受热变形后可校正再使用。缺点是散热快，操作不当时垫板可能和焊缝粘连。

碳钢衬垫可用于焊有色金属，熔点高，不易和焊缝粘连，但钢板容易生锈，使焊缝产生气孔。

不锈钢衬垫不会生锈，适宜作焊缝衬垫，但成本高。

石墨衬垫的熔点极高，但质脆易碎，在焊接过程中由于烧损生成 CO，使焊缝产生气孔。

石棉衬垫的散热慢，保温性能好，也不会和焊缝连在一起。缺点是易吸潮，使用前要烘干。

陶质衬垫结构如图 2 - 3 所示，其不仅可衬托住液态金属和保护焊缝背面不受外界侵入，还能润湿焊缝，使其反面成形光顺。陶质衬垫使用时，只要撕去防粘纸，用手将粘胶铝箔粘贴在接缝背面即可，不用夹具，操作方便，但其缺点是不能重复使用。

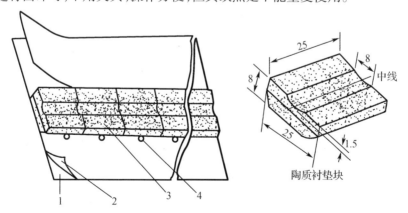

图 2 - 3　陶质衬垫的结构

1—黏胶铝箔；2—防黏纸；3—陶质衬垫；4—透气孔

手工钨极氩弧焊紫铜时,可把气焊熔剂(CJ301),涂刷在坡口上,改善焊接性。也有用埋弧焊剂(HJ431)铺设在石棉衬垫上,以改善焊缝背面成形。

第五节　氩弧焊焊丝的保管和使用

组织氩弧焊生产过程中,管理好焊丝是重要的环节。生产中如焊丝保管不妥会造成很大的浪费;生产中如用错焊丝,会造成重大的废品返工事故,所以要重视焊丝的管理和使用。

(1)进工厂的氩弧焊焊丝必须有焊丝生产厂的质量合格证件,每包焊丝必须有产品说明书和检验合格证书。凡无合格证或对其质量有怀疑的焊丝,应按批进行检查试验。非标准的新产品焊丝,必须经焊接工艺评定合格后方可使用。

(2)焊丝应堆放在通风良好、干燥的库房内,库房的室温在 10 ℃ ~ 15 ℃以上,最大相对湿度为 60%。

(3)焊丝要按类别、规格分别堆放,要避免混放,防止发错、用错。

(4)堆放焊丝不允许直接放在地面上,堆放焊丝的架子或垫板应离开地面、墙壁不小于300 mm。

(5)在搬运焊丝时,要避免乱扔乱放,防止破坏包装而发生焊丝乱散。

(6)焊丝使用前必须进行清理工作(机械清理和化学清理),清理后的焊丝应立即用于焊接,不可过夜。

(7)使用焊丝时,要防止其吸潮、沾污。

(8)焊工要按照工艺要求领用焊丝,要搞清焊丝的牌号,切不可张冠李戴,错用焊丝。

(9)焊接时,不论加焊丝或不加焊丝,焊丝要始终处在氩气保护状态下。

第三章 手工钨极氩弧焊设备

手工钨极氩弧焊设备由焊接电源、控制装置、焊枪、供气系统及供水系统等组成。

第一节 手工钨极氩弧焊机型号及技术数据

手工钨极氩弧焊机型号的编排次序如图3-1所示。

目前我国生产的手工钨极氩弧焊机种类繁多,现将其分类如下:

图3-1 手工钨极氩弧焊机型号的编排次序

(1)直流手工钨极氩弧焊机,型号是WS-×××,这类焊机有WS-63、WS-100、WS-160、WS-250、WS-300-2P、WS-315、WS-400等。

(2)交流手工钨极氩弧焊机,型号是WSJ-×××,这类焊机有WSJ-150、WSJ-300、WSJ-400、WSJ-500等。

(3)交直流手工钨极氩弧焊机,型号是WSE-×××,这类焊机有WSE-160、WSE-315、WSE-500等。

(4)手工钨极脉冲氩弧焊机,型号是WSM-×××,这类焊机有WSM-160、WSM-250、WSM-400等。

(5)IGBT(绝缘栅双极性晶体管)逆变式直流钨极氩弧焊机,这类焊机型号有WS-120、WS-160、WS-200、WS-315、WS-500等。

(6)IGBT逆变式直流脉冲氩弧焊机,型号是WSM-×××,这类焊机有WSM-160、WSM-200、WSM-315、WSM-400。

(7)IGBT逆变式交直流方波脉冲氩弧焊机,型号是WS(M)E-200、WS(M)E-315、WS(M)E-400、WS(M)E-630。

(8)其他型号有ZX7型、TIG型及NSA型。

ZX7-×××型焊机,Z表示整流,X表示下降外特性,7表示变频(ZX7为下降特性的逆变式直流弧焊机)。这类焊机有ZX7-315、ZX7-500等。

TIG-×××型焊机,TIG为钨极惰性气体保护弧焊机。这类焊机有TIG-140、TIG-200、TIG-400等。

NSA-×××型焊机,N表示明弧,S表示手工,A表示氩气,NSA为手工钨极氩弧焊机,这类焊机型号有NSA(交流)-200、NSA(交流)-300、NSA1(直流)-300、NSA4(直流)-300、NSA2(交直流)-300-1等。

表3-1为常用手工钨极氩弧焊机型号的技术数据。

表3-1 常用手工钨极氩弧焊机型号的技术数据

氩弧焊机类型	型号	电源电压/V	额定输入容量/kVA	空载电压/V	工作电压/V	额定焊接电流/A	电流调节范围/A	额定负载持续率/%	引弧方式	电流衰减时间/s	电流上升时间/s	提前送气/s	滞后停气/s	脉冲频率/Hz	备注
直流手工钨极	WS-250	380	18		12~20	250	25~250	60		3~10			4~8		
直流手工钨极	WS-100	220	3		—	100	4~100	60		0~10					
交流手工钨极	WSJ-400	380或220		80~88	20	400	60~400	60	脉冲						
交直流手工钨极	WSE-315	380 单相	25	80		315	30~315	60		0.5~8	1~2				
直流脉冲钨极	WSM-250	380 三相	14	55		250	25~250	60		0~15	0~15				脉冲周期0.02 s~3.0 s
IGBT逆变式直流钨极	WS-120	220 单相	4		15	120	6~120	60	高频	0.1~5	0.1	0.2	自动设定		
IGBT逆变式直流钨极	WS-315B	380 三相	12	70	22.6	315	5~315	60	高频		0.1~10	0.1~3	2~32		
IGBT逆变式直流脉冲	WSM-160	220 单相	5.7	60		160	8~160	60	高频	0.1~5	0.1~5	0.2	2~20		
IGBT逆变式直流脉冲	WSM-250	380 三相		66		250	10~250	40	高频	0~10	0~10	0.3	3~10	0.5~300	调节15%~100%脉宽
IGBT逆变式直流脉冲	WSM-400	380 三相	15.5	64	26	400	20~400	60	高频	0.5~5	0.5~10	0.5	3	0.5~250	脉宽调节20%~80%（上海沪工）

表 3 - 1 （续）

氩弧焊机类型	型号	电源电压/V	额定输入容量/kVA	空载电压/V	工作电压/V	额定焊接电流/A	电流调节范围/A	额定负载持续率/%	引弧方式	电流衰减时间/s	电流上升时间/s	提前送气/s	滞后停气/s	脉冲频率/Hz	备注
IGBT 逆变式交直流方波脉冲	WS(M)E-315	380 三相	12.3	74		315	10~315	60	高频	0~10	0~10	0.1	3~10	0.5~500	脉宽调节 15%~100%（上海威特力）
下降特性直流逆变弧焊	ZX7-400	380 三相	21	70		400	20~400	60	高频						推力电流调节 0~20（上海沪工）
直流手工钨极	TIG-160	220 单相	3.36	57		160	3~160	40	高频						
交流手工钨极	NSA-500-1	380 单相		80~88	20	500	50~500	60	脉冲						电容器消除直流分量
直流手工钨极	NSA4-300-1	380 三相		72	12~20	300	20~300	60	高频						
交直流手工钨极	NSA2-300-1	380 单相		70（直）80（交）	12~20	300	50~300	60	脉冲						电容器消除直流分量配用 ZXG3-300-1 交直流两用弧焊整流器

第二节　钨极氩弧焊的焊接电源

一、钨极氩弧焊焊接电源的要求

焊接电源是电弧能量的供应者。电弧是个变动的负载,手工操作电弧,弧长总是难免要变动的,因此,对钨极氩弧焊的焊接电源有些特殊的要求。

(一)较高的空载电压

空载电压是指焊接电源未接负载(电弧)时的电压,也即引弧前的电压。氩弧焊是在氩气中引燃电弧的,由于氩气的电离电位较高,所以要求焊接电源的空载电压值较高,以利引弧。

(二)陡降的电源外特性

电源外特性是指在稳定工作状态下,焊接电源的输出电压和输出电流(焊接电流)之间的关系。焊接电源外特性通常有三种类型:水平的、缓降的、陡降的,如图3-2所示。钨极氩弧焊要求用的是陡降的;缓降的用于埋弧自动焊;水平的用于熔化极氩弧焊和CO_2气体保护半自动焊。

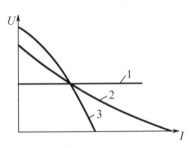

图3-2　三种类型的电源外特性
1—水平的外特性;2—缓降的外特性;
3—陡降的外特性

我们将电弧静特性曲线和电源外特性曲线画在一起,如图3-3所示。两曲线相交于两点,上面的交点P是电弧引燃点,下面的交点O是电弧稳定燃烧点。电弧只能在O点稳定燃烧,O点所显示的电流I和电压U,就是焊接电流$I_焊$和电弧电压$U_弧$。若焊接过程中拉长电弧,由L拉长到L',则电弧静特性曲线向上移,电弧燃烧点由O点移到O'点,电弧电压升高到U',而焊接电流减少到I',如图3-4所示。

接着讨论陡降和缓降外特性曲线对弧长变动的差异(图3-5),用陡降外特性1时,弧长由L拉长到L',电弧燃烧由O_1移动到O'_1,焊接电流变动ΔI_1。用缓降外特性2时,弧长由L拉长到L',电弧燃烧点O_2移到O'_2,焊接电流变动ΔI_2。从图中可知,$\Delta I_1 < \Delta I_2$,即弧长变动时,

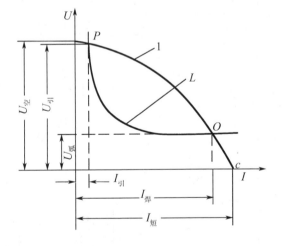

图3-3　电弧静特性和焊接电源外特性的关系
1—电源陡降外特性曲线;L—电弧静特性曲线;P—电弧引燃点;
O—电弧稳定燃烧点;c—短路点;$U_空$—空载电压;
$U_引$—引弧电压;$U_弧$—电弧电压;$I_引$—引弧电流;
$I_焊$—焊接电流;$I_短$—短路电流

陡降外特性的焊接电流变动小。电流变动小,焊工控制电弧容易。这就是钨极氩弧焊要求陡降电源外特性的原因。

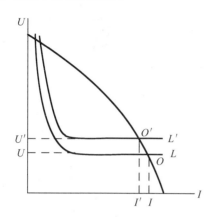

图3-4　拉长电弧,电弧电压和焊接电流的变动弧长 $L' > L$,电压 $U' > U$,电流 $I' < I$

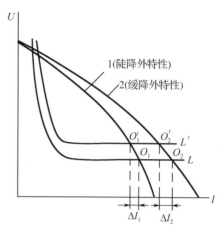

图3-5　弧长变动时,陡降外特性电流变动小 $\Delta I_1 < \Delta I_2$

(三)良好的动特性

手工操作的钨极氩弧焊,弧长难免要变动的。当电弧变长时,焊接电源的电压应相应升高,否则长电弧没有高电压供给就会使电弧熄灭。良好的动特性就是焊接电源电压要随弧长变动而迅速相应变动。若焊接电源电压变动慢,则电弧也要熄灭。

(四)合适的调节特性

手工钨极氩弧焊为适应不同钨极直径和焊缝空间位置,需要调节焊接电流,调节焊接电流的实质是调节焊接电源外特性。电源外特性向外移,焊接电流增大;电源外特性向内移,焊接电流减小。改变电源外特性,就能改变焊接电流,如图3-6所示。

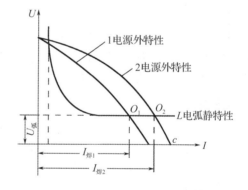

图3-6　焊接电源外特性改变,焊接电流改变

(五)交流焊接电源能消除直流分量

钨极氩弧焊焊铝、镁时,应采用交流电源。工频50 Hz交流电,每秒有100次正极和负极的交换。由于钨极和铝、镁焊件的熔点不同,截面大小不一,发射电子能力的强弱和散热能力的差异,会引起正、负半波的焊接电流大小不对称。当钨极接负极工件接正极时,钨极的熔点高,发射电子能力强,尺寸小,散热能力低,因此电弧电流大,而电弧电压低;当钨极接正极工件接负极时,工件熔点低,尺寸大,发射电子能力弱,散热能力高,电弧电流小,而电弧电压较高。正半波的电流大于负半波的电流,波形畸变。这个波形可以看成是一对称交流电和另一直流分量的叠加。交流钨极氩弧焊的直流分量如图3-7所示。

直流分量在焊件接负极时，焊接电流小，这会使阴极破碎作用减弱，电弧不稳。还有直流分量使弧焊变压器铁芯产生直流磁通而磁饱和，引起变压器能耗增大，甚至发热过大而烧坏。交流焊接的直流分量是有害的，必须设法予以消除。消除直流分量的方法有三种：串接蓄电池、串接整流元件、串接大电容，如图3-8所示。

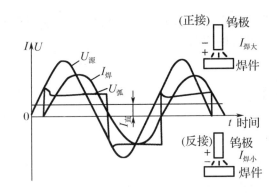

图3-7 交流钨极氩弧焊的直流分量

$U_源$—电源电压；$U_弧$—电弧电压；$I_焊$—焊接电流；$I_直$—直流分量

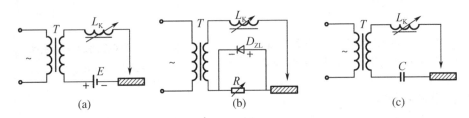

(a)   (b)   (c)

图3-8 直流分流的消除方法

a—串接蓄电池；b—串接整流二极管；c—串接电容器

T—焊接变压器；L_K—电抗器；C—电容器；R—附加电阻；D_{ZL}—整流二极管；E—蓄电池

1. 串接蓄电池

在焊接回路中串接蓄电池，蓄电池负极与工件相接通，正极和焊接变压器相接通。这样蓄电池产生的电流方向和直流分量反向，可抵消或减小直流分量。蓄电池为6 V，300 A·h～600 A·h（A·h为安培小时），蓄电池需要经常充电。

2. 串接整流元件

整流二极管并联一电阻接入焊接回路，二极管的负极和变压器一端相接，正极和工件相接。这样焊接电源直流反接时，二极管使焊接电流顺利通过；相反，直流正接时，电流不能通过二极管，而只能通过电阻R（电阻约为0.02 Ω，电阻要消耗电能），于是减小了直流分量。

3. 串接大电容

电容器有隔直流通交流的作用，用足够大的电容器能彻底消除直流分量，这是目前应用最佳的方法。用100个100 μF电解电容量（工作电压12 V）并联成组，串接在焊接回路中。

二、交流弧焊变压器

（一）动铁芯式弧焊变压器（BX₁-330型）

1. 构造原理

动铁芯式弧焊变压器的外形及构造原理如图3-9所示，它有一个口字形铁芯，其中加入一个可动铁芯，在固定铁芯柱的两侧绕有初级绕组和次级绕组，可动铁芯可借焊机壳外的手柄转动而移动。由于可动铁芯的加入,变压器形成了磁分路(图3-10)。当初级绕组和次级绕组通有电流时,就产生漏磁通,次级绕组通过大的焊接电流,就产生相当大的漏磁通,于是使次级绕组的电压下降。焊接时,焊接电流越大,漏磁通越大,次级电压下降越显著,从而获得陡降的电源外特性。

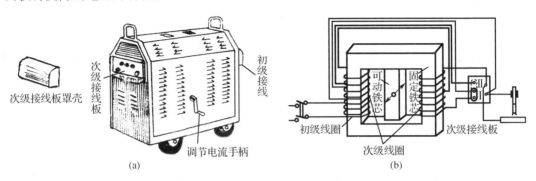

图 3-9　动铁芯式弧焊变压器的外形及构造原理

a—外形;b—构造原理

空载时,次级绕组无电流通过,不存在次级绕组漏磁通,所以空载时次级电压较高;焊接时,次级绕组有焊接电流通过,漏磁通随着焊接电流增大而增大,次级绕组电压随之下降;短路时,次级绕组电流很大,由此产生的漏磁通更大,于是次级绕组输出端电压下降到接近于零,限制了短路电流。焊接电源的输出电压随着输出电流的增大而下降,这就是降压的外特性。

2. 焊接电流的调节

动铁芯式弧焊变压器调节电流有粗调节和细调节两种方法。

(1)粗调节。改变次级绕组的匝数来实现粗调节。次级绕组接线板上有两种接法,如图3-11所示。当连接片接在Ⅰ的位置时,次级绕组匝数增加,空载电压为70 V,焊接电流调节范围为50 A~180 A;当连接片接在Ⅱ位置时,空载电压为60 V,焊接电流调节范围为160 A~450 A。粗调节电源外特性的变化如图3-12所示。

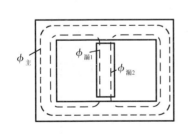

图 3-10　动铁芯式弧焊变压器的磁通分布

$\phi_{漏1}$—初级绕组漏磁通;$\phi_{漏2}$—次级绕组漏磁通;$\phi_{主}$—变压器主磁通

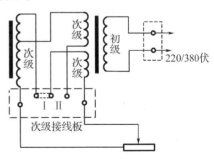

图 3-11　BX₁-330 型弧焊
变压器的电流粗调节

(2)细调节。细调节是通过改变可动铁芯位置,改变漏磁大小而实现的。转动机壳外的手柄,若可动铁芯离开固定铁芯,漏磁通减少,焊接电流增大;反之,可动铁芯靠近固定铁芯,焊接电流减小。可动铁芯细调节如图3-13所示。通过可动铁芯较小的位置移动,可使焊接电流较小的变动,实现了电流的细调节。

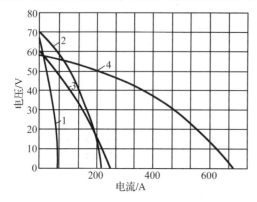

图3-12 BX₁-330型弧焊变压器的电源外特性曲线

1,2—接法Ⅰ的电流调节范围;3,4—接法Ⅱ的电流调节范围

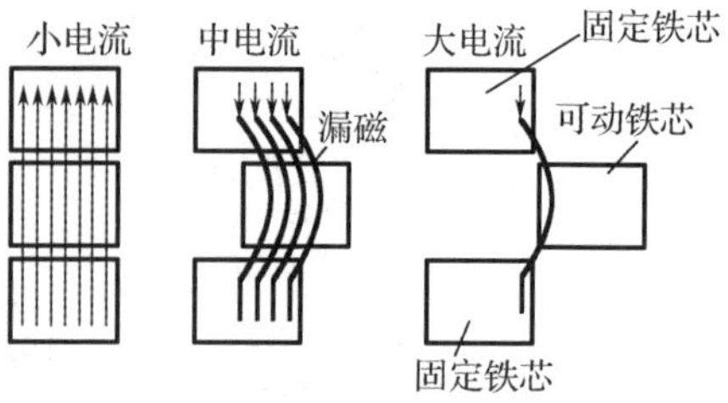

图3-13 BX₁-330型弧焊
变压器的电流细调节

(二)动圈式弧焊变压器(BX₃-300型)

1. 构造原理

动圈式弧焊变压器的外形和内部构造如图3-14所示。它的铁芯是高而窄的口字形,初级绕组分成两组,固定在两铁芯柱的底部,次级绕组也分成两组,装在两铁芯柱上部的可动支架上,用机壳上部的手柄转动丝杆,可使次级绕组上下移动,以改变初级和次级绕组间的距离。弧焊变压器的初级绕组和次级绕组之间距离较大,漏磁通也大。当次级绕组通有大电流时,产生大的漏磁通,使次级绕组电压下降。还有拉大初级和次级绕组间的距离,也使漏磁通增大,次级电压下降,这也是借漏磁通获得降压的外特性。

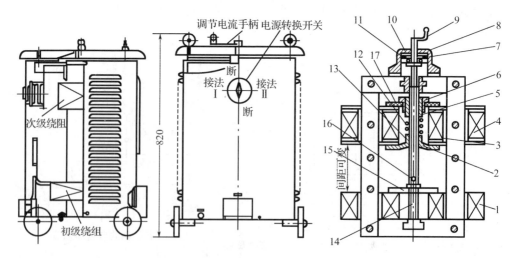

图3-14 动圈式弧焊变压器的外形和内部构造

1—初级绕组;2—下夹板;3—下衬套;4—次级绕组;5—螺母;6—上衬套;7—弹簧垫圈;8—铜垫圈;9—手柄;
10—丝杆固定压板;11—滚珠轴承;12—压力弹簧;13—丝杆;14—螺钉;15—压板;16—滚珠;17—上夹板

2. 焊接电流的调节

动圈式弧焊变压器有粗调节和细调节两种调节电流的方法。

（1）粗调节。分两挡：大电流时，初级绕组（有两组）接成并联，次级绕组也接成并联；小电流时，初级绕组接成串联，次级绕组也接成串联。把电源转换开关拨到接法Ⅰ位置，并把次组绕接线板接成Ⅰ接法（图 3 - 15，a），这样就可以进行小电流（40 A ~ 125 A）、高空载电压（75 V）焊接。电源转换开关拨到Ⅱ位置，并把次级绕组接成Ⅱ接法（图 3 - 15，b），可以进行大电流（115 A ~ 400 A）、低空载电压（60 V）焊接。粗调节时要注意两点：一是在切断网路电源下进行；二是初级、次级绕组都是在同一接法位置（Ⅰ或Ⅱ）。

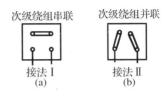

图 3 - 15　动圈式弧焊变压器粗调节的次级绕组接法

a—接法Ⅰ，小电流；b—接法Ⅱ，大电流

（2）细调节。转动焊机上面的手柄，改变初、次级绕组间的距离，便可实现电流细调节。两绕组间距拉大，漏磁通也增大，使焊接电流减小；反之，两绕组间距减小，焊接电流增大。

三、直流弧焊电源

（一）硅弧焊整流器（ZXG - 300 型）

1. 构造原理

把交流电变成直流电称为整流。利用硅二极管具有单向导电的特性，可以把交流网路电源变成直流弧焊电源。

硅弧焊整流器（ZXG - 300 型）的外形和内部结构如图 3 - 16 所示，它由三相降压变压器、磁饱和电抗器、硅整流器组、输出电抗器、焊接电流调节器、通风机及控制系统组成。

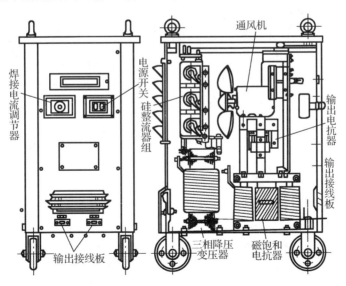

图 3 - 16　硅弧焊整流器的外形和内部结构

（1）三相降压变压器。它将三相 380 V 电源电压降为空载电压，供整流电路用。

（2）磁饱和电抗器。降压变压器只能改变电压，但不能获得降压特性。随焊接电流增大而下降电压的特性是由磁饱和电抗器来达到要求的。磁饱和电抗器的结构如图 3－17 所示。它有三个"日"字形铁芯，每个"日"字形铁芯的两侧绕有交流绕组，而三个中间铁芯绕有一个直流控制绕组。直流控制绕组中的直流电流是可以调节的，可将铁芯调成磁饱和状态或不饱和状态，这样磁饱和电抗器变成可调节的电抗器。交流电流通过磁饱和电抗器产生电压降，于是可获得降压的

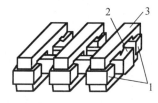

图 3－17　磁饱和电抗器
1—交流绕组；2—直流绕组；
3—铁芯

外特性。由于其也能调节电流，以较小的直流电（几安培）调节，改变铁芯中的磁通，可以控制数十安培乃至数百安培的焊接电流，故又称为磁放大器。

（3）硅整流器组。由六个硅二极管组成三相桥式整流电路，将磁饱和电抗器的交流电变成直流电，供焊接电路用电。

（4）输出电抗器。经整流后的直流电，其波形不够平稳，为此在输出回路中再串联一只电抗器，使输出电流波形平稳。

（5）焊接电流调节器。在焊机面板上安装一只电位器，借此调节磁饱和电抗器直流绕组中的电流，达到调节焊接电流的要求。

（6）通风机。供冷却硅二极管及其他电器元件用，并利用风压开关来控制三相降压变压器接入三相网路，只有通风电动机转动、有风压时才能接通三相变压器。

（7）控制系统。硅弧焊整流器的电气原理图如图 3－18 所示。接通电源开关 K_1，通风电动机 FM 运转，当风压达到一定值时，风压开关 K_{FY} 接通接触器 J_C，其动作使三个常开主触头闭合，三相变压器 B_1 接入网路，焊接电路有电压，另一 J_C 触头闭合，使磁饱和电抗器工作。

空载时，三相变压器次级绕组无电流通过，磁饱和电抗器不起作用，焊机输出电压即为三相降压变压器次级输出整流后的直流电压，获得较高的空载电压；焊接时，磁饱和电抗器通过较大的焊接电流，在铁芯中产生磁通，造成较大电压降，整流后，焊机输出较低的电压，获得下降的电源外特性；短路时，短路电流很大，使饱和电抗

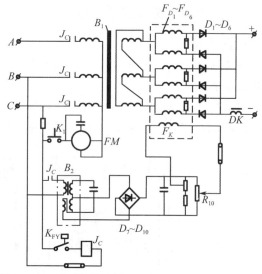

图 3－18　硅弧焊整流器（ZXG－300 型）电气原理图
B_1—三相变压器；B_2—控制变压器；
F_K—磁饱和电抗器的直流绕组；
$F_{D_1} \sim F_{D_6}$—磁饱和电抗器的交流绕组；
$D_1 \sim D_6$—三相桥式整流；DK—输出电抗器；
R_{10}—调节电流用电位器；FM—通风机；
K_1—控制通风机的开关；K_{FY}—风压开关；
J_C—主接触器（接通两变压器用）；
$D_7 \sim D_{10}$—单相桥式整流（供直流控制绕组）；
A, B, C—三相电源

器的电流剧增,产生很大的电压降,于是输出直流电压几乎为零。

2. 焊接电流的调节

焊接电流调节器设置在焊机的面板上,它是一个瓷盘电位器(R_{10}变阻器),由控制变压器 B_2 和单相桥式整流器 $D_7 \sim D_{10}$ 供电,改变变阻器的电阻,就可以改变磁饱和电抗器直流绕组中的电流,改变磁饱和电抗器铁芯中的磁通,达到焊接电流的调节的目的。直流绕组中的电流增大,磁饱和电抗器的磁通增大(接近磁饱和状态),限制了交流绕组铁芯中磁通增大,电抗减小,焊接电流增大;反之,直流绕组中控制电流减小,焊接电流减小。

(二)晶闸管弧焊整流器(ZX5 – 630 型)

1. 构造原理

晶闸管是一种大功率半导体元件。它的控制作用很强,只要用几十毫安到一、二百毫安和二、三伏的小信号,便能控制大电流、高电压电路的通断。在弧焊电源中主要用作可控整流——把交流电变成电压值可控调节的直流电。晶闸管有三个极,阴极和阳极接入整流电路,控制极接入触发电路。控制极被触发,阴极和阳极就单向导通,晶闸管一经导通,控制极便失去控制作用,即使触发电压消失,晶闸管仍保持导通。利用触发电路可以控制半个交流周期内的晶闸管导通时间(或称导通角)(正半周是可导通的时间,负半周是反向截止)。晶闸管导通时间越长,整流电路输出电压越高。

晶闸管弧焊整流器(ZX5 – 630 型)的构造如图 3 – 19 所示,其电路方框图如图 3 – 20 所示。三相主变压器 T_1 是个降压变压器,为焊接电弧提供电能。晶闸管整流器组 VD 是个三相桥式整流电路,把三相交流电变为直流电。晶闸管的触发导通是由触发器 C 承担,6 个晶闸管的控制极分别与 6 个触发电路接通,晶闸管的导通角是由触发电路控制的。经晶闸管整流后的电流再通过输出电抗器 L_2 的滤波,获得平稳的直流电。触发器是由特性控制电路来控制的。特性控制电路有四个输入信号:由和焊接电路串联的电阻 R_I 取出电流反馈信号 U_{fl};由和电弧电压并联的电阻 R_V 取出电压反馈信号 U_{fV},这两个反馈信号随焊接电流和电弧电压的变动而变动;另两个是给定的电流信号 U_{gl} 和给定的电压信号 U_{gV}。通过电压信号的比较和电流信号的比较,特性控制电路控制晶闸管导通角,使弧焊整流器可输出多种电源外特性,如图 3 – 21 所示。这样弧焊整流器可以适应各种焊接方法,缓降外特性适用于埋弧焊,水平恒压外特性适用于熔化极氩弧焊和 CO_2 气体保护焊,急降外特性适用于钨极氩弧焊和焊条电弧焊,恒流外特性更适用于钨极氩弧焊,恒流加外拖的外特性可使焊条电弧焊避免短路。特性控制电路中还设置有引弧电路,在焊条引弧时,短时间内增加给定电压,使引弧电流短时增大,易于引弧。

2. 焊机的使用

(1)焊机的起动和停止。焊机面板上有起动和停止两按钮。按起动按钮,电源指示灯亮,风扇转,焊机接通三相网路。按停止按钮,切断焊机的三相网路电源。

(2)极性的换接。焊机上没有极性变换开关,焊机输出的电源极性是固定的。钨极氩弧焊用直流正接,而低氢焊条电弧焊用直流反接,改换极性接法,就用手工将接工件和焊枪(或焊把)电缆线进行调换。

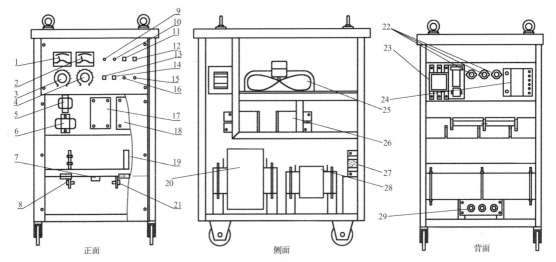

正面   侧面   背面

图 3 – 19　ZX5 – 630 型晶闸管弧焊整流器的构造

1—电压表；2—电流表；3—推力电流调节旋钮；4—焊接电流调节旋钮；5—继电器；6—隔离变压器；7—控制电缆插座；
8—焊接电流输出负极；9—变压器熔断器；10—小车电源熔断器；11—工作指示灯；12—电源指示灯；13—手工/自动切换；
14—远/近控制开关；15—启动按钮；16—停止按钮；17—保护电路板；18—触发电路板；19—维持电阻；20—主变压器；
21—焊接电流输出正极；22—熔断器；23—主接触器；24—控制变压器；25—风扇；26—晶闸管；27—分流器；
28—平衡、输出电抗器；29—三相电源进线

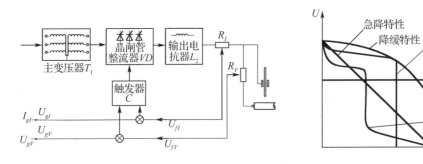

图 3 – 20　晶闸管弧焊整流器电路方框图　　**图 3 – 21　晶闸管弧焊整流器的多种电源外特性**

（3）调节焊接电流。面板上有焊接电流调节旋钮，转动旋钮就可实现焊接电流的调节。

（4）调节推力电流。用小电流焊条电弧焊时，可适当增大推力电流，即增大短路电流，使焊条不易黏在工件上。氩弧焊不需要此电流。

（5）近控和远控。把面板上的远/近控制开关拨至远控位置，将远控用调节器的插头插入面板的控制电缆插座，焊工便可在工作岗位用远控调节器来调节焊接电流。

（6）手工和自动切换开关。开关拨至手工位置，焊机可用于焊条电弧焊和手工钨极氩弧焊。拨向自动位置，焊机可以作为埋弧自动焊的焊接电源。

四、逆变式直流弧焊电源（ZX7 – 400 型逆变式直流弧焊机）

（一）逆变式直流弧焊电源的基本电路

把直流电转变成交流电称为逆变。如果在直流电路中加入一只高频率的开关，则直流

电变成电流通断瞬时在变的电流。利用大功率开关电子元件的交替开关作用,可以实现逆变的目的。逆变式直流弧焊电源的基本电路方框图如图3-22所示。

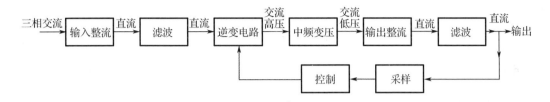

图3-22 逆变式直流弧焊电源的基本电路方框图

逆变式直流弧焊电源的优点:①高效节能;②反应速度快、动特性好;③体积小、质量轻。

据逆变电源所采用的功率开关器件种类不同,可分成四类:①晶闸管逆变电源;②晶体管逆变电源;③场效应管逆变电源;④绝缘双极晶体管(IGBT)逆变电源。其中IGBT逆变电路应用较广,因为它具有饱和电压降较低、输出容量大、驱动功率小等优点。

(二)逆变式直流弧焊电源的外形及内部构造

逆变式直流弧焊电源(ZX7-400型)的外形及内部构造如图3-23所示。焊机输入三相380 V,50 Hz交流电,经主变压器降压和三相整流桥整流,并由输入电抗器和电容滤波变成直流电,再经过IGBT组成的桥式逆变器逆变成约20 kHz的交流电,又通过中频变压器变压和快恢复二极管整流,最后经输出电抗器滤波,输出平稳的直流电供电弧焊用。

在焊机的前面板上半部装有电流/电压显示表1,电表显示转换开关2,工作指示灯3,保护指示灯4,焊接电流调节器5,推力电流调节器6,空载电压高低切换开关7,焊接模式选择开关8,焊接电源"+"极插座9,远控插座10,焊接电源"-"极插座11。后面板装有冷却风机,电源输入引线和三相电源开关,接地用螺栓。

(三)逆变式直流弧焊机的使用

(1)焊机的起动和停止。将后面板上的三相电源开关合上,焊机起动,风机转,焊机的"+"和"-"两极间有空载电压。断开三相电源开关,焊机停止。

(2)选择焊接模式(方法)。模式有三种:氩弧焊、焊条短弧焊、焊条长弧焊。根据焊接工艺规定,选定焊接模式,并选定极性接法,连接接工件电缆和接焊枪(或焊把)电缆。

(3)调节焊接电流。用面板上的焊接电流调节器调节焊接电流(20 A~400 A)。本机可以远控调节焊接电流,另配有远控盒(内装电位器),将其插头线插入面板上的远控插座10,可用远控盒来进行远距离调节焊接电流。

(4)调节推力电流。焊条电弧焊时,用推力电流调节器调节合适的推力电流,可避免焊条黏在工件上。

(5)电流表、电压表的显示。把电表显示转换开关拨向A位置,电表显示焊接电流值;拨向V位置,电表显示焊机输出电压值。

(6)安全的低空载电压。在狭小工作舱室里焊接,为了防止焊工触电,可将空载电压高低切换开关置于低挡位置,这时空载电压不大于36 V,以确保焊工的安全。

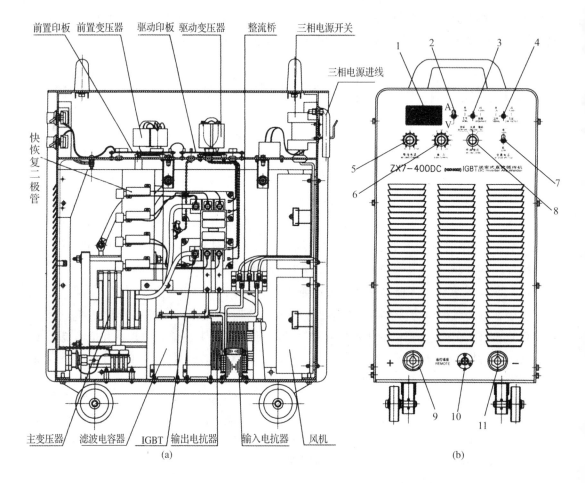

图 3 - 23　ZX7 - 400 型逆变式直流弧焊电源的外形及内部构造

a—内部构造；b—正面板

1—电流/电压显示表；2—电表显示转换开关；3—工作指示灯；4—保护指示灯；5—焊接电流调节器；

6—推力电流调节器；7—空载电压高低切换开关；8—焊接模式选择开关；

9—焊接电源"＋"极插座；10—远控插座；11—焊接电源"－"极插座

五、脉冲/方波氩弧焊电源

脉冲/方波氩弧焊电源是在直流、交流弧焊电源的基础上充实发展起来的，也即普通的电弧焊电源加上一个脉冲控制电路而成的。通过脉冲控制电路对输出焊接电流进行调制，成为低频率脉冲电流波形。脉冲控制电路能制成频率、脉宽、脉幅可调的脉冲波形，以此来控制焊接主回路，使焊接电源输出可调节的脉冲焊接电流。

（一）直流脉冲弧焊电源

在普通直流弧焊电源电路中，串联接入一只开关，有节奏地通断开关，就可使焊接电流变成直流脉冲电流。这个开关就是脉冲发生器，最常用的是晶闸管脉冲发生器和晶体管脉冲发生器。脉冲发生器要能调节脉冲频率、峰值电流、基值电流和占空比。占空比为脉冲峰值电流时间在一个脉冲周期内所占的时间比,即 $t_脉/(t_脉+t_基)$。晶闸管通过控制导通角就可用来改变峰值电流和占空比等,控制性能好,调节方便。晶体管制成的开关电路,反应速度快,脉冲频率高,控制精确。

(二)交流脉冲弧焊电源

交流脉冲弧焊电源中,交流脉冲是通过接在交流焊接回路中的交流断续器来控制的,交流断续器实质上是一个交流开关。这是通过控制电路,控制晶闸管的导通及过零自然关断,起到了交流开关的作用。

交流脉冲弧焊电源的电路是由两部分组成的,一是带有交流断续器的主(焊接)电路,二是交流断续器的控制电路。在控制电路中还设置了脉冲频率、占空比、脉冲幅度的调节器。

(三)方波交流弧焊电源

在直流脉冲钨极氩弧焊中常使用的电流波形是方波,在交流中也可用方波作电源。图 3 - 24 为方波交流电路,它是一个次级电压为 75 V ~ 80 V 的降压变压器和直流侧串接电抗器的晶闸管整流桥 SCR1 ~ SCR4 组成。变压器正负半周时,电流通路情况见图 3 - 24,a 和 b。两对晶闸管 SCR1,SCR3 和 SCR2,SCR4 由控制电路轮流触发导通,而直流电抗器只能流过单向脉动电流(图 3 - 25a),即在交流侧电流换向时,直流电抗器的单向脉动电流不为零,从而使焊接电流在换向时的上升沿和下降沿变得非常陡,焊接电流波形近似为方波(图 3 - 25,c)。方波电流的上升和下降的速度极快,即使不用稳弧装置,电弧也很稳定。方波交流弧焊电源通过对两对晶闸管导通角的调节,可以获得很陡的、近于恒流的外特性,并达到调节焊接电流的目的。还可以独立调节两对晶闸管的触发角达到消除直流分量,又能达到确保阴极破碎作用和提高钨极载流能力兼顾的目的。

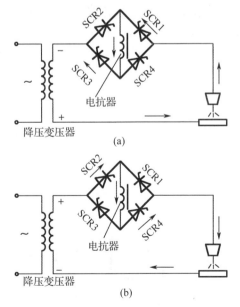

图 3 - 24 方波交流弧焊电源的主电路

a—正半周电流;b—负半周电流

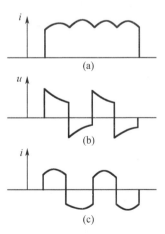

图 3 - 25 方波交流电源电流、电压的波形

a—电抗器电流波形;b—电弧电压波形;

c—焊接电流波形

第三节　手工钨极氩弧焊的控制装置

手工钨极氩极焊的控制装置要实现以下几个控制项目：①引弧控制；②稳弧控制；③收弧电流衰减的控制；④氩气通断时间的控制；⑤焊枪水冷控制；⑥焊接操作顺序控制。

一、引弧控制

在氩气中引弧是困难的，引弧瞬间应在钨极与工件之间加上一个高压电，造成强电场发射电子，还使电子和离子在两极空间被电场加速和碰撞，使氩气电离，结果使两极在不接触状态下引燃起电弧。

（一）高频振荡器

把电容 C 和电感 L 串联起来，接上交流电源，就能在电路中产生振荡电流。选用合适的电感量和电容量就可产生几百 kHz 的高频振荡电流，还可利用升压变压器将 380 V 交流电压升到 2 kV～3 kV。通过高频振荡可获得高频高压电。

图 3-26 为高频振荡电路，升压变压器 T_1 将 380 V 电压升为 2 kV～3 kV。升压变压器次级接上 LC_1 振荡电路，还并联一个火花放电器 FD，它由两小段钨棒组成，两钨棒间有 0.1 mm～1.0 mm 间隙，可根据频率要求调节间隙。C_1 为振荡电容，电容量为 0.002 5 μF～0.05 μF，L 为振荡电感绕组（输出变压器 T_2 的初级，约 0.16 mH），LC_1 组成振荡电路，输出变压器 B_2 的次级输出高频高压。

接通升压变压器 T_1 的电源后，变压器 T_1 的次级电压就对电容 C_1 充电，火花放电器 FD 两端也接上变压器 T_1 的次级，变压器 T_1 的次级高压（约 2.5 kV）使火花放电器 FD 两钨棒之间的空气隙发生电击穿，产生火花放电。这时火花放电器 FD 就接近短路状态，于是已充电的电容 C_1 就通过火花间隙和输出变压器 T_2 的初级绕组（充当电感绕组）L 进行放电。对电容器 C_1 的充电和放电，就在变压器 T_2 初级绕组 L 和电容 C_1 之间有振荡电流，其频率为 $f = \dfrac{1}{2\pi\sqrt{LC_1}}$，约为 150 kHz～260 kHz。高频振荡电流再经输出变压器 T_2 耦合输出高频高压的电流给焊接回路。

高频振荡器和焊接回路实现串联连接，如图 3-27 所示，这样钨极和焊件间获得高频高压电，从而使钨极和工件间的气隙击穿，达到非接触引弧的目的。

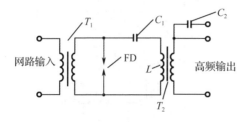

图 3-26　高频振荡电路

T_1—升压变压器；FD—火花放电器；C_1—振荡电容；

L—振荡电感绕组；T_2—高频输出变压器；C_2—旁路电容

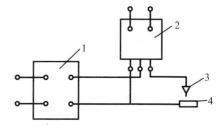

图 3-27　串接高频振荡器的焊接回路

1—焊接电源；2—高频振荡器；3—焊枪；4—工件

使用高频振荡器引弧有以下缺点:①容易使电路中其他电器元件击穿损坏;②对附近的电子仪器、微机系统等有干扰,甚至会破坏程序而使之无法工作;③高频电对人体健康有害,因此,对于高频振荡器尽可能采取屏蔽措施和单独电源供电。焊工在焊前或焊后调节钨棒或喷嘴时,必须将高频振荡器电源切断。在收弧后钨极尚未冷却前,高频振荡器能在很大间隙的条件下突然引燃电弧,这是要特别注意防止其发生的。

(二)高压脉冲发生器

高压脉冲发生器是另一种非接触引弧装置,它克服了高频电对人体的危害和对电器元件干涉的缺点。高压脉冲发生器原理图如图 3 - 28 所示。T_1 是与焊接变压器同频率的升压变压器,在正半波时,经整流二极管 BZ_1 和电阻 R_1 对电容 C_1 充电;在负半波时,通过晶闸管 SCR_1 和 SCR_2 的触发,使电容 C_1 向高压脉冲变压器 T_2 放电。变压器 T_2 的次级绕组便产生 2 kV ~ 3 kV 的高压脉冲,这高压脉冲串接入焊接回路,借此高压脉冲击穿钨极与工件的气隙而引燃电弧。

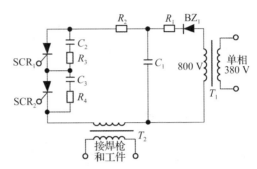

图 3 - 28　高压脉冲发生器电路

T_1—升压变压器;BZ_1—两极管;R_1,R_2—电阻;
C_1—充放电电容;SCR_1,SCR_2—晶闸管;
C_2,R_3,C_3,R_4—保护晶闸管用;T_2—高压脉冲变压器

脉冲产生时刻,是当交流电正半波向负半波过渡的瞬间,由焊接电流产生的信号触发晶闸管 SCR_1 和 SCR_2,使脉冲变压器 T_2 产生高压脉冲。焊接过程中高压脉冲发生又能起到稳弧的作用。

二、稳弧控制

直流钨极氩弧焊引燃电弧后,就可关闭高频振荡器,关闭后仍能维持电弧稳定燃烧。但交流钨极氩弧焊引弧后,当焊接电流从正半波转为负半波经过零点的瞬间,电弧就要熄灭。为解决交流过零点熄弧问题,在这一瞬间加上一个高压脉冲于钨极与焊件之间,可使电弧不熄灭。这个交流稳弧任务也可用高频振荡器或高压脉冲发生器来完成。

三、收弧电流衰减的控制

收弧时突然切断焊接电流,将引起弧坑未填满和弧坑裂纹等缺陷。收弧时若逐渐减小焊接电流,可使熔池的熔深和温度逐渐减小,焊丝熔化形成的熔敷金属加入到熔池的位置逐渐升高,最后填满弧坑。

不同的焊接电源有不同的电流衰减方法。磁放大器式弧焊整流器可通过直流控制绕组中的电流衰减,实现焊接电流的衰减。晶体管或晶闸管直流弧焊电源,可通过控制给定信号,实现焊接电流的衰减。

收弧电流衰减的调节方法有两种:①焊前设定收弧电流的大小;②调节收弧电流衰减的

时间长短。收弧电流衰减到零时,电弧熄灭,仍需持续气体保护熔池几秒后断气。

四、氩气通断时间的控制

引弧前要排除钨极与焊件之间的空气,应该提前输出氩气0.5 s～2 s,延时后接通焊接电源和高频振荡器,立即引燃电弧。焊接过程中利用减压流量调节器来维持稳定氩气的流量。焊接收弧时若氩气和焊接电流同时切断,这时红热的钨极和熔池及其周围的金属都会被氧化,影响焊接质量。为了防止发生这种现象,在电弧熄灭后,仍让氩气流通一段时间,持续对钨极和熔池进行良好的保护,延时5 s～15 s后切断氩气。氩气通断时间的控制是由焊机中的时序(可编程控制器)电路板来实现的。氩气的通断是由电磁气阀来控制的,接通电磁气阀,氩气就从管路由焊枪输出。

五、焊枪水冷控制

水冷式焊枪需要通水冷却以带走焊枪导电部分的热量。当水流量不足时,若仍进行电弧焊接会使焊枪过热而烧坏。在冷却水管路中安装一水流开关来控制焊接电源的通断,一旦水流量低于正常值时,水流开关就切断焊接电源,使焊接不能进行,保护了焊枪。水流开关接通焊机的电源后,不论焊接或不焊接,水总是流动的。水箱可以使冷却水循环,节约用水。

六、手工钨极氩弧焊操作顺序的控制

(一)起动

按下焊枪开关,接通电磁气阀,使氩气通路,提前送出氩气,驱走钨极与工件间的空气,经延时后接通焊接电源和高频振荡器,使钨极与工件间产生高压高频而引燃电弧。若是直流电焊接,引弧后高频振荡器立即停止工作;若是交流电焊接,则高频振荡器继续工作。

(二)建弧

建立电弧阶段是使焊接电流逐渐增大至焊接电流正常值,并由空载电压降为正常电弧电压。这段时间电弧对钨极和焊件进行预热,提高焊缝起端的质量。建弧时间可调,范围为0～10 s。

(三)正常燃弧

建弧后进入正常焊接阶段,焊接电源保证电弧稳定,氩气输出稳定,保护良好。

(四)收弧

改变焊枪开关位置(转为停止),焊接电源输出电压和焊接电流皆逐渐减小,最后焊接电流减小到零,电弧熄灭。熄弧后氩气仍继续输出,保护钨极和熔池,延时(5 s～15 s可调)后,氩气切断,焊接工作结束。

图3-29为手工钨极氩弧焊动作顺序控制。

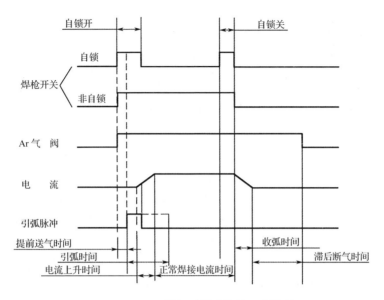

图 3 – 29 手工钨极弧焊动作的顺序控制

第四节　手工钨极氩弧焊焊枪

一、钨极氩弧焊焊枪的功能、分类及型号

(一) 钨极氩弧焊焊枪的功能

钨极氩弧焊焊枪的功能:①装夹钨极;②传导焊接电流;③输送保护气体;④控制焊机的起动和停止。

(二) 钨极氩弧焊焊枪的分类

(1) 按操作方式可分为手工钨极氩弧焊焊枪和自动钨极氩弧焊焊枪。

(2) 按冷却方式可分为气冷式钨极氩弧焊焊枪和水冷式钨极氩弧焊焊枪。

(三) 手工钨极氩弧焊焊枪的型号

手工钨极氩弧焊焊枪型号编制及含义是以首字母 Q 表示焊枪,随后的字母 Q 或 S,Q 表示气冷,S 表示水冷。短划后有角度值,表示出气角度,最后的两位数或三位数表示使用焊枪的额定电流值。其中出气角度是指焊枪手把和工件平行时,保护气体喷射方向和工件间的夹角。举例如下:

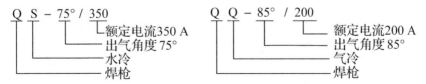

常用手工钨极氩弧焊焊枪的牌号有 QS – 70°/500,QS – 75°/350,QS – 85°/250,QS – 65°/150,QQ – 85°/200,QQ – 75°/150,QQ – 85°/100,QQ – 65°/75 等。

二、焊枪的结构

(一)对焊枪的要求

手工钨极氩弧焊对焊枪有以下的要求:①通过焊枪喷嘴的保护气流的流动状态良好,不产生紊流(空气卷入氩气流中);②传导电流给钨极;③冷却条件好,能使焊枪持续使用;④钨极和喷嘴、帽盖间绝缘可靠,能防止喷嘴和工件接触而发生短路;⑤结构轻小,操作容易,装拆方便。

(二)水冷式焊枪的构造

水冷式焊枪的构造如图3-30所示,焊枪手柄由以下管和线连接:①进气管;②进水管和出水管;③焊接电缆;④焊枪开关控制线。其中焊接电缆制成中间通冷却水的称为水冷缆管。焊枪手柄上装有焊枪开关,控制焊接起动和停止。焊枪头部有导流件传导电流给钨极。钨极有夹头给予固定。密封圈可使氩气沿钨极周围向喷嘴口流出。喷嘴系陶瓷制成,可防止喷嘴和工件相碰造成短路。钨极上端盖有帽盖也是绝缘用的。

(三)气冷式焊枪的构造

气冷式焊枪的构造如图3-31所示,进入手把的是中间通氩气的焊接电缆。氩气能吸收焊接电缆、导流件和钨极产生的热量,而从喷嘴口输出。氩气开关装在通气焊接电缆的端部,可以用手工控制氩气的通断。也有将氩气开关装在手柄上,这样操作方便。也有在手柄上装入电气开关,用来控制焊机的起动和停止,可以实现高频引弧、收弧电流衰减、提前送气和延迟断气等控制。

通常焊接电流在≤150 A时,选用气冷式焊枪,省略通冷却水的装置。

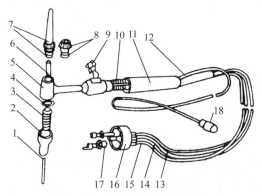

图3-30 水冷式钨极氩弧焊枪

1—钨极;2—陶瓷喷嘴;3—导流件;4,8—密封圈;5—枪体;
6—钨极夹头;7—帽盖;9—焊枪开关;10—扎线;11—手把;
12—控制线;13—进气管 14—出水管;15—水冷缆管;
16—活动接头;17—水电接头;18—插头

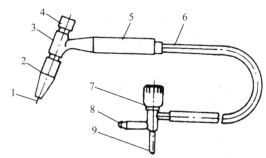

图3-31 气冷式钨极氩弧焊枪

1—钨极;2—陶瓷喷嘴;3—枪体;4—帽盖;
5—手把;6—焊接电缆;7—气开关手轮;
8—通气接头;9—通电接头

(四)喷嘴

喷嘴是焊枪上可以更换的零件,喷嘴要保证喷出良好的保护气体层流,还要使焊接时有较好的可见度。

喷嘴的形状有两种,如图3-32所示。圆柱形喷嘴有一段较长的截面不变的气流通道,气体喷出的速度均匀,保护熔池的效果良好。圆锥形喷嘴的出口处直径变小,气流得到加速,挺度增大,有抗风能力,同时也改善了可见度;缺点是控制流量不当时,易形成紊流,卷入外界空气,反而破坏了保护效果。

气冷式焊枪通常配用两种喷嘴孔径,根据工艺要求可以调换。例如QQ-85°/150-1焊枪,配用6 mm和8 mm的喷嘴孔。水冷式焊枪通常配用三种喷嘴孔径,例如QS-75°/350焊枪,配用9 mm,12 mm,16 mm的喷嘴孔径。

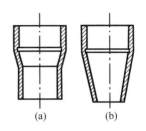

图3-32 喷嘴的形状
a—圆柱形;b—圆锥形

手工钨极氩弧焊用的喷嘴系陶瓷材质,使用时要避免强烈冲击和碰撞,更要注意的是大电流焊接后要防止剧冷,否则易使喷嘴破裂。对于破裂的或有缺口的喷嘴应及时更换。

第五节　供气系统及供水系统

一、氩气瓶

氩气瓶是标准气瓶,结构和氧气瓶相同,瓶内径为210 mm,瓶高为1 450 mm,瓶的容积为40 L。氩气瓶外表面涂银灰色,并用绿色漆标注"氩"字样。瓶内灌足氩气,压力达15 MPa,随着氩气的输出消耗,瓶内氩气压力逐渐下降。当瓶内气压下降为0.4 MPa~0.5 MPa(约为工作压力的2.5倍)时,应停止使用。若氩气全部用完,则空气进入瓶内,再向瓶内充氩气时,氩气的纯度难以达到高纯度的要求。

氩气瓶的气门阀是控制氩气进出的,它的构造如图3-33所示。气门阀的阀体是青铜或黄铜制成的,而手轮是铝质的。阀体下端是带有螺纹的锥形体,将气门阀旋入瓶口内。阀体的侧旁是个接口,外表面有螺纹,用来连接减压流量调节器。

顺时针转动手轮,传动轴带动活门转动,有螺纹的活门向下转动,便旋入阀体中。连续顺时针转动手轮,活门继续向下,直至压紧在活门座上为止。这时通气口被封塞,氩气不能从瓶内输出;若反时针转动手轮,活门就离开活门座而向上提起,这时通气口开启,氩气从通气口经过活门而输出至减压流量调节器。

二、减压流量调节器

减压流量调节器是减压器和流量调节器的组合装置。

(一)减压器

瓶内氩气是通过减压器而输出的,减压器的功能是将瓶内高压氩气降为工作压力,并能自动稳定输出工作压力,即不论瓶内压高低(瓶内氩气压力随氩气消耗而降低),减压器都能输出稳定的气体。减压器上的压力表是标明瓶内高压氩气的压力,使用时千万不能用至高压氩气为零。

（二）流量调节器

减压后的氩气进入流量调节器,流量调节器(简称为流量表)是标注气体流量大小和调节流量的装置。常用的流量表是 LZB 型转子流量表,如图 3-34 所示。其测量流量部分由一个垂直锥形玻璃管及管内的球形浮子组成。锥形管的粗端在上,细端在下。浮子随流量大小沿锥形管轴线上下移动。当氩气自下向上通过锥形管,作用于浮子的上升力大于浸在氩气中的浮子重力时,浮子就上升。浮子外径和锥形管内壁之间的环形间隙面积随浮子上升而增大,气体的流量也逐渐增大,直到浮子的上升力等于浮子的重力时,浮子便稳定在某一高度位置,据此可直接从锥形管刻度上读出实际的流量值。焊工操作时旋转流量表的旋钮,并观察浮子位置所标注的流量值是否符合工艺需要的流量。

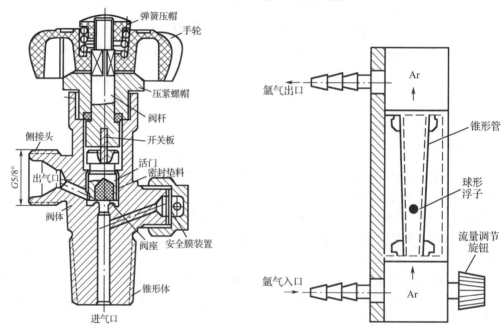

图 3-33 气门阀的构造　　　　图 3-34　转子流量表的构造原理

（三）减压流量调节器

将减压器和流量调节器机械地合在一起,即组成减压流量调节器,如图 3-35,a 所示。由于流量调节器也可以制成指针标注式,并可和减压器合成一体,制成同体式减压流量调节器,如图 3-35,b 所示。

三、混合气体配比器

使用混合气体钨极氩弧焊时,需要两种气源,两只不同的气瓶,各自经过减压,然后两气体按比例均匀混合,输送到焊枪进行焊接。混合气体配比器就是专为气体保护焊设计的两元气体混合装置,该装置可以将两种气体按使用要求进行配比(按比例配置),并输出均匀的混合气体。按配比方式不同,混合气体配比器有两种形式,一种是按流量表配比(图 3-36,a),两种气体通过减压输入到混合气体配比器,分别调节两种气体的流量,然后

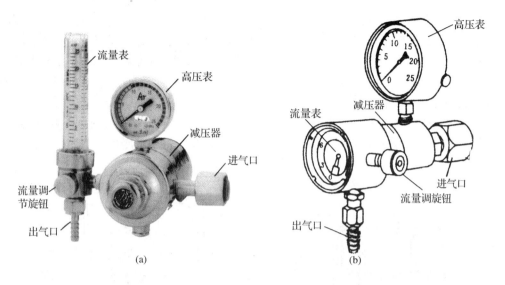

(a)

(b)

图 3 – 35 减压流量调节器
a—转子流量表式；b—指针流量表式

进行均匀混合,输出预定比例的混合气体,这个混合气体输出流量是两流量表之和,要通过加法运算得知;另一种是旋钮式配比（图 3 – 36,b）,通过旋钢调节两种气体的混合比,混合后由流量调节器输出,该流量计的读数就是两气体流量之和。

输入至混合气体配比器的气体必须是经过减压后的,也可以是通过减压流量调节器后的气体。

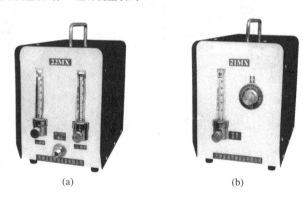

(a)   (b)

图 3 – 36 混合气体配比器
a—流量计配比；b—旋钮配比

四、电磁气阀

电磁气阀（图 3 – 37）是控制氩气管路通断的气阀。当电磁铁线圈通电时,电磁铁动作,铁芯和阀门被吸上,阀门打开,就有氩气输出,送入焊枪进入保护区;当电磁铁线圈断电时,阀门被关闭,停止输出氩气。电磁气阀安置在控制箱内,由继电器控制,电磁铁线圈的电压一般为 36 V,110 V 交流电,也有 24 V,36 V 直流电。

五、水流开关

采用水冷式焊枪时,需要通水来冷却焊枪和焊接电缆。冷却水可用自来水或配置水箱和水泵循环冷却水。在水路中装有水流开关,只有水路中有一定流量才能起动焊机,避免焊枪无水冷却而烧毁。水流开关的结构如图 3-38 所示。焊机正常工作时,冷却水从进水口进,出水口出,其间有一分流小孔 5,使水向上分流,膜片 4 不仅受主通道水的向上压力,还受分流小孔水流的向下压力。由流体力学可知,流量一定时,流速和通道截面积成反比,且流速高时压力小。当流量正常时,主通道的面积大,流速小,压力高,而小孔的细通道压力低,两者形成压力差。随着流量的增大,压力差也增大,当此压力差达到一定值时,抵消弹簧 2 的压力,将膜片 4 上顶,使顶杆 3 上移,推动微动开关 1 动作,微动开关的触点闭合,接通焊机的控制电路。当无水流通或流量不足时,无压力差或压力差很少,膜片 4 则不动,微动开关不动作,焊机不接通电源,由此保证了焊枪和焊机在预定的水冷条件下安全运行。

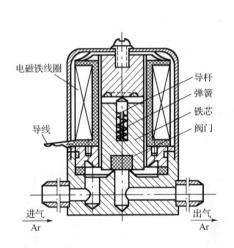

图 3-37 电磁气阀

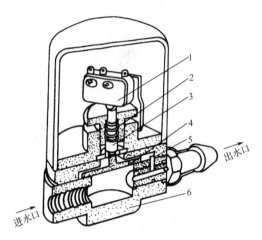

图 3-38 水流开关结构图

1—微动开关;2—弹簧;3—顶杆;4—膜片;
5—分流小孔($\varphi = 2\ mm$);6—壳体

第六节 典型的手工钨极氩弧焊机

一、简易无控制箱的手工钨极氩弧焊设备

(一)简易无控制箱手工钨极氩弧焊设备的组成

简易无控制箱手工钨极氩弧焊设备是由一台陡降外特性的焊接电源(如 ZXG-300 型直流弧焊机),配置有氩气瓶、减压流量调节器的氩气管路而成。在氩气管路中加入一只针形气阀,并接通气冷式焊枪,就可进行手工钨极氩弧焊,设备的组成如图 3-39 所示。

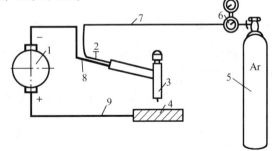

图 3-39 简易无控制箱的手工钨极氩弧焊设备的组成

1—直流电焊机;2—针形气阀;3—气冷式焊枪;4—焊件;5—氩气瓶;
6—减压流量调节器;7—氩气管;8—接焊枪电缆;9—接工件电缆

(二)简易无控制箱手工钨极氩弧焊设备的使用

1. 引弧

采用短路接触引弧,在接缝坡口前设置引弧板,在引弧板上引弧,预热钨极后在引弧板上焊一小段焊缝,然后进入到接缝始端进行正式焊接。或在坡口旁放置一块石墨板,在石墨板上引弧,然后转移到接缝始端进行焊接。

2. 收弧

同样可以在接缝末端设置收弧板,在收弧板上收弧。或采用断续电弧填满弧坑。

3. 氩气的通断和流量的调节

在焊接引弧前,用手把针形气阀门打开,喷嘴输出氩气才可焊接。焊后应立即关闭气阀门。间断焊接时不关闭气阀门,但遇较长时间停止焊接时,应及时关闭氩气阀门,尽可能减少氩气的浪费。氩气流量的调节是借减压流量调节器上的手轮转动而实现的。

4. 大电流焊接

这种简易设备通常使用的是小电流气冷式氩弧焊枪,不允许超负载连续焊接,为此可使用两把气冷式焊枪,大电流焊接时,施行轮番使用,在氩气管路中加装一只三通管接头,使两把气冷式焊枪轮番通气和停气,可避免焊枪过载而烧坏。

5. 焊接电流的调节

氩弧焊的焊接电流可在弧焊电源上进行调节。

6. 极性的变换

直流钨极氩弧焊时,可借直流弧焊电源上正极和负极的接线变换来实现极性变换。

二、组合式手工钨极氩弧焊机

(一)组合式手工钨极氩弧焊机组成

旧型号 NSA 型手工钨极氩弧焊机就属于这类,氩弧焊机是由专用的钨极氩弧焊控制箱、配用的弧焊电源、焊枪及供气系统组成。直流手工钨极氩弧焊机要配用直流弧焊整流器。交流手工钨极氩弧焊机要配用交流弧焊变压器。交直流两用手工钨极氩弧焊机可配用 ZXG-300-1 交直流两用弧焊整流器。只要弧焊电源的电源种类相同和额定焊接电流相当,都可作为配用的焊接电源。组合式手工钨极氩弧焊机的组成如图 3-40 所示。

这类钨极氩弧焊机的控制箱通常装有下列电器元件。

(1)交流接触器。接通弧焊电源和钨极、工件的通路。同时也接通控制电路。

(2)引弧器。使钨极和工件接通高频引弧器或脉冲引弧器,可实施不接触引弧。

(3)脉冲稳弧器。当弧焊电源是交流电时,在焊接电流过零的瞬间,加上一个脉冲,使电弧稳定而不熄灭。

(4)延时电路。用来控制气、电先后顺序的时间继电器。

(5)电磁气阀。用来通断氩气管路。

(6)大容量电容器。在交流钨极氩弧焊机中用来消除直流分量。

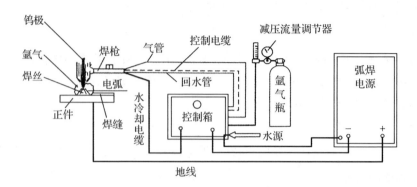

图 3 − 40　组合式手工钨极氩弧焊机的组成

(二)组合式钨极氩弧焊机控制箱面板的电器装置及连接件的功能

在控制箱的面板上还装有以下电器开关、调节器及指示灯。

(1)电流表。显示焊接电流大小。

(2)电源指示灯。灯亮表明三相电路电源接通。

(3)水流指示灯。有水流时,水流开关动作,指示灯亮。

(4)电源转换开关。接通和切断控制箱的电路电源用。

(5)气流检视开关。焊前将此开关闭合,应该有氩气流出焊枪,观察流量表,是否达到焊接工艺要求的流量值。检视后要将此开关断开。

(6)气体延时间调节器。这可用来调节熄弧后氩气延时切断的时间。有的焊机设置粗调节(长短两挡)开关,有的设置细调节电位器。

控制箱还设置水、电、气的进出口连接点。水的进出,氩气的进出、弧焊电源的接焊枪电缆也要通过控制箱接到焊枪,控制焊接电路的通断。还有焊枪开关的控制电缆也是由控制箱输给焊枪的。

(三)组合式手工钨极氩弧焊机的使用

1. 焊前准备

(1)合上控制箱和弧焊电源的网路电源,控制箱上电源指示灯亮。

(2)接通氩气管路,用气流检视开关检查氩气通路及流量。用减压流量调节器调节氩气流量。

(3)接通冷水管路,水流指示灯亮。若用气冷式焊枪不需要通水。

2. 引弧

合上焊枪开关,先输出氩气,延时后控制箱内引弧器工作,不接触引燃电弧,同时焊接电源接通,进入正常焊接。

3. 收弧

切断焊枪开关,引弧脉冲截止,稳弧脉冲截止,焊接电源切断,电弧熄灭,延时电路工作,经延时后氩气被切断。

4. 调节焊接电流和变换极性接法

在配用的弧焊电源上调节焊接电流。变换极性接法需要交换配用的弧焊电源的正负极和焊枪工件的接线位置。

三、逆变式直流脉冲钨极氩弧焊机

逆变式直流脉冲钨极氩气弧焊机是比较先进、应用较广的焊机。下面以 WSM‑400 型逆变式直流脉冲钨极弧焊机为例对其进行介绍。WSM‑400 型焊机,W 表示钨极氩极焊,S 表示手工,M 表示脉冲,400 表示额定电流为 400 A。WSM‑400 型焊机是台多功能的逆变式直流钨极氩弧焊机,可用于直流钨极氩弧焊、直流脉冲钨极氩弧焊及焊条电弧焊。

（一）WSM‑400 型逆变式直流脉冲氩弧焊机的构造原理

焊机由三相电源开关输入三相 380 V 工频交流电,经三相整流桥整流,并由输入电抗器和电容滤波成直流电,再经过 IGBT(绝缘栅双极晶体管)组成的桥式逆变器逆变成 20 kHz 的交流电,并通过中频变压器变压,经快恢复二极管整流和输出电抗器滤波,输出平稳的直流电供焊接用。电路中还设置高频引弧装置,由耦合变压器将高频脉冲耦合到焊接电源输出端,供不接触引弧用。WSM‑400 型焊机的内部构造及面板如图 3‑41 所示。

焊机的操作开关(除焊枪开关)、调节器旋钮、指示灯、插座、接口都设置在焊机的面板上,操作方便。

（二）焊机面板上电器装置及附件的功能

焊机面板上电器装置及附件具有以下几方面的功能:

(1)脉冲峰值电流调节器。脉冲氩弧焊时,调节脉冲峰值电流用,调节范围为 20 A ~ 400 A。

(2)基值电流调节器。有两种工作状态:脉冲氩弧焊时,调节基值电流(维持电弧燃烧)用;焊条电弧焊时,调节焊条的焊接电流,调节焊接电流范围为 20 A ~ 310 A。

(3)推力电流调节器。焊条电弧焊时调节推力电流用,可防止焊条粘在钢板上。

(4)数字式电流显示表。显示焊接电流值。

(5)电源指示灯。灯亮表示 380 V 三相电源接通。

(6)保护指示灯。灯亮表示焊机过载,待焊机内温度下降后,会恢复正常。

(7)工作指示灯。显示焊机处于焊接工作状态。

(8)焊接模式(方法)选择开关。有五挡选择开关位置,中间挡是氩弧焊焊前检气用;右两挡是氩弧焊;左两挡是焊条电弧焊。焊机有四种焊接模式:①直流氩弧焊;②直流脉冲氩弧焊;③焊条长弧焊;④焊条短弧焊。

(9)自锁选择开关。氩弧焊工作状态下,将开关置于"自锁"时,按下焊枪开关,电弧引燃,此时放松焊枪开关,电弧正常燃烧不会熄灭;如果要收电弧,需要再按一下焊枪开关,焊接电流衰减到收弧电流,再放松焊枪开关才能熄弧。将开关置于"非自锁"位置时,按下焊枪开关,电弧引燃,放松焊枪开关,电弧熄灭。

(10)收弧控制调节器。调节收弧时间(填满弧坑用),调节范围为 0.5 s ~ 5 s。

(11)脉冲频率调节器。调节脉冲频率用,调节范围为 0.5 Hz ~ 250 Hz。

(12)脉宽调节器。调节脉冲宽度用,调节占空比[$t_{脉}/(t_{脉}+t_{基})$]范围为 20% ~ 80%。

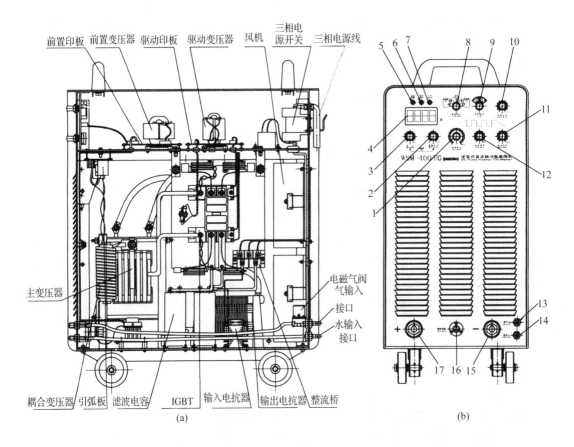

图 3-41 WSM-400 型逆变式直流脉冲钨极氩弧焊机内部的构造及面板

1—脉冲峰值电流调节器;2—基值电流调节器;3—推力电流调节器;4—数字式显示电流表;5—电源指示灯;
6—保护指示灯;7—工作指示灯;8—焊接模式选择开关;9—自锁选择开关;10—收弧控制调节器;
11—脉冲频率调节器;12—脉宽调节器;13—焊枪气接口;14—焊枪水接口;
15—焊接电流"-"极插座;16—焊枪控制线接口;17—焊接电流"+"极插座

(13)焊枪气接口。输氩气给焊枪。

(14)焊枪水接口。输冷却水给焊枪。

(15)焊接电流输出"-"极插座。直流氩弧焊时接焊枪;碱性焊条电弧焊时接工件。

(16)焊枪控制线接口。接焊枪控制线(焊枪开关线)。

(17)焊接电流输出"+"极插座。直流氩弧焊时接工件,碱性焊条电弧焊时接焊把。

在焊机的后面板上,装有三相电源开关,可将三相电源线接入。后面板的下侧还装有氩气输入接口和冷却水输入接口,将氩气和冷却水通入焊机。图 3-42 为 WSM-400 型逆变式直流脉冲钨极氩弧焊机的外部连接。

(三)WSM-400 型逆变式直流脉冲钨极氩弧焊机的使用

焊机可用于四种焊接模式(方法):①焊条短弧焊;②焊条长弧焊;③直流氩弧焊;④直流脉冲氩弧焊。

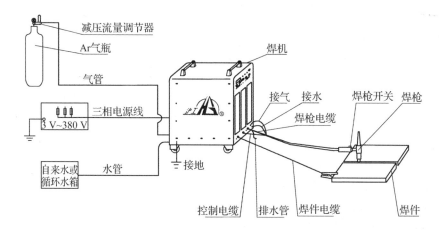

图 3 – 42　WSM – 400 型逆变式直流脉冲钨极氩弧焊机的外部连接

1. 焊条短弧焊

（1）焊前准备。①将焊接模式选择开关置于焊条"电弧焊短弧"位置；②焊接电流输出"－"极接工件，"＋"极接碱性焊条；③用基值电流调节器调节焊接电流；④调节推力电流，以防焊条黏在工件上。

（2）焊接。焊把夹住焊条，焊条和工件接触，引燃电弧，进行短弧焊。这时的电源外特性是陡降的，适用于小电流焊接（$I < 200$ A）。

2. 焊条长弧焊

（1）焊前准备。①将焊接模式选择开关置于焊条"电弧焊长弧"位置；②焊接电源输出"＋"极接工件，"－"极接焊条（适用于酸性焊条）；③调节焊接电流（面板上的基值电流）；④调节推力电流。

（2）焊接。焊条和工件接触，引燃电弧，进行长弧焊，这时的电源输出外特性是恒流加外拖特性，适用于大电流焊接（$I > 200$ A）。

3. 直流氩弧焊

（1）焊前准备。①焊机"－"极接通焊枪，焊机"＋"极接通工件；②接通氩气管路、冷却水管路及焊枪控制线接口；③把焊接模式选择开关先拨到检气位置，检查气路畅通；④把焊接模式选择开关拨到氩弧焊直流位置；⑤用峰值电流调节器调节脉冲电流值；⑥把自锁选择开关拨到需要的位置；⑦用收弧控制调节器进行焊接电流衰减时间的调节。

（2）空载试行及功能确认。①按下焊枪开关（钨极远离工件），有气流送出，同时听到焊机内有高频引弧脉冲放电的声音；②放松焊枪开关，放电场立即停止（如果按下焊枪开关时间超过 5 s，高频引弧脉冲也会自动停止）；③气阀延迟 3 s 后停止送气。

（3）焊接。①焊枪夹住钨极，离接缝约 3 mm 高，按下焊枪开关，立即输出氩气；②延时后，高频脉冲引燃电弧，开始正常焊接。焊接时工作指示灯亮。

（4）停止。若自锁选择开关置于"非自锁"位置，按下焊枪开关引弧，松开焊枪开关断弧；若处于"自锁"位置，按下焊枪开关引弧，松开焊枪开关，电弧仍维持燃烧，再按下焊枪开关,焊接电流衰减收弧,再松开焊枪开关,电弧熄灭,延时后停送氩气。

4. 直流脉冲氩弧焊

(1)焊前准备。①工件电缆与焊枪电缆和焊机的"＋"、"－"极相连接(直流正接);②接通氩气管路、冷却水管路及焊枪控制线接口;③把焊接模式选择开关先拨到检气位置,检查氩气管路是否畅通;④接着把焊接模式选择开关拨到直流脉冲氩弧焊位置;⑤用峰值电流调节器和基值电流调节器调节脉冲焊接电流和基值电流的大小;⑥用收弧控制调节器进行焊接电流衰减时间的调节;⑦用脉冲频率调节器进行脉冲频率的调节;⑧用脉冲宽度调节器进行占空比$[t_{脉}/(t_{脉}+t_{基})]$的调节;⑨将自锁选择开关拨到自锁位置。

(2)空载试行及功能确认,同直流氩弧焊。

(3)焊接。按下焊枪开关,立即输出氩气,延时后高频引燃电弧,进入焊接状态。观察熔池状态,适当调整脉冲焊接的参数(脉冲焊接电流、基值电流、脉冲频率、占空比)。

(4)停止。操作方法同直流氩弧焊。

四、逆变式交直流方波脉冲钨极氩弧焊机

逆变式交直流方波脉冲钨极氩弧焊机是台功能齐全的焊机,学会使用这台焊机,可以触类旁通使用其他焊机。下面以 WSE－315 型逆变式交直流方波脉冲钨极氩弧焊机为例对其进行介绍。WSME－315 型焊机,W 表示钨极氩弧焊,S 表示手工,M 表示脉冲,E 表示交直流,315 表示额定焊接电流 315 A。WSME－315 型焊机可以进行交、直流钨极氩弧焊,交直流脉冲钨极氩弧焊及交、直流焊条电弧焊。

(一)WSME－315 型逆变式交直流方波脉冲钨极氩弧焊机的电路原理

WSME－315 型逆变式交直流方波脉冲钨极氩弧焊机的电路方框图如图 3－43 所示。焊机由三相交流输入给三相桥式整流后输出高压的脉动直流,经滤波电路输出高压稳恒的直流电,然后经一次逆变电路,把高压的直流电变成高压的交流电,由主变压器降压为低压的交流电,又通过整流成低压直流电,最后经二次逆变输出适合焊接的交流方波。本机也可输出直流方波,当二次逆变驱动 GD3 工作,而 GD4 关断,这时焊机输出直流方波,电源正极接焊枪,负极接焊件。若二次逆变驱动 GD3 关断,而 GD4 工作,则电源输出端极性变换。当二次逆变驱动 GD3 和 GD4 交替工作,电源输出端极性交替变换,即焊机输出交流方波。焊机还有高频引弧、脉冲参数调节装置、焊接电流调节器等若干电位器及开关。焊机的开关、调节器(电位器)、指示灯等都设置在焊机面板上,如图 3－44 所示。

(二)WSME－315 型焊机面板上电器装置及连接件的功能

(1)三相电源开关。接通和断开焊机的三相电源。

(2)电源指示灯。接通三相电源时,指示灯亮。

(3)报警指示灯。发生异常情况(三相电源电压太低或太高、焊接电流过大、焊机内部过热),报警指示灯亮。

(4)断水报警灯。冷却水断,断水报警灯亮。

(5)数字式电流表。数字显示焊接电流值。

(6)焊接电流调节器。焊前设定焊接电流,脉冲氩弧焊的脉冲峰值电流。

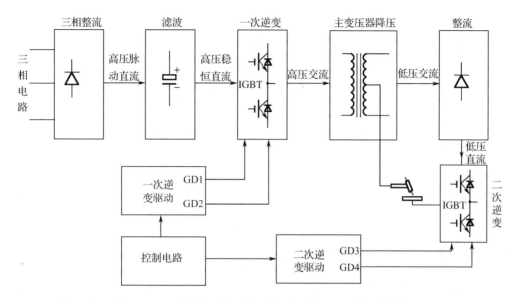

图 3 – 43 WSME – 315 型逆变式交直流方波脉冲钨极氩弧焊机的基本电路方框图

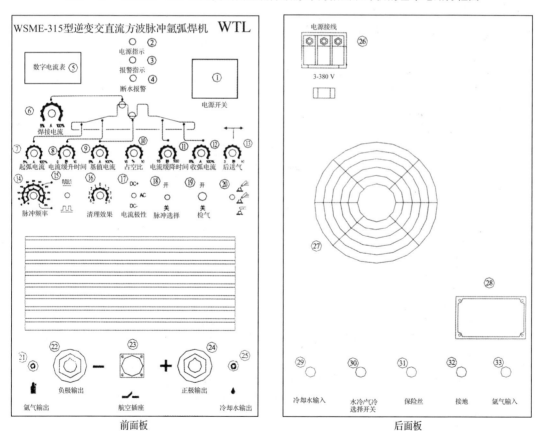

图 3 – 44 WSME – 315 型逆变式交直流方波脉冲钨极氩弧焊机的面板

（7）起弧电流调节器。焊前设定引弧电流。

（8）电流缓升时间调节器。调节引弧电流升到正常焊接电流的时间（0～10 s）。

（9）基值电流调节器。脉冲氩弧焊时，调节基值电流用。

（10）占空比调节器。脉冲氩弧焊时，调节脉冲宽度用。

（11）电流缓降时间调节器。调节正常焊接电流降到收弧电流的时间（0～10 s）。

（12）收弧电流调节器。调节收弧电流用。

（13）后送气时间调节器。调节脉冲熄弧后持续送气时间（3 s～10 s）。

（14）脉冲频率调节器。调节脉冲频率（0.5 Hz～500 Hz）。

（15）脉冲频率选择开关。有高频和低频两挡。

（16）清理效果调节器。设定清理效果范围（-5～+5）。

（17）焊接电流极性选择开关。分三挡，为直流正接、交流、直流反接。①DC＋直流正接，输出和前面板标注极性相同的直流焊接电流；②AC～输出交变的方波焊接电流；③DC－直流反接，输出和前面板标注极性相反的直流焊接电流。

（18）脉冲选择开关。选择焊接时有无脉冲功能。

（19）检气开关。将开关拨在"开"位置，焊前可检查保护气体是否畅通；焊接时应将此开关拨到"关"的位置。

（20）焊接方法选择开关。有三挡选择：①氩弧焊长缝焊（有收弧电流控制）；②氩弧焊短缝焊（用氩弧焊短焊缝，定位焊缝）；③焊条电弧焊（用焊条进行手工焊）。

（21）保护气体输出端。接通氩弧焊焊枪的进气管。

（22）焊接电源负极输出端。氩弧焊用直流正接，焊接电源负极接焊枪；碱性焊条电弧焊时，焊接电源负极接工件。

（23）控制线插座（面板上标注航空插座）。接通焊枪开关控制线，控制焊机的起动和停止。

（24）焊接电源正极输出端。氩弧焊用直流正接，电源正极接工件；碱性条电弧焊时，电源正极接焊把。

（25）冷却水输出端。接通水冷式焊枪的进水管。

（26）电源接线盒。和三相电网接通。

（27）风扇。冷却焊机内部电器元部件用。

（28）铭牌。标注焊机型号及技术参数。

（29）冷却水输入端。和水箱出水管相通。

（30）水冷或气冷选择开关。按焊枪冷却方式选用，气冷时不用水。

（31）熔断器座。内置3 A保险丝。

（32）接地线端。连接接地线用，保障安全用电。

（33）保护气体输入端。和氩气瓶的减压流量调节器接通。

此外，还有水箱的回水管要和焊枪的出水管相接通。图3－45为WSME－315型逆变式交直流方波脉冲钨极氩弧焊机外部连接。

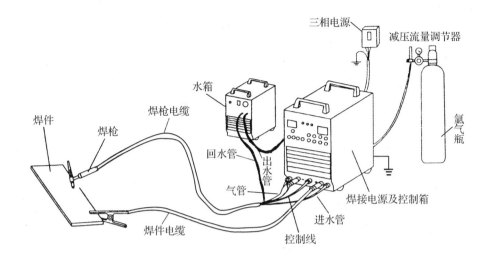

图 3 – 45 WSME – 315 型逆变式交直流方波脉冲钨极氩弧焊机外部连接

（三）WSME – 315 型焊机的使用

1. 焊条电弧焊和氩弧焊

将焊接方法选择开关 20 置在"焊条电弧焊"，焊机就可作焊条电弧焊用。若开关置在其他两挡，则可进行氩弧焊。

2. 长焊和短焊。

氩弧焊有长焊和短焊之分，将开关 20 置在"短焊"位置，按下焊枪开关，经提前送出氩气后，立即高频引弧，升到焊接电流进行正常焊接。放松焊枪开关，立即电流衰减后收弧。操作焊枪开关是一按一松。

将开关 20 置在"长焊"位置，按下焊枪开关，引弧焊接，松开焊机开关，电弧继续燃烧正常焊接。再按下焊枪开关，焊接电流就衰减到收弧电流，最后将焊枪开关松开，焊接电流急速下降直到电弧熄灭。操作焊枪开关是两按两松。

3. 焊接电源极性的选择

将焊接电源极性选择开关置在"交流"挡，焊机输出交流焊接电流，钨极氩弧焊焊铝镁合金就用这一挡。其余两挡是直流挡，当要改变焊接电源直流极性接法时，只要将此开关变换挡的位置即可。不需要将焊机面板下的"正极输出"和"负极输出"两接线柱的接线调换。

4. 有无脉冲

脉冲选择开关 18 有两挡位置，置在"关"的位置时焊机输出稳恒的直流电，或正弦交流电。开关置在"开"的位置时焊机输出脉冲电流，用于脉冲氩弧焊。

5. 脉冲电流波形的调节

脉冲钨极氩弧焊时需要调节脉冲电流的波形。用脉冲频率选择开关 15 和脉冲频率调节器 14 可调节脉冲频率。用焊接电流调节器 6 和基值电流调节器 9 可调节脉冲峰值电流和基值电流。用占空比调节器 10 可调节脉冲宽度，由此改变脉宽比。

6. 清理效果的调节

交流脉冲氩弧焊用于焊接铝镁合金,具有阴极破碎作用,即有清理熔池表面的氧化铝的效果,这个清理效果大小是可调的。当清理效果调节器旋钮 16 在 0 位置时,交流脉冲中的正脉冲宽度和负脉冲宽度相等(图 3-46,a)。当负脉冲宽度大于正脉冲宽度(图 3-46,b)时,阴极破碎作用(清理效果)增强,同时钨极损耗也增大,且熔深减小。当正脉冲宽度大于负脉冲宽度(图 3-46,c)时,阴极破碎作用减弱,同时钨极损耗也减少,而熔深增大。实际焊接时,调节正负脉宽的差值,就可得到合适的阴极破碎作用、钨极损耗及熔透深度。调节正负脉宽差值范围可达 ±5%。

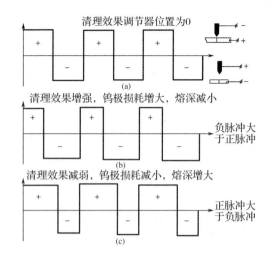

图 4-46　清理效果的调节
a—正负脉冲宽度相等;b—负脉冲大于正脉冲;
c—正脉冲大于负脉冲

第七节　钨极氩弧焊设备的保养和故障排除

钨极氩弧焊设备是组织焊接生产中重要的固定资产。设备的正确使用和合理保养,能使设备保持良好的运行状态,延长设备的使用期限。氩弧焊设备的维护保养是由电工和焊工共同负责。

一、钨极氩弧焊设备的保养

(1)焊工工作前,应看懂焊接设备使用说明书,明白焊接设备的正确使用方法。

(2)焊机应按说明书上的外部接线图由电工安装接线,首先要检查焊机铭牌电压值和网路电压值是否相符,不相符的不准连接。

(3)氩气瓶要严格执行高压气瓶的使用规定,要避开高热和焊接场地,并必须安置固定,防止倾倒。

(4)焊机外壳必须接地,防止焊工触电,未接地或接地线不合格的,禁止使用。

(5)焊接设备在使用前,必须检查水、气管连接是否良好,以保证焊接时正常供气、水。

(6)定期检查焊枪的钨极夹头夹紧情况和喷嘴的绝缘状态是否良好。

(7)经常检查电缆外层绝缘是否破损,发现问题及时包扎电缆破损处或更换电缆。

(8)经常检查各种调节旋钮和开关有否松动,发现问题及时处理。

(9)每日应检查焊机有无异常的振动、啸叫、异味、漏气,发现问题及时采取措施。

(10)冷却水最高温度不得超过 30 ℃,最低温度以不结冰为限。冷却水必须清洁无杂质,否则会堵塞水路,烧坏焊枪。

(11)氩气瓶内氩气不准全部用完。调换氩气瓶而未装减压流量调节器之前,应把气门阀开启一下,以吹洗出气口。这时焊工不应该站在出气口的正对面,以免受伤。

(12)高温下大电流长时间工作,弧焊电源发生停止工作,热保护指示灯发亮,此时将焊机空载(不关机)运行几分钟后,会自动恢复正常工作。

(13)工作完毕或离开工作场地,必须切断焊接电源,关闭水源及氩气瓶阀门。

(14)必须建立健全的焊机保养制度,并定期进行保养。

二、钨极氩弧焊机的常见故障及排除方法

焊机的故障会影响到焊接生产率和焊接质量,焊工应该了解常见故障的产生原因及排除的方法,掌握这些内容可协助电工共同排除故障,恢复生产,这也是焊工应有的技术素质。表3-2为手工钨极氩弧焊机常见故障的产生原因及排除方法。

表3-2 手工钨极氩弧焊机常见故障的产生原因及排除方法

故障现象	故障原因	排除方法
1.合上电源开关,指示灯不亮,无任何动作	1.电源开关坏 2.保险丝烧坏 3.电源输入接线错误	1.更换开关 2.更换保险丝 3.重新正确接线
2.指示灯亮,通风电动机不转	1.风扇电动机坏 2.连接导线脱落	1.更换电动机 2.查明断线处,可靠连接
3.按下焊接开关,无氩气输出	1.氩气瓶中压力不足 2.气路堵塞 3.气体控制电路故障 4.焊枪开关故障或线路故障 5.电磁气阀坏	1.更换新气瓶 2.疏通气路 3.检修电路板 4.检修焊枪开关及接线 5.更换电磁气阀
4.无冷却水输出	1.水流不足 2.水路阻塞	1.提高水压 2.排除异物,疏通水路
5.无引弧高频	1.高频变压器故障 2.控制电路板坏 3.线路故障	1.更换变压器 2.更换控制电路板 3.检修线路
6.有高频,引不起电弧	1.焊件表面不清洁 2.网路电压偏低 3.接焊件电缆过长 4.焊接电流太小 5.钨极太粗	1.清理坡口表面 2.升高网络电压 3.缩短或加粗电缆 4.增大焊接电流 5.修磨钨极端头形状
7.保护气体不能关掉	1.有东西卡住电磁气阀	1.清理电磁气阀
8.报警(保护)指示灯亮	1.超过额定负载 2.输入电压过高或过低 3.热继电器坏 4.主电路故障	1.空载不关机,几分钟后恢复正常工作 2.用正常的输入电压 3.更换热继电器 4.检修主电路

表 3 – 2 （续）

故障现象	故障原因	排除方法
9. 引弧后,电弧不稳	1. 脉冲稳弧器不工作,指示灯不亮 2. 焊接电源部分故障 3. 消除直流分量元件故障	1. 检修脉冲稳弧器 2. 检修焊接电源部分 3. 更换元件
10. 收弧时,没有电流缓降时间	1. 收弧电流调节器故障 2. 收弧电流控制电路故障 3. 收弧电流太小	1. 更换电位器 2. 修复收弧电流控制电路 3. 重新设定收弧电流
11. 脉冲频率和占空比不可调	1. 调节电位器损坏或接线不良 2. 脉冲电路板故障	1. 更换电位器 2. 检修电路板
12. 高频不能停止	1. 继电器故障 2. 控制高频电路板故障	1. 更换继电器 2. 更换电路板

第四章 手工钨极氩弧焊工艺及操作技术

第一节 手工钨极氩弧焊的接头形式和焊缝形式

一、手工钨极氩弧焊的接头形式

焊接是将分散的金属零件连成一体,构成一个接头,这接头称为焊接接头。目前焊接主要用于板料的连接,根据两块板料结合位置不同,焊接接头形式可分为对接接头、搭接接头、角接接头、T形接头及塞焊接头等。每一接头还有不同的坡口形式。

（一）对接接头

两块板相对配置,两板表面成一直线而结合的接头,称为对接接头。按两板端面加工形状不同,对接接头可分为卷边对接、I形对接、V形对接、X形对接及U形对接（图4-1）。

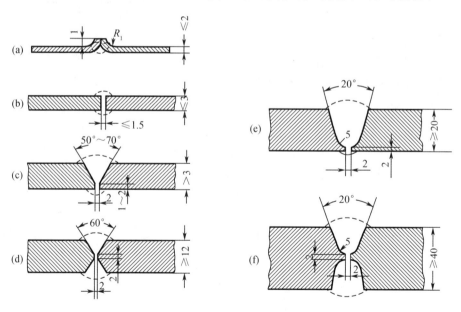

图 4-1 对接接头

a—卷边;b—I形(不开坡口);c—V形;d—X形;e—单U形;f—双U形

1. 卷边对接

板厚2 mm以下,为了避免烧穿,将两板连接处的端面卷起约1 mm高,然后在钢板端面上焊接,焊后高突部分下落形成焊缝。

2. I 形(不开坡口)对接

板厚 3 mm 以下,焊前不开坡口接缝成 I 形,空 ≤1.5 mm 间隙,这是为了能焊透全部板厚。I 形对接可以施行两面焊接,也可以施行单面焊接。

3. V 形对接

板厚大于 3 mm,两板开成 V 形坡口,开坡口可使坡口根部焊透。坡口角度 50°~70°,间隙 2 mm,留有 1 mm~2 mm 钝边。留钝边是为了在间隙变化大时可避免烧穿。

4. X 形对接

板厚大于 12 mm,双面开 V 形坡口,成 X 形坡口,X 形对接需要两面进行焊接,它可以节省熔敷金属(焊丝熔入坡口的金属),焊接变形小。

5. U 形对接

板厚大于 20 mm,开 U 形坡口,坡口角度减小为 2×10°,可以节省更多的焊丝。板厚大于 40 mm,两面开 U 形坡口。

(二)搭接接头

一块板叠在另一块板上,在一板的端面和另一板的表面用焊缝连接起来,这种焊接接头称为搭接接头(图 4-2)。适用板厚在 2 mm 以上,重叠部分的宽度为 3~5 倍板厚。搭接接头和对接接头比较起来,除了装配方便外,母材金属浪费(重叠部分),焊丝、电能、工时消耗多,还无法制造外形光顺的构件。搭接接头在管子接长时有少量应用。

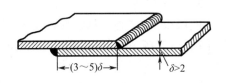

图 4-2 搭接接头

(三)角接接头

两板成直角,在两块的顶端边缘上进行焊接的接头,称为角接接头(图 4-3)。角接接头的坡口形式有 I 形坡口、单边 V 形坡口、V 形坡口、K 形坡口四种。角接接头用于制造小型水箱、油箱、容器及管板接头(管子和孔板的连接)。

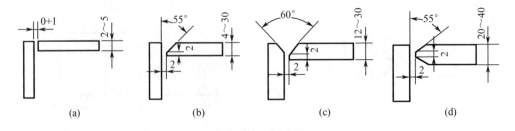

图 4-3 角接接头

a—I 形(不开坡口);b—单边 V 形;c—V 形;d—K 形

（四）T 形接头

一板的端缘置放在另一板的板平面上，用焊接连接成 T 形的接头，称为 T 形接头（图4－4）。根据板厚和强度的要求不同，T 形接头的坡口也有不同形状，可分为 I 形（不开坡口）T 形接头、V 形坡口 T 形接头、K 形坡口 T 形接头等。坡口角度为50°～55°，间隙2 mm，钝边2 mm。重要结构的 T 形接头要求在垂直板厚度方向全部焊透。T 形接头广泛应用于船体外板和内部肋骨、纵桁的连接。

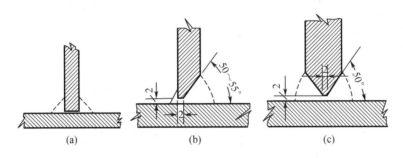

图4－4　T 形接头
a—I 形（不开坡口）；b—单边 V 形（单面开坡口）；c—K 形（双面开坡口）

（五）塞焊接头

两板重叠，在一块板上开孔，在开孔板上用电弧熔化的熔敷金属和上下板熔合在一起，这种接头称为塞焊接头（图4－5）。开孔的形状有圆孔和长孔，分别称为圆孔塞焊和长孔塞焊。

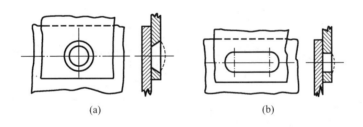

图4－5　塞焊接头
a—圆孔塞焊；b—长孔塞焊

二、焊缝形式

（1）按焊缝空间位置可分为平焊缝、横焊缝、立焊缝及仰焊缝（图4－6）。

（2）按焊缝结合形式可分为对接焊缝、角焊缝、塞焊缝。

（3）按焊缝外形的增强程度可分为增强焊缝、不增强焊缝、减弱焊缝（图4－7）。

（4）按焊缝断续情况可分为连续焊缝和间断焊缝（图4－8）。间断焊缝又可分为错纵式间断焊缝和链式间断焊缝（图4－9）。

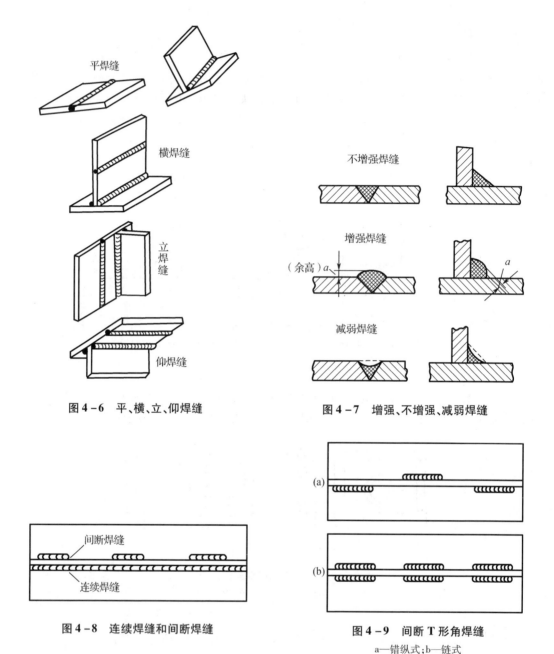

图4-6 平、横、立、仰焊缝

图4-7 增强、不增强、减弱焊缝

图4-8 连续焊缝和间断焊缝

图4-9 间断T形角焊缝
a—错纵式;b—链式

第二节 氩弧焊的坡口准备

一、焊前坡口的清理

钨极氩弧焊不同于焊条电弧焊和埋弧焊,它没有药皮和焊剂的化学清理熔池的作用,所以对氩弧焊坡口和焊丝的清理工作必须认真仔细地做,焊丝和坡口表面不允许有氧化膜、油污、锈斑、漆迹,水分等,灰尘等。清理方法有机械清理和化学清理。

（一）机械清理

机械清理方法有：切削加工、刮刀刮削、砂轮磨削、钢丝轮打磨、喷丸处理等。它主要用来清除金属表面的氧化膜、锈蚀污染。对于不锈钢可用砂轮打磨或风动铣刀铣削。铝合金可用刮刀刮削、钢丝刷或电动钢丝轮打磨。机械清理前必须先将坡口表面的油污和灰尘去除，否则达不到良好的效果。有的金属机械清理后，还要用丙酮或酒精擦洗去油污。

（二）化学清理

化学清理是对工件坡口和焊丝表面进行脱脂去油和清除氧化膜。通常用汽油、丙酮或四氯化碳对工件坡口和焊丝表面进行擦洗，去除油脂。

有色金属铝、镁、钛及其合金，很易生成氧化膜，焊前必须对坡口和焊丝表面作清除处理。先用清洗液（碱或酸）进行浸洗或擦洗一定的时间，接着用水冲洗，最后干燥。不同金属用不同的清洗液及不同的清洗方法。

机械清理的劳动强度高，化学清理的劳动卫生条件差。焊前选用清理方法要视被焊金属的理化性能、构件尺寸、清理工作量多少而定。通常有色金属及不锈钢的小焊件和焊丝采用化学浸洗法，而大型构件难以浸洗，可采用擦洗。对于碳钢和合金结构钢多采用机械清理法。在有色金属的多层焊中，层间焊缝的清理也采用机械清理法。

二、装配和定位焊

装配是将分散的零件合拢在一起，置于正确的位置，用定位焊或夹具使各零件之间的相对位置给予固定，然后焊接使之成为永久性的接头，并构成整体结构。工厂中用"L形马"来装配对接接头和压紧上下两板的间隙；用"Ⅱ形马"来装配T形接头和压紧上下两板的间隙；用"固定马"来对管子对接和平板对接位置的固定；用管子定位器来对管子对接的定位；用拉紧器可拉近两板之间的距离。图4-10为几种夹具使用的情况。

定位焊是以短小而分散的焊缝对焊接

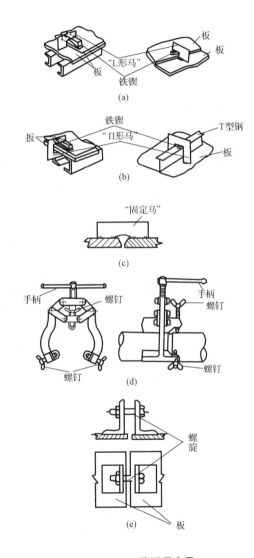

图4-10　装配用夹具

a—"L形马"；b—"Ⅱ形马"；c—"固定马"；

d—管子定位器；e—拉紧器

零件进行固定。定位焊缝尺寸要在保证焊件不离散的条件下,尽可能小些。一般焊件定位焊缝长度为 10 mm～15 mm,焊缝厚度约为 2 mm,间距为 100 mm～150 mm。对于无间隙的 I 形对接,可用不加焊丝自熔焊。对于重要的管子对接,不允许在坡口中焊上定位焊缝,则可用"固定马"焊在管子接头的两侧,根据管径大小焊上若干只"固定马",在正式焊接有碍时,将"固定马"拆除。

定位焊缝的位置是应重视的问题,板料构件中两条焊缝相交的点不允许定位焊。在管子接头中,不允许在焊缝的起焊点进行定位焊。定位焊缝也应避开接缝的两端头。

第三节　手工钨极氩弧焊的工艺参数

手工钨极氩弧焊的工艺参数有焊接电流、钨极直径、电弧电压、焊接速度、钨极伸出长度、喷嘴孔径、焊丝直径、喷嘴和工件间距离、氩气流量及焊丝填充量等。这些工艺参数都对焊缝的成形和质量有着较大的影响。

一、焊接电流

增大焊接电流,使电弧的功率增大,用于熔化母材的热量增大,这就使得焊缝的熔深显著增大,熔宽也稍有增大。若焊接电流太大,焊缝易产生咬边,背面形成垂瘤甚至烧穿;若焊接电流太小,会产生未焊透等缺陷。选择焊接电流的依据是被焊材质性能、焊接电流种类和极性、焊件板厚和坡口形式、焊缝空间位置等。铜焊件的焊接电流比钢焊件的大,直流正接的电流比直流反接的大,厚焊件的电流比薄焊件的大,平焊的电流比非平焊的大。

二、钨极直径

钨极是夹在焊枪上的,它的直径直接决定焊枪的结构尺寸和冷却方式,影响到焊工劳动强度和焊接质量。钨极直径是根据焊接电流大小来选定的。若焊接电流较小,钨极较粗、电流密度(焊接电流/钨极面积)小,钨极端部温度不高,电弧会在端部无规则的漂移,电弧不稳定,氩气无法保护,熔池被氧化;如果钨极太细、电流密度太大,钨极端部温度达到或超过钨极的熔点,熔化形成的钨滴挂在端部,电弧随钨滴飘动而不稳定,破坏了氩气的保护区,使熔池氧化,焊缝成形变差,还会使钨滴下落至熔池,产生夹钨缺陷。

钨极直径是根据焊接电流大小和焊接电源的极性来选定的,可参阅表 2－4。

三、电弧电压

电弧电压是由电弧长度决定的,电弧拉长,电弧电压升高,焊缝的熔宽增大。电弧电压太高,保护效果差,且易引起咬边及未焊透缺陷;电弧电压太低,即弧长太短,焊工观察电弧困难,且加送焊丝时易碰到钨极,引起短路,钨极烧损,产生夹钨缺陷。合适的电弧长度是近似等于钨极直径,手工钨极氩弧焊的电弧电压在 10 V～20 V 之间。

四、焊接速度

焊接速度增大,熔池体积减小,熔深和熔宽减小。焊速太快,气保护效果变差,还易产生未焊透,焊缝窄而不均;焊速太慢,焊缝宽大,易产生烧穿等缺陷。手工钨极氩弧焊时,应根据熔池形状和大小、坡口两侧熔合情况随时调整焊接速度。

五、喷嘴孔径与气体流量

喷嘴孔径越大,气体保护区范围越大。需要的气体流量也越大。喷嘴孔径根据钨极直径选定,可按下式选定,即

$$D = 2d_w + 4$$

式中　D—喷嘴孔径,mm;

　　　d_w—钨极直径,mm。

喷嘴孔径和焊枪结构牵连的,焊枪选定后,喷嘴孔径是难改变的。当选定喷嘴孔径后,决定气体保护效果的是氩气流量。气体流量太小,保护效果差;气体流量太大,也会产生紊流,空气被卷入,保护效果也不好。合适的气体流量,喷嘴喷出的气流是层流,保护效果良好。气体的流量可按下式选定,即

$$Q = (0.8 \sim 1.2)D$$

式中　Q—气体流量,L/min;

　　　D—喷嘴孔径,mm。

在选用气体流量时,还应考虑以下几个因素。

(一)焊接接头形式

T形接头和对接接头焊接时,氩气不易流散,保护效果较好(图4-11,a,b),流量可小点。而进行端头角焊和端头焊时,氩气流散,保护效果差(图4-11,c,d),需要加挡板(图4-12)和增加氩气流量。

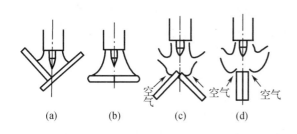

图4-11　不同焊接接头氩气保护效果

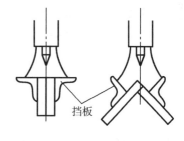

图4-12　加挡板改善保护效果

(二)电弧电压和焊接速度

电弧电压升高,即电弧拉长,氩气保护面积要增大,需要增大氩气流量。焊速加快,相当于横向有股空气流,保护效果变差,需要增大氩气流量。

(三)气流

有风的地方焊接,需要加大氩气流量。还应该采取挡风措施,设置挡风板、罩。

焊接生产中,通常通过观察熔池状态和焊缝金属颜色来判断气体保护的效果。流量合适保护效果良好时,熔池平稳,表面光亮无渣,也无氧化痕迹,焊缝外形美观;若流量不妥,熔

池表面有渣,焊缝表面发黑、发灰或有氧化皮。观察不同金属的焊缝颜色可判断气体的保护效果,见表4-1。

表4-1　看焊缝颜色判断气体保护的效果

保护效果 被焊金属 焊缝颜色	最佳	良好	合格	较差	最坏
低碳钢		灰白有光亮	灰	灰黑	
铜		金黄	黄	灰黄	灰黑
铜镍铁合金	金黄	黄中带蓝		灰黑	黑
铝及铝合金		银白有光亮	白色无光亮	灰白	灰黑
不锈钢	银白、金黄	蓝	红灰	灰	黑
钛合金	亮银白	金黄麦色	蓝色光亮	深蓝	暗灰

六、钨极伸出长度、喷嘴与工件间距离

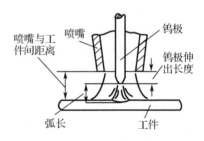

图4-13　钨极伸出长度和
喷嘴与工件间距离

钨极端头至喷嘴端面的距离,称为钨极伸出长度(图4-13)。钨极伸出可以防止电弧热烧坏喷嘴,伸出太长对气体保护不利;伸出太短,保护效果好,但妨碍焊工观察熔池。通常焊对接缝时,钨极伸出长度为4 mm ~ 6 mm;焊 T 形角接缝时,钨极伸出长度为7 mm ~ 10 mm。

喷嘴与工件间距离(图4-13)可以近似地看为是钨极伸出长度加上电弧长度。这个距离越小,气体保护条件越好,但焊工视觉范围小。

七、焊丝直径

焊工手拿焊丝送入熔池,焊丝被电弧熔化成为熔敷金属进入焊缝。焊丝太细,焊工填加焊丝动作频繁,一根细长焊丝焊成焊缝是短的,不利操作。同样重量的粗焊丝和细焊丝,细焊丝的表面积大,沾污面积大,相应带入焊缝中的杂质也多,还有细焊丝的价格也高;焊丝太粗,形成的熔滴也粗,对焊缝的成形不利。选择焊丝直径通常是由焊接电流大小而定,焊接电流大,选用焊丝直径也粗。表4-2为焊接电流与焊丝直径之间的关系。

表4-2　钨极氩弧焊焊接电流与填加焊丝直径

焊接电流/A	填加焊丝直径/mm	焊接电流/A	填加焊丝直径/mm
10 ~ 20	≤1.0	200 ~ 300	2.4 ~ 4.5
20 ~ 50	1.0 ~ 1.6	300 ~ 400	3.0 ~ 6.0
50 ~ 100	1.0 ~ 2.4	400 ~ 500	4.5 ~ 8.0
100 ~ 200	1.6 ~ 3.0		

八、焊丝填加量

焊丝填加量是一个不可疏忽的工艺参数,焊丝填加量增加,使电弧热量用于熔化焊丝的热量部分增加,而熔化母材的热量部分减小,于是焊缝的熔深和熔宽减小,而焊缝的余高增大。手工钨极氩弧焊,若焊丝填加量太少或不加,熔深剧增,熔深超过母材板厚会引起烧穿。若焊丝填加量太多,也可能产生未焊透缺陷。

手工钨极氩弧焊时,焊工可用焊丝填加量来调整熔池的形状和尺寸。若发现熔池面积大且有下沉的趋向时,说明熔池温度较高和熔深大,有可能会烧穿,这时应多加入焊丝填加量,来降低熔池的温度和减小熔深,防止烧穿。

焊丝填加量(忽略损耗)可以近似地认为等于熔敷金属量,对于给定的接缝坡口尺寸和焊丝焊缝尺寸,便可计算出焊丝填加量。

焊丝填加量的概念相当于熔化极氩弧焊的焊丝给送速度,每秒钟给送焊丝的量。所以应该是每秒钟填加焊丝量,其单位是 cm^3/s 或 g/s。

焊丝填加量是由焊工手工操作的,而且要随时调整,还涉及到焊前坡口角度和间隙的变动,所以较难具体规定一个数值,目前的焊接工艺参数中,通常未列入焊丝填加量。

九、焊枪倾角

钨极垂直工件接缝,电弧供给熔池的热量最大,熔池呈圆形,获得的熔深最大。若钨极倾斜一个小角度,钨极和焊缝夹角大于或小于90°,则电弧加热熔池的热量减少,熔池呈蛋形,熔深减小。焊枪倾角越大,电弧加热熔池的热量减小值越多,熔池呈长船形,熔深减小显著,可以避免产生烧穿缺陷。图4-14为焊枪不同倾角的熔池形状和熔深。

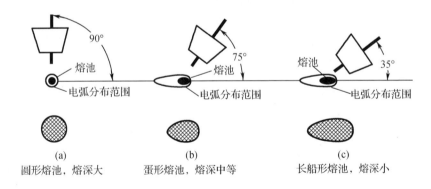

图4-14 焊枪不同倾角的熔池形状和熔深

a—圆形;b—鸭蛋形;c—长船形

焊工操作焊枪时,通常向右倾斜10°~20°,这是为了观察电弧和熔池方便。而再向右倾斜较大角度,是为了减小熔深。

焊工右手握焊枪,左手拿焊丝,焊枪向右倾斜小角度便于观察电弧,然而向左还是向右运行,若焊枪向左行走,称为左向焊(图4-15,a);焊枪向右行走焊接,称为右向焊(图4-15,b)。焊工多采用左向焊。左向焊的优点:①观察电弧熔池方便;②熔深较浅宜焊薄板;

③操作容易。左向焊的缺点是电弧热利用率低。

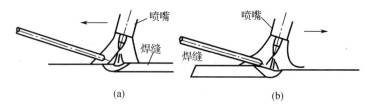

图 4 - 15　左向焊和右向焊

a—左向焊；b—右向焊

十、电源种类和极性

电弧的阳极区产生的热量较大,而阴极区有阴极破碎现象。不同的金属焊接时按需要选择极性接法,表 4 - 3 为按母材金属选择电流种类和极性。表 4 - 4 为不同金属钨极氩弧焊的焊接特性。

表 4 - 3　按母材金属选择焊接电流种类和极性

母材金属特征		直流正接	直流反接	交流
低碳钢	0.4 ~ 0.8 mm	优	不推荐	好[①]
	0.8 ~ 3.2 mm	优	不推荐	不推荐
高碳钢	—	优	不推荐	好[①]
铸　铁	—	优	不推荐	好[①]
耐热合金	—	优	不推荐	好[①]
难熔合金	—	优	不推荐	不推荐
铝合金	≤0.6 mm	不推荐[②]	好	优
	>0.6mm	不推荐[②]	不推荐	优
	铸件	不推荐[②]	不推荐	优
铍	—	优	不推荐	好[①]
铜及其合金	黄铜	优	不推荐	好[①]
	脱氧铜	优	不推荐	不推荐
	硅青铜	优	不推荐	不推荐
镁合金	≤3.2 mm	不推荐[②]	好	优
	>4.8 mm	不推荐[②]	不推荐	优
	铸件	不推荐[②]	不推荐	优
钛合金	—	优	不推荐	不推荐

注:①应比直流正接所用的电流高约 25%;
　　②除非坡口严格机械清理或化学清理。

表 4-4　不同金属钨极氩弧焊的焊接特性

母　材	电　源	焊接特性
铝(任何厚度)	交流(高周波)	引弧性佳,焊道清洁,耗气量少
镁(1.5 mm 以上)	交流(高周波)	焊道清洁,耗气量少
低碳钢(3 mm 以下)	直流正接	焊道清洁,平焊时熔池易控制
低合金钢	直流正接	同低碳钢
不锈钢	直流正接	焊接较薄母材,熔透易控制
钛(薄壁管)	直流正接或交流	焊道洁净,熔化率适宜
镍铜合金	直流正接或交流	施焊易控制
硅铜合金	直流正接	电弧长度适宜,易控制

第四节　焊接线能量和熔池体能量

一、电弧的功率和能量

手工钨极氩弧焊的工艺参数有许多,而影响到电弧的功率和能量的仅有三个,就是焊接电流、电弧电压和焊接速度。由电工学可知,电弧的功率 P 就是焊接电流乘电弧电压($P = IU$)。小电流和低电压就是小的电弧功率,焊薄板就不会烧穿。

电功率是单位时间所做的功(能),在一段时间 t 所做的功(能)是功率乘时间($Q = Pt = IUt$)。

二、焊接线能量

在钢板上焊一条长为 l 的焊缝(图 4-16),用的工艺参数焊接电流为 I,电弧电压为 U,焊成焊缝的时间为 t。接着我们讨论焊成这段 l 长焊缝需要电弧的能量,在此引入一个新的物理量——焊接线能量(又称焊接热输入)。焊接线能量就是单位长度焊接接头吸收电弧的能(热)量。根据焊接线能量的含义,可以得出

$$E = \frac{总能量}{焊缝长度} = \frac{IUt}{l} = \frac{IU}{l/t} = \frac{IU}{V}$$

式中　E—焊接线能量,J/cm;

　　　I—焊接电流,A;

　　　U—电弧电压,V;

　　　l—焊缝长度,cm;

　　　t—焊成 l 长焊缝所用的时间,s;

　　　V—焊接速度,$V = l/t$,cm/s。

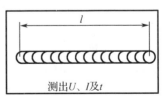

图 4-16　测定焊接线能量

由公式可知,焊接线能量 E 是 I,U,V 三个工艺参数的综合物理量。焊接线能量 E 正比

于焊接电流 I 和电弧电压 U;反比于焊接速度 V。

例 1 手工钨极氩弧焊焊一对接接缝,焊接电流为 120 A,电弧电压为 14 V,焊接速度为 7.2 cm/min,求焊接线能量。

解:$I = 120$ A,$U = 14$ V,$V = 7.2$ cm/min $= \dfrac{7.2}{60}$ cm/s $= 0.12$ cm/s

$$E = \frac{IU}{V} = \frac{120 \text{ A} \times 14 \text{ V}}{0.12 \text{ cm/s}} = 14\,000 \text{ J/cm} = 14 \text{ kJ/cm}$$

答:焊接线能量是 14 kJ/cm。

例 2 焊接某金属材料,焊接电流为 100 A,电弧电压 13 V,要求焊接线能量控制在 12 KJ/cm 以上,问焊接速度如何控制?

解:$I = 100$ A,$U = 13$ V,$E = 12\,000$ J/cm,求焊速 V

$$E = \frac{IU}{V}, V = \frac{IU}{E} = \frac{100 \times 13}{12\,000} = 0.108 \text{ cm/s}$$

答:焊速应控制在 0.108 cm/s 以下。

焊接线能量影响着生产率和焊接质量。从生产率考虑,焊接线能量越大越好。从焊接质量考虑,焊接线能量过大会产生烧穿等缺陷;焊接线能量过小会产生未焊透等缺陷。对于某些合金高强钢而言,过大的焊接线能量使焊接热影响区宽大,粗晶区晶粒更粗大,塑性、韧性下降;过小的焊接线能量,使焊接接头冷却速度加快,钢的淬硬倾向增大,热影响区产生淬硬组织,塑性、韧性也下降,易产生冷裂纹。钢的强度等级越高,对焊接线能量越是敏感。焊接这些钢时,就是要控制线能量,规定一个范围。例如焊接某低温合金钢,要求控制线能量的范围为 12 kJ/cm ~ 18 kJ/cm。

焊接线能量 E 中的三个参数 I,U,V,在焊接时通常 I 和 U 变动不是很大的,而焊速 V 可能是成倍的变动,例如从 5 cm/min 增大到 15 cm/min,则焊接线能量大幅度的减小。控制焊接线能量的方法主要是控制焊速。焊速慢,焊缝厚,焊接线能量就大。

三、熔池体能量

如果我们用同一焊接线能量分别焊薄板(2 mm)和厚板(10 mm)的无间隙 I 形对接,发现薄板被烧穿,而厚板还未焊透。接着用减半的焊接线能量焊薄板,用翻倍的焊接线能量焊厚板,结果两者都可能得到满意的焊缝。还有用埋弧焊大焊接线能量来焊厚板,用氩弧焊小焊接线能量来焊薄板,大小线能量相差近 10 倍,结果两者也都能得到满意的焊缝。这两个问题用焊接线能量较难解释。笔者提出"熔池体能量"这个新名词,就是单位体积的熔池吸收电弧的能量。这里不是以长度为基准,而以体积为基准。体积的含义是长度、宽度、熔深。熔池体能量过大,熔池会形成烧穿缺陷;熔池体能量太小,会产生未焊透缺陷。氩弧焊的电弧功率小、能量小,而形成的熔池体积也小,它的熔池体能量不一定小,焊薄板时也会烧穿。若埋弧焊的熔池体能量小也会引起未焊透。

第五节 手工钨极氩弧焊的基本操作技术

一、引弧

手工钨极氩弧焊引弧有两种方法：①引弧板上短路接触引弧，在正式接缝旁置放一块引弧板，钨极和引弧板短路接触（如焊条电弧焊一样），提起钨极就引燃电弧；②不接触高频引弧，钨极与工件之间保持一定的距离，约为 2 mm ~ 4 mm，接通焊枪开关，高频高压电加到钨极与工件之间的气体间隙，气隙被击穿引燃电弧。

短路接触引弧，设备简单，操作习惯。但钨极与工件短路时，钨极端头可能被熔化，引弧处容易造成夹钨缺陷。

高频不接触引弧，钨极端头损耗小，不会产生夹钨缺陷，引弧质量高。但要求焊机有高频高压引弧装置。

近年来，钨极氩弧焊设备大多配备了高频高压引弧装置，并做到引弧电流逐渐增大，对钨极进行不急速预热，避免了引弧时钨极烧损严重现象的发生。焊工可以在小电弧的光照下快速找到正确的始焊位置。引弧后焊枪应停在始焊位置不动，对接缝进行预热，待电弧熔化母材形成明亮清净的熔池，方可填加焊丝，然后进行正常焊接。

二、焊枪的位置和运动

手工钨极氩弧焊操作时，焊工右手握住焊枪的姿态如图 4 - 17 所示；焊枪和焊件的相对位置如图 4 - 18 所示。焊枪向右倾斜 10° ~ 20°，主要是为了观察电弧方便，钨极伸出喷嘴的长度为 4 mm ~ 8 mm，电弧长度略大于钨极直径。

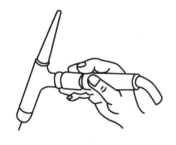

图 4 - 17 右手握住焊枪的姿态
（为表达清晰未画手套）

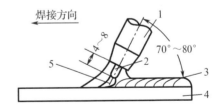

图 4 - 18 向右焊焊枪和焊件的相对位置
1—喷嘴；2—钨极；3—焊缝；4—焊件；5—电弧

焊枪运动尽可能作直线运动，速度要均匀。通常不作往复直线运动，可作小幅度横向摆动（锯齿形、圆弧形），摆动幅度要参照需要的焊缝宽度而定。

三、填加焊丝

操作时焊丝在焊枪的另一侧和接缝线成 10° ~ 20°，这一角度不能过大，小角度送焊丝比较平稳。焊丝要周期性地向熔池送进和退出，焊丝送到熔池前区处被熔化，以滴状进入熔池（图 4 - 19，a）。不可把焊丝放在电弧空间中（图 4 - 19，b），这样容易发生焊丝和钨极相碰。

（一）填加焊丝的方法

1. 手指推进填丝

用左手中指、无名指、小指夹住焊丝，控制送丝方向，用拇指、食指捏住焊丝，向熔池推进送丝，松开拇指和食指退回，再捏住焊丝推进送丝、这样可不断地向熔池送进焊丝，如图 4-20 所示。这种填丝方法可

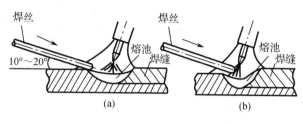

图 4-19　填丝的位置
a—正确；b—不正确

将整根长焊丝送到熔池，用到焊丝残留部分约 80 mm。此法用于大电流、焊丝填加量大的场合。

2. 手腕进给填丝

用左手拇指、食指、中指捏住焊丝，靠手腕和小臂向熔池送进，焊丝端头被熔化成熔滴落入熔池，后将焊丝退出熔池，但不退出气体保护区，焊丝断续送进退出，电弧熔化焊丝和熔池，并前行。这种填丝方法操作简单容易，适用于小电流、慢焊速的场合，一次给送焊丝长度有限，三指接近熔池时要停顿，不能连续操作，但焊丝残留部分可以短些。

3. 紧贴坡口填丝

管子焊接时，将焊丝弯成环形，紧贴在管子坡口间隙，焊枪电弧在焊丝上，熔化焊丝又熔化坡口形成熔池。焊丝直径应大于坡口间隙，焊接时焊丝不妨碍焊工的视线，焊工可以单手操作，通常用于操作困难的场合。

4. 管内填丝

水平固定管子全位置对接焊时，在仰位置焊缝根部因熔池受重力作用而下垂，仰焊缝的背面不但没有余高，反而低于管子内表面，形成内凹缺陷。为解决此问题，可把坡口间隙放大（大于焊丝直径 1 mm 左右），焊丝从坡口间隙伸入管内，到达仰焊根部处，电弧在管外坡口加热（图 4-21），焊丝在管内被熔化使焊缝背面有余高。管内填丝仅适用于仰、立焊位置打底层焊。

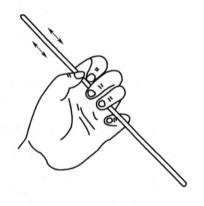

图 4-20　手指推进填丝
（为表达清晰未画手套）

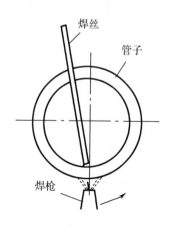

图 4-21　管内填丝

（二）填丝注意事项

（1）必须待坡口两侧母材熔化后才可填丝，否则会造成未焊透和未熔合缺陷。

（2）焊丝端部要始终处在氩气保护区内，在焊丝退回时，不可超越氩气保护区。

（3）填丝时要特别注意焊丝不能和钨极相碰，如不慎相碰，将发生很大的烟雾和爆溅，使焊缝污染或夹钨。

（4）要视熔池状态送进焊丝，填丝要均匀，快慢适当。过快会使焊缝余高过高；过慢会使焊缝下凹或咬边，甚至会烧穿。

四、收弧

焊缝结束时，如果立即熄灭电弧，会产生弧坑未填满或缩孔缺陷。焊某些合金钢时，弧坑还会出现裂纹。收弧时要填满弧坑。收弧方法有以下几种。

（一）增加焊丝填充量法

焊至近接缝终端处，减小焊枪和焊缝的夹角，使电弧热量转向焊丝，同时增加焊丝填充量，熔池温度下降，弧坑被逐渐填满，然后切断焊接电源，延时断氩气。

（二）增加焊速法

收弧时将焊速逐渐提高，于是熔池尺寸逐渐减小，熔深逐渐减小，最后熄弧断气，避免了过深的弧坑。

（三）电流衰减法

接通焊接电流衰减装置，焊接电流衰减，电弧热量减小，熔池缩小，以至母材熔化少，最后熄弧断气。此法要求焊机有电流衰减装置。

（四）收弧板法

在接缝终端处设置一收弧板，将弧坑引向收弧板，焊后把收弧板清除，并修平收弧板连接处。

应该强调一点，熄弧后不能立刻断氩气，必须在熄弧后氩气保持 6 s ~ 8 s，待熔池金属冷凝后才可停止供气。

五、钨极氩弧焊的焊缝接头

焊缝的接头有四种形式：①头接尾，后焊焊缝的端头连接前焊焊缝的弧坑（图 4 – 22，a）；②尾接尾，后焊焊缝的弧坑连接前焊焊缝的弧坑（图 4 – 22，b）；③尾接头，后焊焊缝的弧坑连接前焊焊缝的端头（4 – 22，c）；④头接头，后焊焊缝的端头连接前焊焊缝的端头（图 4 – 22，d）。

焊缝接头是两段焊缝的交接，接头处的熔池状态不能平稳地延伸，而是要突变的，所以焊缝接头易产生焊缝超高或低凹、未焊透、夹渣、气孔等缺陷。为提高

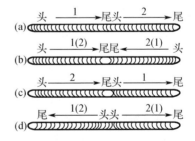

图 4 – 22　焊缝接头的形式
a—头接尾；b—尾接尾；c—尾接头；d—头接头

焊接质量,尽可能减少焊缝接头。

由于钨极氩弧焊可以不加焊丝焊接,四种焊缝接头形式可以分为两类:引弧处接头和收弧处接头。

(一)引弧处接头

焊前先检查前焊缝的端头或弧坑的质量,若质量不合格应用砂轮打磨去掉缺陷,并把过高的端头磨成坡形。在前焊缝上引弧,引弧点离弧坑(或端头)10 mm~15 mm(图4-23,a),引弧后电弧不动不加焊丝,待形成与前焊缝同宽度熔池后,电弧前行并形成新的熔池,于是先少加焊丝,后转成正常焊接。

(二)收弧处接头

按正常焊接遇及前焊缝的端头(或弧坑)时,电弧减慢前行,少加焊丝,待电弧重新熔化前焊缝形成的熔池宽度达到前焊缝两侧,电弧继续前行,从逐渐少加转为不加焊丝,再焊过10 mm~15 mm进行收弧(图4-23,b),收弧后延时停气。

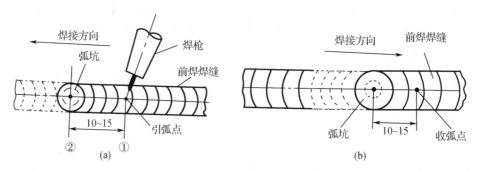

图4-23　引弧处和收弧处的接头

a—引弧处的接头;b—收弧处的接头

第六节　各种典型位置对接的手工钨极氩弧焊操作技术

船厂中氩弧焊用于焊接有色金属、不锈钢、碳钢及低合金钢的重要管子,钨极氩弧焊焊接有色金属的难度较大,学习手工钨极氩弧焊通常从焊接碳钢及低合金钢开始,从易到难。本节介绍碳钢及低合金钢典型位置对接的手工钨极氩弧焊操作技术。采用学习试板的材质为Q235或16Mn钢,焊丝选用H08Mn2SiA,钨极为铈钨极,氩气纯度>99.98%。试板厚6 mm,开V形坡口,坡口角度为60°~65°,间隙2 mm~3 mm,钝边0~0.5 mm。

一、碳钢平对接的手工钨极氩弧焊操作技术

平焊是最容易操作的位置,熔池液态金属受重力作用向下流垂,使焊缝成形容易。

(一)平对接焊的工艺参数

平焊可使用大的焊接电流,能获得大的熔池体积和熔深,焊接质量容易控制。表4-5为碳钢平对接手工钨极氩弧焊的工艺参数。

表4-5 碳钢平对接手工钨极氩弧焊的工艺参数

焊接层次	焊接电流/A	电弧电压/V	氩气流量/(L/min)	钨极直径	焊丝直径	钨极伸出长度	喷嘴孔径	喷嘴至工件距离
				/mm				
打底焊	90~100							
填充焊	100~110	11~15	8~10	2.5	2.5	4~8	10	<12
盖面焊	110~120							

（二）平对接焊的焊枪和焊丝位置

平对接焊时，焊枪和焊丝的位置如图4-24所示。焊枪向右倾斜10°~20°，即焊枪和焊缝成70°~80°，焊丝在另一侧，焊丝和接缝线成10°~20°。焊枪和焊丝均在通过接缝且垂直钢板平面内。

（三）平对接的打底层焊接

打底层焊接的要求是坡口根部焊透和焊缝背面成形良好，既要防止烧穿又要避免未焊透。由于打底层的坡口下面是悬空的，易形成烧穿，所以打底层的焊接电流是偏小的。打底层的引弧点应在接缝坡口内，不可在坡口外的钢板表面上引弧，因为电弧会损伤钢板表面。引弧点距接缝始端约10 mm~15 mm处，引弧后焊枪不动，待钨极红热后，移动到接缝的始端，对坡口进行预热，电弧加热熔化钢板形成熔池，并出现熔孔后，开始填加焊丝，熔池增厚。焊枪作直线运动，或小幅横向摆动，向左匀速运动。打底层焊接时要仔细观察熔池状态，熔池前端应出现熔孔（图4-25），这样才能保证根部焊透，如无熔孔就很难保证根部焊透。若发现熔池增大，熔宽变宽，并出现下凹趋势，这说明熔池温度偏高，这时可采取三个动作：①增大焊枪向右倾角；②增大焊速；③增多焊丝填加量。若发现熔池变小，这说明熔池温度偏低，应减小焊枪向右倾角，减慢焊速，减小焊丝填加量。若熔池宽度正常，而焊缝余高偏大，这说明焊丝填加量偏多，宜减小。还应注意焊枪的横向位置和横向摆动幅度是否对称坡口中心线，要避免焊缝单边熔化现象。焊后检查焊缝，如有裂纹、气孔、夹渣及未焊透缺陷，需用砂轮打磨后重焊。

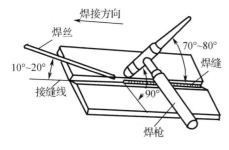

图4-24 平对接焊的焊枪和焊丝的位置

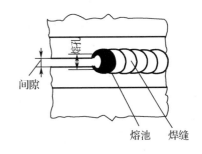

图4-25 打底层的间隙、熔池和熔孔

（四）平对接的填充层焊接

填充层的焊接电流略增大，因为有打底层的衬托，填充层烧穿的可能性较小。填充层的焊枪和焊丝位置同打底层。焊接时焊枪一般作锯齿形横向摆动，摆动幅度比打底层焊缝宽度略大，并在坡口两侧稍作停留，使电弧熔化坡口两侧，但不要熔化坡口的上边缘。焊枪摆动要均匀，前行也要均匀，填充层焊后应有比较均匀的焊缝宽度和厚度，焊后焊缝厚度比钢板表面低 1 mm 左右。

（五）平对接的盖面层焊接

焊盖面层前，观察一下前填充层焊缝外形，如发现有裂纹、气孔、夹渣及未熔合缺陷，要用砂轮打掉缺陷，重新补焊。对焊缝有局部过凸或过凹的地方要整修，高凸的地方用砂磨打磨平，低凹的地方可焊一薄层，使填充层表面比较匀称。

盖面层焊接的要求是焊缝无裂纹、气孔、夹渣、咬边等缺陷，外形光洁整齐，熔宽和余高符合技术要求。平对接盖面层的焊接电流可比填充层的再大一些。焊枪摆动幅度加大，并在两侧作停留，使熔池两侧熔化到坡口边缘各 0.5 mm ~ 1.5 mm。操作过程要视熔池宽度和焊缝余高来调整焊接速度和焊丝填加量，焊后焊缝余高达 0.5 mm ~ 2.5 mm。

二、碳钢横对接的手工钨极氩弧焊操作技术

横对接焊比平对接焊困难，横对接焊的熔池金属受重力而下淌，使焊缝上侧易产生咬边，焊缝下侧形成焊瘤（图 4 - 26）。

图 4 - 26　横焊易产生的缺陷

（一）横对接焊的坡口

碳钢板厚 3 mm 以下通常不开坡口。3 mm 以上要开坡口，横焊通常采用不对称坡口，上板开 45°角，下板开 15°，这样可以阻挡熔池金属下淌，避免下板产生焊瘤缺陷。

（二）横对接焊工艺参数

横对接焊的电流略比平对接焊小，避免形成大的熔池有利于焊缝成形。打底层横焊的电流宜小，可防止烧穿。填充层横焊电流可略大点、盖面层横焊电流同填充层。碳钢横对接手工钨极氩弧焊的工艺参数见表 4 - 6。

表 4 - 6　碳钢横对接手工钨极氩弧焊的工艺参数

焊接层次	焊接电流 /A	电弧电压 /V	氩气流量 /(L/min)	钨极直径	焊丝直径	钨极伸出长度	喷嘴孔径	喷嘴至工件距离
				/mm				
打底焊	90 ~ 100	11 ~ 15	8 ~ 10	2.5	2.5	4 ~ 8	10	<12
填充焊	100 ~ 110							
盖面焊	100 ~ 110							

(三)横对接焊的焊枪和焊丝位置

横对接焊时,焊枪向下倾斜10°,即焊枪和上板夹角为100°(90°+10°),焊枪和焊缝夹角为70°~80°,焊枪位置如图4-27所示。焊枪向下倾斜,使电弧吹力略有向上,可阻挡熔池金属向下流淌。

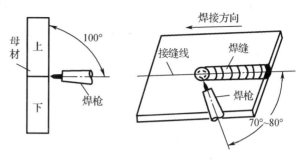

横对接焊时,焊丝和钢板平面的夹角为30°~40°,焊丝和垂直于

图4-27 横对接焊的焊枪位置

钢板的平面夹角为15°~20°,图4-28为横对接焊的焊丝位置。横对接焊时,焊丝进入熔池的位置如图4-29所示,焊丝末端放在熔池的左上方,以减少液态金属流至熔池下方的量,改善焊缝成形。

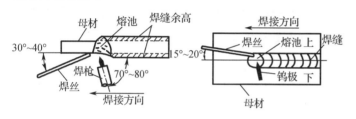

图4-28 横对接焊的焊丝位置

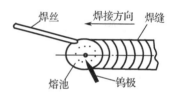

图4-29 横对接焊时焊丝端头进入熔池的位置

(四)横对接的打底层焊接

横对接的打底层焊接,主要是防止烧穿和焊缝下侧形成焊瘤。横对接打底层的焊接电流略比平焊的小。在接缝的右端引弧,先不加焊丝,焊枪在引弧处稍作停留,待形成熔池和熔孔后,再加焊丝向左焊。焊枪作直线匀速运动,也可作小幅度的横向摆动。焊丝加入点在熔池的上侧,加入量要适当,若加入量过多,会使焊缝下侧产生焊瘤。焊瘤的后面常伴随有未熔合缺陷,若发现这种缺陷,应予以清除。

(五)横对接的填充层焊接

横对接填充层的电流可大些。焊枪和焊丝的位置同打底层。焊枪摆动幅稍大,如需要获得较宽的焊道,焊枪可作斜锯齿形或斜圆弧形摆动。摆动操作时,电弧在熔池上侧停留时间稍长,而电弧到达熔池下侧时,要以较快速度回到上侧,填加焊丝在熔池上侧,熔池呈略有偏斜的椭圆形状,这样减小熔池液态金属向下流垂现象,避免焊缝下侧形成焊瘤。

(六)横对接的盖面层焊接

横对接盖面层若要获得较阔的焊道,焊枪摆动幅度要更大点,焊枪可作斜锯齿形或斜圆弧形运动,焊丝加在斜椭圆形熔池上侧,电弧在熔池上侧时,借电弧向上吹力把熔池液态金属推向熔池上侧边缘,避免咬边缺陷。电弧行到熔池下侧时,用较快速度回到熔池上侧,这样可以避免焊瘤缺陷。

板厚超过 6 mm 的 V 形坡口横对接，可采用两道或更多道数来完成盖面层。多道盖面层的焊接顺序是先下后上，即先焊坡口最下面焊道，顺次向上焊坡口上面焊道。两道盖面层焊时，先焊下面一道，焊枪位置要调整，使电弧偏向填充层的下侧(图4-30，a)，作适当幅度的摆动，使熔池下沿熔化坡口下钢板表面达0.5 mm~1.5 mm，熔池的上沿熔化达填充层宽度的 2/3 处。焊上面焊道时，焊枪调整向上(图4-30，b)，

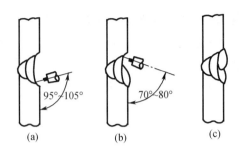

图 4-30　横对接盖面层的焊枪位置及焊接顺序

电弧以填充层焊道的上沿作略斜的上下摆动，使熔池的上沿熔化坡口上钢板表面达0.5 mm~1.5 mm，熔池下沿达盖面层宽度 1/2 处，使上下两焊道平滑过渡(图4-30，c)，整个盖面层焊缝表面平整。焊盖面层最上面的焊道时，宜适当减小焊接电流，可减小产生咬边的倾向。

三、碳钢立对接的手工钨极氩弧焊操作技术

立对接焊是有难度的，主要是熔池液态金属受重力作用要向下流淌，焊缝成形不整齐，易产生焊瘤和咬边缺陷。

（一）立对接焊的工艺参数

立对接焊选用的电流较小，可改善焊缝的成形。表4-7为碳钢立对接手工钨极氩弧焊的工艺参数。

表 4-7　碳钢立对接手工钨极氩弧焊的工艺参数

焊接层次	焊接电流 /A	电弧电压 /V	氩气流量 /(L/min)	钨极直径	焊丝直径	钨极伸出长度	喷嘴孔径	喷嘴至工件距离
				/mm				
打底焊	80~90	11~15	8~10	2.5	2.5	4~8	10	<12
填充焊	90~100							
盖面焊	90~100							

（二）立对接焊的焊枪和焊丝的位置

手工钨极氩弧焊采用由下向上焊，焊枪和焊丝的位置如图4-31所示，焊枪向下倾斜10°~20°，即和焊缝夹角为70°~80°，借电弧向上吹力对熔池液态金属有所托挡。焊丝和接缝线成20°~30°。焊丝端头在熔池上端部加入缓慢向下流，形成良好的焊缝成形。若焊丝在熔池下半区域加入，则熔池金属会流到正常焊缝外形区域之外，形成焊瘤。

（三）立对接的打底层焊接

立对接打底层焊接时，在接缝最低处引弧，先不加焊丝，待钢板熔化形成熔池和熔孔后，开始填加焊丝。焊枪作上凸圆弧形摆动，电弧长度控制在 2 mm~4 mm，并在坡口两侧稍作停留，使两侧熔合良好。焊丝应放在熔池上端部，有节奏地填入熔池(图4-32)。焊枪上移

速度要适宜,要控制好熔池的形状,焊道中间不能外凸,若打底层焊道中间凸出过高,将引起填充层两侧未熔合缺陷。

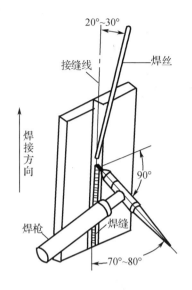

图4-31 立对接焊的焊枪和焊丝位置

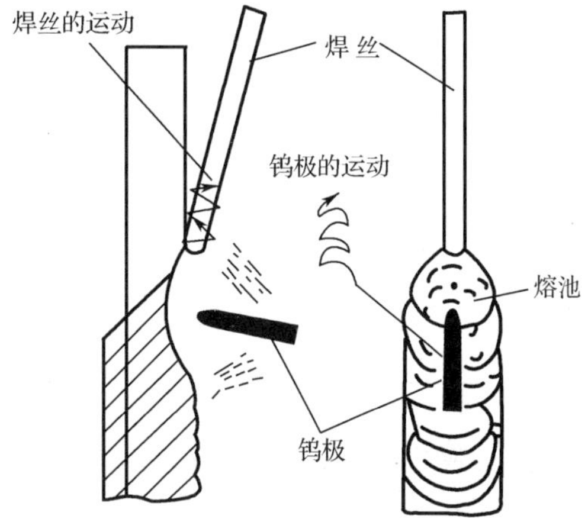

图4-32 立焊时焊枪和焊丝的运动

（四）立对接的填充层焊接

打底层焊后应检查焊缝外表,若发现焊缝有缺陷(咬边除外)或局部高凸,应该用砂轮打磨清除。

填充层的焊枪和焊丝位置同打底层。填充层的焊接电流应大于打底层。焊枪宜作圆弧摆动,幅度也增大,焊枪摆动到两侧稍作停留,使焊缝两侧熔合良好。焊接时可借焊枪倾角变化和焊丝填加的量来调整熔池的温度。焊枪向下倾角增大,电弧对熔池加热量减少;增加焊丝填加入熔池的量,可降低熔池温度。控制焊枪的上移和摆动,及焊丝填加的配合,使熔池形状近似椭圆形,椭圆形的长轴主要由焊枪摆动幅度而定。

（五）立对接的盖面层焊接

焊盖面层前,先对填充层焊缝外形进行填平磨齐(对焊缝低凹处补焊一薄层,高凸处用砂轮磨平齐)。焊时焊枪摆动幅度可增大,在坡口两侧略作停留,并熔化坡口边缘0.5 mm~2 mm,要使熔池宽度力求均匀,焊丝填加的量视焊缝需要的余高(2 mm~3 mm)而定。

立焊焊缝的形成可以看成一片熔池冷凝,接着一片液态熔池叠上,焊缝是一片一片叠成,所以焊缝成形粗糙。立对接的盖面层焊接可以获得又宽又厚的焊道,这时立焊的焊接线能量是比较大的,是横焊不能相比的。

四、碳钢仰对接的手工钨极氩弧焊操作技术

仰焊是最困难的焊接位置,首先是劳动强度高,焊工昂首看电弧,两手高举焊枪和焊丝作微小动作;其次是熔池和焊丝熔化成的熔滴受重力作用而严重下坠,焊缝背面出现内凹缺陷(焊缝背面低于钢板表面)。

（一）仰对接焊的工艺参数

仰焊时为了不使熔池和熔滴向下坠落,必须控制熔池尺寸不宜大,仰焊应使用较小的焊接电流和较快的焊接速度,这样熔池尺寸小,凝固快,熔池金属不易坠落。考虑到氩气密度比空气大,仰焊时应加大氩气流量。表4-8为碳钢仰对接手工钨极氩弧焊的工艺参数。

表4-8　碳钢仰对接手工钨极氩弧焊的工艺参数

焊接层次	焊接电流/A	电弧电压/V	氩气流量/(L/min)	钨极直径	焊丝直径	钨极伸出长度	喷嘴孔径	喷嘴至工件距离
				/mm				
打底焊	80~90							
填充焊	90~100	10~14	9~12	2.5	2.5	4~8	10	<12
盖面焊	90~100							

（二）仰对接焊的焊枪和焊丝位置

平焊位置翻个身就成为仰焊位置,焊接方向仍向左焊,焊枪向右倾斜5°~15°(图4-33)。焊丝和钢板平面成30°~40°(图4-34),但不在通过接缝线的垂直于钢板的平面上,而是焊丝略向身体靠近些,这是为了减小体力消耗。

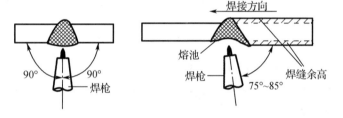

图4-33　仰对接焊的焊枪位置

（三）仰对接的打底层焊接

仰对接打底层焊缝外形要求是,焊缝背面略有余高,不允许有内凹缺陷,但这是一个难题。

在接缝右端引弧后,不加焊丝,待形成熔池和熔孔后,开始填加焊丝。焊枪作小幅度锯齿形摆动,在坡口两侧稍作停留。熔池不宜大,防止熔池液态金属下坠。电弧宜短,短电弧对熔池的吹力比长电弧的大,电弧吹力大有助于阻

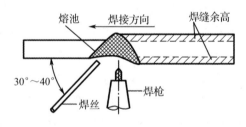

图4-34　仰对接焊焊丝的位置

挡熔池金属下坠。焊速快可使熔池金属温度降低。有经验的焊工在填加焊丝同时,用焊丝把熔池向上轻推一下,易使背面露出余高。

（四）仰对接的填充层焊接

仰对接填充层焊接的难度小一点。焊接电流可大一点,焊枪摆动幅度也大一些,摆动到两侧稍作停留,使坡口两侧熔合良好。电弧切不可在熔池的中部停留时间过长,可避免熔池中间温度高而引起焊缝中部下坠现象。焊好的填充层焊缝表面平整,离钢板表面约1 mm,

不可熔化坡口边缘。

（五）仰对接的盖面层焊接

焊盖面层前先对填充层焊缝进行填平磨齐。焊盖面层时,焊枪摆动幅度增大,在坡口两侧稍作停留,熔化坡口两侧的钢板表面1.5 mm～2.5 mm,使熔合良好,焊缝外形光顺,余高达0.5 mm～2.5 mm。

第七节　各种典型位置T形接头的手工钨极氩弧焊操作技术

在船体结构中,船壳板和肋骨、纵桁的连接都是采用T形接头。T形接头和对接接头有异同之处,不开坡口的T形接头可看成是开90°坡口、无间隙、大钝边的V形对接接头(图4-35),焊接时就可以作为90°V形对接来操作。然而在选用工艺参数方面有三个参数不同。(1)T形接头角焊缝需要较大的焊接电流,这是因为:①T形接头不易烧穿;②坡口角度大(90°),相应的焊缝宽度也大,熔池尺寸大,焊接电流自然要大些;③T形接头熔池热量有三个方向导热(V形对接熔池热量只有左右两个方向导热),散热多。(2)保护气体流量可小些,对接接头的保护气体是吹向一块平板(180°),气体流失较大,而T形接头的保护气体是吹向90°板角,气体流失减小。(3)钨极伸出长度长,由于喷嘴直径有一定尺寸,受90°板角的阻碍,不可能伸入到近电弧处,故T形接头焊的钨极伸出长度要比对接的长。还有在焊缝尺寸要求方面也有不同,对接接头通常都是焊满坡口的,而T形接头的焊脚有很大的差别,大的焊脚可达到板厚尺寸,而小的焊脚仅不足1/2板厚,主要根据强度要求而定。

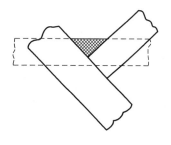

图4-35　T形接头和对接接头

本节中的试板材质仍为Q235或16Mn,焊丝为H08Mn2SiA,铈钨极,氩气纯度>99.98%。由两板组成不开坡口T形接头的平、立、横、仰四种角焊缝的操作技术叙述如下。

一、船形角焊缝的手工钨极氩弧焊操作技术

（一）船形角焊的特点

船形角焊缝是平位置角焊缝,它的熔池是水平的,且受到两侧板的保护不流散,故焊缝成形好,又不易产生咬边和两边焊脚不对称的缺陷。可以用的焊接电流比平对接焊还要大,生产率高。船形角焊是最佳的焊接位置。

（二）船形角焊的工艺参数

船形角焊可选用最大的焊接电流。碳钢不开坡口T形接头船形角焊的工艺参数,选钨极直径2.5 mm,焊丝直径2.5 mm,焊接电流100 A～130 A,喷嘴孔径8 mm,钨极伸出长度8 mm～10 mm,气体流量6 L/min～8 L/min。

（三）船形角焊的焊枪和焊丝位置

船形角焊时,焊枪和焊丝的位置如图4-36所示,焊枪和两板面成45°,和焊缝夹角为70°～80°。焊丝在另一侧,它和接缝线夹角为10°～20°。焊丝的端头应处于熔池前沿,由此

填送焊丝入熔池,如图4-37所示。

(四)船形角焊焊枪的操作技术

焊枪的动作是由焊缝尺寸要求而定的。角焊缝尺寸在图纸标注的是焊脚尺寸(K),即焊缝的直角边(图4-38),它和焊缝宽度(B)的关系是$B=1.4K$,或$K=0.7B$。一般结构角焊缝不需要焊缝的余高。

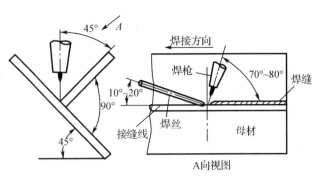

图4-36 船形角焊时焊枪和焊丝的位置

引弧点应在接缝线上距始端10 mm~15 mm处,引弧后焊枪不动,待钨极预热后移动到接缝始端,对坡口进行预热,电弧加热形成熔池,观察熔池熔化两板的焊脚是否相等,若差异较大,可调整焊枪的角度,使钨极电弧热量偏多加于小焊脚的一侧。焊枪作直线运动或横向摆动(按焊脚尺寸),并均匀向前行进。由于坡口是无间隙的,所以不会出现熔孔。焊接过程中,要确保坡口根部及两侧熔透良好。要根据焊脚尺寸要求和熔池形态来确定填加焊丝金属的量,焊后可获得平滑的焊缝外形。

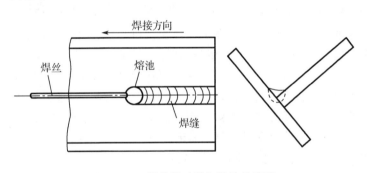

图4-37 焊丝端头送入熔池的位置

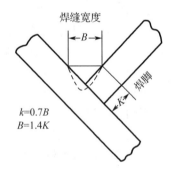

$k=0.7B$
$B=1.4K$

图4-38 角焊缝的焊脚和焊缝宽度

二、横角焊缝的手工钨极氩弧焊操作技术

横角焊是船体结构中应用最广的,焊横角焊缝时,由于熔池液态金属受到重力原因向水平板流淌,易形成咬边和焊脚不对称($K_2 > K_1$)的缺陷,如图4-39所示。

(一)横角焊的工艺参数

横角焊的焊接电流比平对接还要大(因为它有三向导热)。碳钢横角焊的工艺参数为钨极直径2.5 mm,焊丝直径2.5 mm,焊接电流

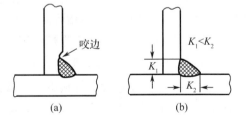

图4-39 横角焊易产生的缺陷
a—咬边;b—焊脚不对称

95 A~125 A,喷嘴孔径8 mm,喷嘴到工件距离小于12 mm,气体流量6 L/min~8 L/min。

（二）横角焊的焊枪和焊丝的位置

横角焊时，由于熔池液态金属容易向水平板流淌，易产生垂直板咬边缺陷和两板焊脚不对称，因此，焊枪对准顶角和水平板夹角一般为45°～50°，并向反焊接方倾斜5°～15°，即焊枪和焊缝成75°～85°。焊丝和垂直板夹角为20°，和水平板夹角为10°～20°，如图4－40所示。焊丝端头应接近垂直板，在熔池的前上侧加入到熔池，如图4－41所示。

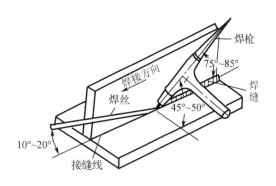

图4－40　横角焊时焊枪和焊丝的位置

（三）横角焊焊枪的操作技术

引弧后预热钨极和母材形成熔池，观察熔池熔化两板焊脚的大小，适当调整焊枪角度。对于小焊脚角缝可用直线运动焊枪，而焊大焊脚角缝时，可采用斜锯齿形或斜圆弧形摆动（图4－41）。焊枪摆动时，电弧在熔池上侧时摆动速度宜慢些，而电弧在熔池下侧时宜以较快速度

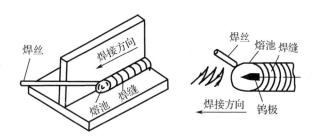

图4－41　横角焊时焊丝端头的位置及焊枪的动作

回到熔池右上侧，接着填加焊丝，后将电弧向左下侧运动，电弧斜向摆动，可减小熔池液态金属向下流淌的倾向。为了防止咬边产生，电弧可稍离开垂直板，从熔池前上方填加焊丝，使电弧的热量偏向水平板。操作过程中，要仔细观察熔池两侧和前方，当两板的熔化尺寸相等时，可获得焊脚对称的角焊缝。

三、立角焊缝的手工钨极氩弧焊操作技术

立角焊比船形焊、横角焊困难得多，熔池的液态金属无母材金属的衬托，全部液态金属受重力作用而下坠，使焊缝成形不平整，易出现焊瘤和咬边缺陷。

（一）立角焊的工艺参数

立角焊选用的焊接电流是较小的。碳钢不开坡口T形接头立角焊的工艺参数，钨极直径和焊丝直径均为2.5 mm，焊接电流90 A～115 A，喷嘴孔径8 mm，钨极伸出长度小于12 mm，气体流量6 L/min～8 L/min。

（二）立角焊的焊枪位置和焊丝位置

立角焊时，焊枪的位置如图4－42所示，焊枪和两立板面成45°，和焊缝夹角为70°～80°。焊丝和接缝线夹角为30°～40°。焊丝的端头在熔池的上端，如图4－43所示。

（三）立角焊焊枪的操作技术

引弧后预热钨极，接着将电弧引向接缝始端，待充分熔化母材，确认焊透，将焊丝在熔池

上端部填加入到熔池,焊枪略微摆动,形成一个有一定面积的熔池(焊台)。然后焊枪作锯齿形(或圆弧形)摆动。焊枪水平摆动时对熔池加热,焊枪斜向上升时熔池冷却。加热冷却形成一片新的熔池(焊台),叠在冷凝的"焊台"上,"焊台"的坡度约和水平面成 20°～30° 角。加热熔池焊枪摆动略慢,而冷却熔池焊枪上升稍快,于是一个个熔池(焊台)上叠,形成立角焊缝。焊枪摆动的幅度决定着焊缝宽度,焊枪摆动到焊缝两侧稍作停留,以确定焊缝两侧熔透。填加焊丝在熔池面上沿,填加量应视熔池状态及温度而定。填加焊丝要均匀,否则要影响到焊缝的成形。

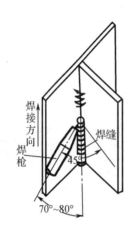

图 4 - 42　立角焊时焊枪的
位置和焊枪的动作

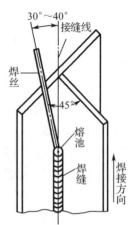

图 4 - 43　立角焊时焊丝位
置及端头进入熔池的位置

四、仰角焊缝的手工钨极氩弧焊操作技术

仰角焊是较困难的,劳动强度高,头仰望、双手高举。熔池液态金属受重力作用,易产生焊瘤及两边焊脚不相等等缺陷。

(一)仰角焊的工艺参数

仰角焊使用较小的焊接电流,使熔池尺寸小,可减小熔池和熔滴向下坠落倾向。T 形接头仰角焊的工艺参数,钨极直径 2.5 mm,焊丝直径 2.5 mm,焊接电流 90 A～110 A,喷嘴孔径 8 mm,钨极伸出长度小于 12 mm,氩气流量 10 L/min～12 L/min。

(二)仰角焊的焊枪和焊丝位置

仰角焊时焊枪的位置如图 4 - 44 所示,焊枪和水平板夹角为 40°～50°,和焊缝夹角为 75°～85°。焊丝和接缝线夹角为 10°～20°,焊丝端头置放在熔池的前上侧,由此加入到熔池,如图 4 - 45 所示。

(三)仰角焊焊枪的操作技术

T 形接头仰角焊缝的水平面截面积是上面大下面小,下面又没有承托,而熔池液态金属受重力作用,是由上向下流垂,下面截面要增大。这是矛盾的,焊缝的成形较困难。焊枪钨极端头的电弧应先对准接头根部使根部熔透,形成熔池后,焊丝端头应置放在熔池的上沿,熔化进入熔池,接着运动焊枪,使电弧吹开熔池到达水平板的焊脚尺寸,然后焊枪沿直线向前行进,可以得到小焊脚尺寸的焊缝。若要获得稍大焊脚尺寸的仰角焊缝,焊枪可作斜锯齿形或斜圆弧形运动。焊枪在熔池下半区动作宜快,而在上半区动作宜慢,这样可使焊缝上部熔敷金属多,下部少,获得两边焊脚对称的角焊缝。然而仰角焊缝单层焊的焊脚不可能达到平、横、立角焊单层焊的那样大。大尺寸焊脚仰角焊缝都是用多层多道焊来完成。

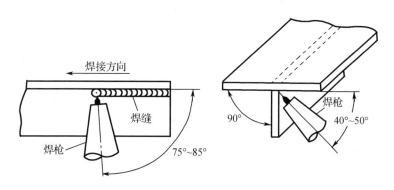

图4-44 仰角焊时焊枪的位置

多层多道焊通常是逐层增加焊道数,即第一层一道,第二层二道,第三层三道。每层焊道的焊接顺序是先下后上,先焊最下面的焊道,顺次向上焊上面焊道。焊时应根据焊道的空间位置对焊枪位置作调整,要使最后焊成的焊缝两边焊脚相等,外形光顺。

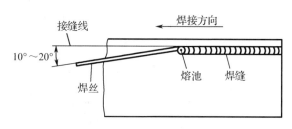

图4-45 仰角焊时焊丝位置及端头在熔池中的位置

第八节 管板接头的手工钨极氩弧焊操作技术

管子结构中,管子和孔板构成的焊接接头称为管板接头。其结构特点是板和管的厚度差异大,其次是接缝线是圆形的。根据管板接头的结构不同,可分为插入式和骑坐式两种,如图4-46所示。

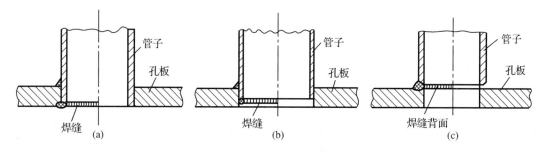

图4-46 管板接头

a,b—插入式;c—骑坐式

插入式管板接头只要保证焊缝焊透和一定的焊缝尺寸,允许存在除裂纹外的、不大的气孔和夹渣等缺陷。技术要求低,容易掌握。骑坐式管板接头要求是单面焊两面成形,技术难度高。

管板焊接的难点是焊工必须按照管子的弧度连续变动手腕,不断调整焊枪和焊丝的位置,从而获得无咬边、两边焊脚相等的焊缝。本节讨论的管子和孔板材质均为低碳钢和低合金钢。

一、插入式管板垂直固定横角焊

插入式管板垂直固定横角焊易产生的缺陷是管壁咬边和两边焊脚不对称,还有焊缝接头成形不佳(高凸或低凹)。

(一)插入式管板横角焊的工艺参数

由于管子壁厚较薄,故焊接电流不宜大,钨极直径也不宜大,表4-9为插入式管板横角焊的工艺参数。

(二)插入式管板横角焊的焊枪和焊丝位置

插入式管板横角焊前先调整钨极伸出长度,约为8 mm左右。焊枪和水平孔板成45°~60°角,并向反焊接方向倾斜15°左右角,焊丝和水平板成15°左右角。焊接时焊丝处在熔池左上方。图4-47为插入式管板横角焊焊枪和焊丝的位置。

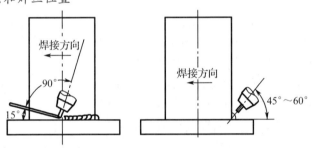

图4-47 插入式管板横角焊焊枪和焊丝的位置

表4-9 插入式管板横角焊的工艺参数

钨极直径 /mm	焊丝直径 /mm	焊接电流 /A	电弧电压 /V	氩气流量 /(L/min)	喷嘴孔径 /mm	喷嘴至接缝线距离/mm
2.5	2.5	90~110	11~13	6~8	8	<12

(三)插入式管板横角焊的操作技术

在管板接头的右侧接缝线上引弧,引弧后先不加焊丝,焊枪略为摆动,待熔化管板形成熔池后,开始填加焊丝,向左焊接。电弧以管板的顶角为中心进行横向摆动。可以使焊枪悬空摆动,也可以把喷嘴搁靠在管子和孔板上,钨极对准顶角,然后用手柄使喷嘴靠着管子和孔板进行横向摆动(图4-48),同时焊枪前行。摆动要适度,并使两边焊脚均匀。观察熔池两侧和前沿,当管子和孔板熔化的宽度基本相等时,焊脚就是对称的。由于管壁和孔板厚度相差较大,为了防止管壁咬边,电弧可稍离开管壁,使管壁吸收电弧热量少一些。焊丝从熔池的前上方加入,可减小焊脚不对称的倾向。焊枪是沿着管子的圆弧前行,焊工要随管子的圆弧而转动手腕,不断调整焊枪和电弧对中的位置。

整个圆周分成 3 段或 4 段进行焊接,从引弧开始,焊 1/3 或 1/4 圆周后就停弧。停弧不必填满弧坑。停弧后,焊工移位 1/3 或 1/4 圆周,在弧坑右侧的焊缝上引弧,引弧后将电弧迅速移到前段焊缝弧坑处,先不加焊丝,待弧坑被熔化形成熔池,且熔池尺寸和焊缝尺寸接近时开始加丝,焊枪摆动向左行进,接着进行正常焊接,完成第二段焊缝。

焊最后一段(1/3 或 1/4 圆周)焊缝,即焊封闭段,当焊到第一段焊缝的端头时,先停止加丝,待电弧加热坡口根部被全部熔化,与熔池连成一体后加丝,填满弧坑后收弧。封闭段焊缝收尾接头处易产生根部未焊透缺陷,这是要重视的问题。为了确保根部焊透,焊封闭段前可将前一段的弧坑和第一段焊缝的端头打磨成斜坡形(图 4-49),以利于焊封闭段。

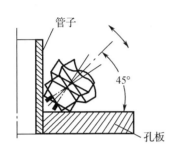

图 4-48　喷嘴靠着管子和
孔板进行横向摆动

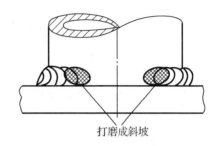

图 4-49　焊封闭段前的打磨

(四)插入式管板接头的端缘焊缝的操作

这是指焊接插入式管子端缘和孔板连接的接头,通常有三种形式:端面接头、内角接头、填角焊接头。在此仅讨论三种接头焊接时焊枪的位置,以获得良好的焊缝外形。

焊端面接头,采用不加焊丝自熔焊,钨极垂直略偏向厚的孔板(图 4-50,a),焊枪绕接缝线一周焊成,要使熔池近水平状态,接缝线两侧的熔化宽度接近相等,焊缝成形良好。

焊内角接头,钨极向内倾斜和管子中心线夹角小于 45°(图 4-50,b),钨极绕管子内壁一周焊成。加焊丝时焊丝活动空间太小,可以考虑采用环形焊丝紧贴坡口法加丝,加入焊丝的熔化面积应等于角焊缝焊脚需要的面积,即 $\frac{1}{2}K^2 = \frac{\pi}{4}d_{丝}^2$,由此可推导出 $d_{丝} \approx 0.8\,K$,例如焊脚 $K = 5$ mm,选焊丝直径 $d_{丝} = 4$ mm。选定焊丝直径后,将焊丝弯成环形,其外径为孔板的内径。环形焊丝紧贴坡口,并用定位焊二点焊在坡口上,以防焊丝离开坡口。收弧时可另加些焊丝,填满弧坑。焊内角接头通常要求焊脚外形不得超过孔板的外平面。

焊填角焊,钨极向管外倾斜,和管子中心线夹角小于 45°(图 4-50,c),钨极绕管外壁一周加丝焊成。要使焊缝成形良好,且有足够的焊脚尺寸。

二、插入式管板水平固定全位置角焊

插入式管板水平固定全位置角焊是难焊的,焊工需要掌握横角焊、立角焊、仰角焊操作技术。焊工要按照管子的弧形,手腕动作的渐变来完成全位置焊。

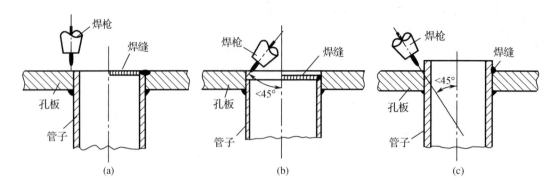

图 4 - 50   焊管板接头端缘焊缝的钨极位置

a—端面接头；b—内角接头；c—填角焊接头

（一）插入式管板全位置角焊的工艺参数

全位置焊是从仰角焊过渡到立角焊,最后过渡到横角焊,过渡过程中是不断弧的,焊接工艺参就要作到三者兼顾,用一个焊接电流值焊三个空间位置焊缝。表 4 - 10 为插入式管板水平固定全位置角焊的工艺参数。

表 4 - 10   插入式管板水平固定全位置角焊的工艺参数

钨极直径 /mm	焊丝直径 /mm	焊接电流 /A	电弧电压 /V	氩气流量 /(L/min)	喷嘴孔径 /mm	喷嘴至接缝 线距离/mm
2.5	2.5	90 ~ 100	11 ~ 13	7 ~ 9	8	< 12

（二）插入式管板全位置角焊的焊枪和焊丝位置

管板接头中的孔板厚而管子薄,焊接电弧应偏向厚孔板。全位置角焊时,孔板始终处于垂直平面位置,焊枪中钨极和孔板成 50° ~ 60°（大于 45°）夹角。关于焊枪钨极对于环形接缝线的位置,先确定电弧在环形接缝线上的燃烧"点"的切线,钨极和该切线成 75° ~ 85°（向反焊接方向倾斜）。焊丝在焊枪的另一侧,焊丝和焊枪的夹角约为 90°。插入式管板全位置角焊的焊枪和焊丝位置如图 4 - 51 所示。

（三）插入式管板全位置角焊的操作技术

将管板接头的环形角焊缝按时钟面分成两个半周进行焊接,先焊左半周按顺时针进行,后焊右半周按逆时针进行,如图 4 - 51 所示。

在 5 点半附近引弧,引弧后先不加焊丝,待顶角处熔化形成熔池后,开始加焊丝进行仰角焊,焊到 9 点附近转为立角焊,继续向上焊到近 12 点转为横角焊。根据焊缝尺寸的要求适当摆动焊枪,焊到 12 点处收弧,不填满弧坑。

接着焊另半周,约在 6 点处引弧,电弧移到前半周焊缝端头进行预热,使焊缝端头熔化形成熔池后,加焊丝进行仰角焊,按逆时针方向由下向上焊到 3 点附近进行立角焊,继续向上焊到 0 点右侧,遇到前半周焊缝的弧坑,将其熔化,少加焊丝,再焊过 10 mm ~ 15 mm 后收弧。

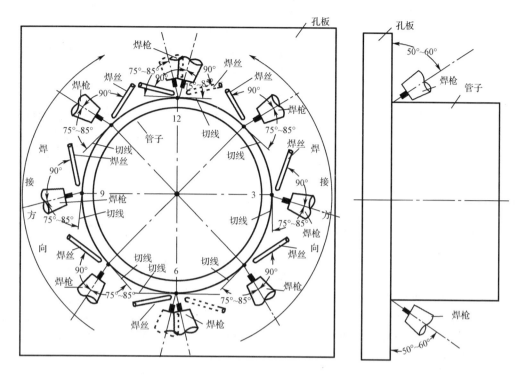

图4-51　插入式管板全位置角焊的焊枪和焊丝位置

焊接过程中适度的焊枪摆动,使熔池熔化孔板和管壁的宽度基本接近,各空间位置的焊缝(熔池)的外形尽可能相似且变化缓慢。焊工不仅手腕动作要随焊缝位置而变,而且焊工的体形和位置也要随之而变。

三、骑坐式管板水平固定全位置角焊

骑坐式管板接头通常是管子开坡口和孔板焊接,要求是单面焊两面成形。图4-52为典型的骑坐式管板接头坡口形式,管板中心线水平固定实行全位置角焊。

（一）骑坐式管板全位置角焊的工艺参数

由于薄管子开坡口进行全位置焊,要求单面焊两面成形,所以不允许有大的熔池,焊接电流应是偏小的,表4-11为骑坐式管板全位置角焊的工艺参数。

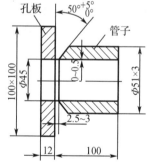

图4-52　骑坐式管板接头的坡口形式

表4-11　骑坐式管板全位置角焊的工艺参数

钨极直径 /mm	焊丝直径 /mm	焊接电流 /A	电弧电压 /V	氩气流量 /(L/min)	喷嘴孔径 /mm	喷嘴至接缝线距离/mm
2.5	2.5	80～90	11～13	6～8	8	＜12

（二）骑坐式管板全位置角焊的焊枪和焊丝位置

由于孔板厚、管子薄又要开坡口，还要求单面焊两面成形，焊枪钨极的电弧必须偏向孔板，骑坐式管板全位置角焊的钨极和孔板的夹角为30°～40°（图4-53）。骑坐式管板全位置角焊的钨极相对于管子环形接缝线的位置同插入式，即钨极和电弧燃烧"点"的切线成75°～85°（图4-51），焊丝和焊枪的夹角约为90°。

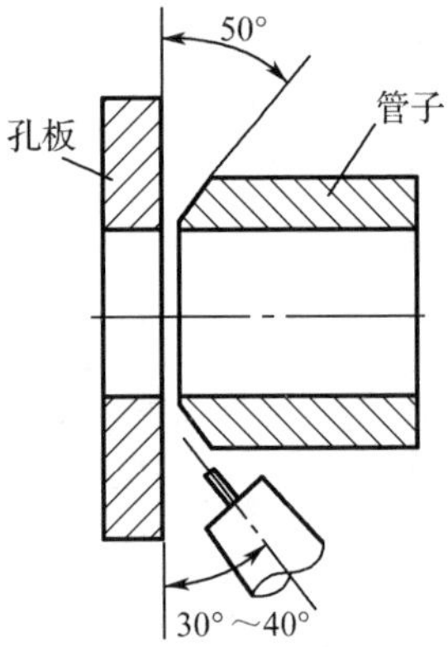

图4-53 骑坐式管板全位置
角焊的焊枪和管板的位置

（三）骑坐式管板全位置角焊的操作技术

全位置环形焊缝分成两个半周进行焊接，由于开坡口通常采用多层焊。

1. 焊打底层

先焊左半周焊缝在5点半处引弧，引弧后不加焊丝，待电弧熔化坡口两侧形成熔池和熔孔后，开始加焊丝，进行仰角焊，用焊丝把熔池往上推一下，以利背面焊缝成凸形。焊枪小幅摆动，按顺时针方向焊到9点，继后焊到12点半收弧，不填满弧坑。接着焊右半周打底层，在6点处引弧，引弧后电弧移到左半周焊缝的端头，加热熔化形成熔池和熔孔后，加焊丝进行仰焊，焊枪小幅摆动按逆时针方向焊到3点，继后焊到12点半附近遇前半周焊缝的弧坑，暂停加焊丝，待熔化前弧坑，再少量加丝，填满封闭熔池。

2. 焊盖面层

为了使两相遇层焊缝接头错开，盖面层在6点半处引弧，熔化前层焊缝形成熔池，焊枪开始横向摆动，使熔池扩大，加入焊丝，进入正常焊接，观察熔池形状和尺寸，比较所要求的焊缝尺寸，适当调整焊枪摆动幅度。顺时针向上焊到11点半收弧，不填满弧坑。焊后半周盖面层在6点引弧，引弧后迅速把电弧移到左半周盖面层焊缝端头，待端头熔化形成熔池后填加焊丝，向上逆时针焊到11点半前焊缝弧坑处，少加焊丝填满弧坑，结束焊接。

第九节 管子对接的手工钨极氩弧焊操作技术

船舶管系建造领域中，有色金属、不锈钢管子都是用氩弧焊焊接的。近年来随着造船质量要求的提高，重要的碳钢管子也必须用钨极氩弧焊打底，因为管子里面不允许有焊渣，这只有氩弧焊能担此重任。用钨极氩弧焊焊管子的优点是管内没有焊渣，根部熔透良好。其缺点是成本高、生产率低。

管子焊接有回转管子和固定管子之分。本节介绍的是水平回转管子对接和水平固定管子对接的手工钨极氩弧焊。直径不超过60 mm的钢管通常称为小径管；直径大于133 mm的钢管称为大径管。

一、水平回转管子对接的手工钨极氩弧焊

（一）坡口和定位焊

管子对接的要求是保证根部焊透，这需要有较大的间隙和坡口角度。碳钢管壁厚

小于等于 3 mm 不开坡口,留间隙 1 mm ~ 2 mm。大于 3 mm 的开 V 形坡口,坡口角度为 60° ~ 70°,间隙 1.5 mm ~ 2 mm,钝边 0 ~ 0.5 mm。管径小于 45 mm 的,可用一点定位焊。管径大于 100 mm 的宜用三点定焊。定位焊缝长度,小管子为 5 mm ~ 8 mm,大管子为 10 mm ~ 15 mm,要确保坡口根部焊透。定位焊缝焊后宜用砂轮打磨成斜坡形。斜坡的方向要使打底层焊时,电弧从薄处走向厚处。

(二)水平回转管子对接的焊接工艺参数和焊枪、焊丝位置

平焊位置最易焊,熔池在水平位置凝结成的焊缝成形最佳。管子是可以回转的,就把焊接位置放在接近水平位置,可选用表 4 - 12 的焊接工艺参数。

表 4 - 12   水平回转管子对接手工钨极氩弧焊工艺参数

管子大小	焊接电流 /A	电弧电压 /V	氩气流量 /(L/min)	铈钨极 直径	焊丝 直径	喷嘴 孔径	喷嘴至工件距离
						/mm	
薄壁小径管	90 ~ 100	10 ~ 12	6 ~ 10	2.5	2.5	8	< 10
厚壁大径管	90 ~ 120	12 ~ 14	8 ~ 12	2.5	2.5	10	< 12

焊接时管子是转动的,熔池也跟随转动,熔池转到水平位置冷凝成固体,焊缝成形最佳。钨极的电弧应处在 11 点半附近,在该处熔化形成熔池,转到 12 点位置冷凝成焊缝。水平回转管子对接时的焊枪和焊丝位置如图 4 - 54 所示。焊枪的钨极放在 11 点半附近位置,焊丝和水平线夹角为 10° ~ 15°,焊枪和焊丝夹角为 75° ~ 90°。

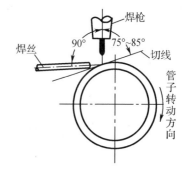

图 4 - 54   水平回转管子对接时的焊枪和焊丝位置

(三)水平回转管子对接的打底层焊接

将定位焊好的管子放置在滚轮架上,启动滚轮架,调节管子的转速,使之符合需要的焊接速度。然后将焊接电源的正极电缆和管子接通。将定位焊缝避开引弧点。

在 11 点半附近引弧,管子先不动,电弧也不动,待电弧熔化管子坡口形成熔池和熔孔后,启动滚动架开始顺时针转,并加焊丝,进入正常焊接。

焊接过程中要控制好焊枪位置,使电弧始终在 11 点半附近,钨极对准接缝坡口中心,可作小幅度的横向摆动。焊丝置于熔池前端,有节奏地进出熔池,焊丝被熔化成滴送入熔池,焊丝退出时,其末端不可脱离氩气保护区。焊丝填加量要看坡口间隙大小和熔池温度状态而调整。

当电弧遇及定位焊缝时,应暂停加焊丝,待定位焊缝熔化后,适量加焊丝,恢复正常焊接。当电弧遇及打底层起焊的端头时,先停止管子回转和停止加丝,待电弧熔化焊缝的端头,再加入少量焊丝,并焊过端头 10 mm 左右,收弧后延时断气。

（四）水平回转管子对接的填充层、盖面层焊接

焊前先检查前一层焊缝外形，有缺陷或外形高凸的要用砂轮打磨修整。焊填充层和盖面层的焊枪和焊丝的位置同打底层，而焊接电流可适当增大，焊枪横向摆动幅度也应逐层增大，并在两侧作停留。管子转速可适当放慢，对于相遇层的焊缝接头应互相错开。

二、水平固定管子对接的手工钨极氩弧焊

水平固定管子对接焊也称管子全位置焊。管子中心线水平固定，焊缝空间位置开始是仰焊，后转为立焊，最终转为平焊。要求获得熔透良好、余高和宽度均匀的焊缝。

（一）坡口及定位焊

水平固定管子全位置焊，由于仰焊的熔深较浅，通常管子厚度 3 mm 宜开 V 形坡口，坡口角度 60°，间隙 1 mm ~ 2 mm，钝边 1 mm ~ 2 mm。管径小于 45 mm 的用一点定位焊，管径大于 100 mm 的用三点定位焊。定位焊要避开 6 点位置。定位焊前对坡口及其两侧各10 mm范围内进行打磨清理。

（二）水平固定管子对接焊的焊枪和焊丝的位置

管子全位置焊接，通常采用由下向上焊，焊接位置在变，焊枪和焊丝的位置也要跟随而变，图 4 – 55 为管子对接全位置焊的焊枪和焊丝的位置。

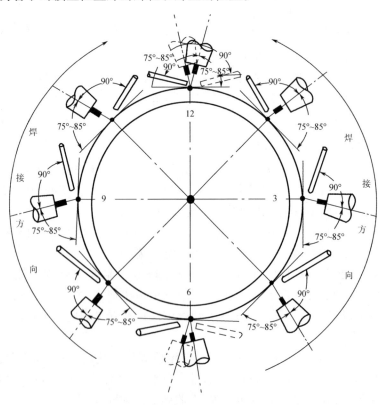

图 4 – 55　管子对接全位置焊的焊枪和焊丝的位置

（三）水平固定管子全位置手工钨极氩弧焊的工艺参数

全位置焊接时焊工不能随时调节电流，选用焊接电流就要采取兼顾原则，即用平焊的小电流和立仰焊的大电流。水平固定管子全位置手工钨极氩弧焊的工艺参数见表4－13。

表4－13　水平固定管子全位置手工钨极氩弧焊的工艺参数

管子大小	焊接电流/A	电弧电压/V	氩气流量/(L/min)	铈钨极直径	焊丝直径	喷嘴孔径	喷嘴至工件距离
				/mm			
薄壁小径管	90～100	10～12	6～10	2.5	2.5	8	<10
厚壁大径管	100～120	12～14	8～12	2.5	2.5	10	<12

（四）打底层焊接

全位置管子焊都是分成两个半圈进行焊接的。打底层从5点半附近开始引弧，先不加焊丝，待形成熔池和熔孔后，采用左焊法，仰位置由右向左顺时针焊，焊枪的另一侧填送焊丝进入熔池，填送时焊丝适当将熔池向上推一下，使背面成形良好。打底层焊要控制好熔孔直径，通常熔孔直径比间隙大0.5 mm～1 mm较为合适。向左焊达9点时，参照立焊操作法调整焊枪和焊丝位置，然后进行上坡焊，焊到12点过一小段处收弧，不要填满弧坑。焊枪以坡口间隙为中心进行横向摆动，在两侧稍作停留，使熔合良好。遇到定位焊，焊枪垂直定位焊，停加焊丝，待定位焊端头全部熔透出现熔孔后，继续加丝进入正常焊接。

焊好半圈焊缝后，焊工转身180°，即站在管子另一侧，仍采用左焊法顺时针（焊工面对时钟）焊后半圈。从前半圈焊缝的端头附近（约6点位置）焊缝上引弧，引弧后不加焊丝，待焊缝端头全部熔化，形成熔孔后，开始加焊丝，然后按前半圈相同焊法，焊到前半圈焊缝的弧坑处，少加焊丝，待前半圈焊缝弧坑全部熔化，再焊过一小段焊缝后收弧。

若工作环境条件不允许焊工转身时，则焊工必须按逆时针由左向右焊。这时最好有能熟练掌握左手握焊枪右手拿焊丝的焊工，参照前半圈对称焊的方法，焊成另半圈焊缝。同样要注意焊缝的端头和收弧的技术要领。

对于能焊逆时针短焊缝的焊工，左手握焊枪右手拿焊丝，可以从6点附近始焊，逆时针由左向右焊，焊到4点位置停弧，然后改用右手握焊枪，左手拿焊丝，继续从4点向上焊，直到焊过前半圈焊缝弧坑一小段处收弧。

也可用右手握焊枪，左手拿焊丝进行由左向右逆时针焊，从6点附近引弧，先不加焊丝，待前半圈焊缝端头全部熔化形成熔孔后，从熔池后沿由左向右加入焊丝，当焊丝端部熔化，形成小熔滴、立即送入熔池。逆时针向右焊到4点附近处改变焊枪角度和焊丝位置，焊丝改从熔池前沿送入熔池。继后从4点焊到0点处，焊好尾接尾的焊缝接头后收弧。

（五）填充层和盖面层的焊接

填充层焊接电流可增大一点，焊轮摆动幅度应增大一点，其他的焊接操作方法同打底层。焊后填充层焊缝要低于管子表面0.5 mm～1.0 mm，若发现有局部焊缝高凸，要用砂轮打磨平。

盖面层焊接时焊枪摆动幅度更大一些,要使熔池能熔化坡口两侧各0.5 mm～1.5 mm。焊缝外形整齐,焊缝余高达0.5 mm～3.0 mm。

三、分段翻身管子对接的手工钨极氩弧焊

管子滚动焊接需要有滚轮架设备,管子全位置焊接需要有技术熟练的焊工和一定的工作环境。对于焊接有弯头的管子和三通管接头,生产中通常运用分段翻身焊接,这在生产中是行之有效的焊接方法。把管子的中心线都安置在水平面上,也是最稳定的置放位置。这种焊接操作方法只要有适当长度的工作平台即可实施。图4-56为分段翻身焊接法。

(一)坡口尺寸、定位焊及焊枪和焊丝的位置

这种焊接方法没有仰焊,钢管壁厚大于3 mm才开坡口,坡口角度50°～60°,间隙1.5 mm～2 mm,钝边≤0.5 mm。

定位焊缝不要设置在3点和9点的位置,因为这两位置是引弧始焊位置,始焊时温度不够易发生未焊透缺陷。定位焊缝应无裂纹、气孔及未焊透缺陷,若发现定位焊缝较厚可用砂轮打磨薄。

分段翻身焊是从立焊始焊,向上过渡到平焊结束。焊1/4圆周的焊枪和焊丝的角度见图4-57。焊枪和切线成75°～85°角,焊丝在熔池上侧和焊枪成90°。

分段翻身焊管子对接的工艺参数可参照表4-13。

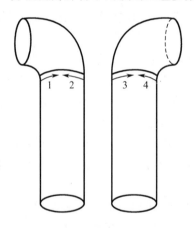

图4-56 分段翻身焊接法

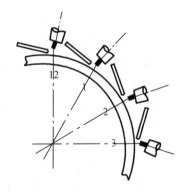

图4-57 焊1/4圆周的焊
枪和焊丝的角度

(二)分段翻身管子对接的手工钨极氩弧焊操作

把管子水平放置在平台上,环缝上半圈分成两段,下半圈分成两段,先焊上半圈两段焊缝,焊后将管子翻转180°,然后焊另半圈两段焊缝,如图4-56所示。

1.焊上半圈第一段焊缝

管子水平放置,在9点附近引弧,引弧加热管子,形成熔池和熔孔后,加焊丝进行向上立焊。根据坡口尺寸和参照立焊特点,焊枪横向摆动和填加焊丝,逐渐向上焊(上坡焊),过渡到平焊,在12点附近收弧,不需要填满弧坑。

2. 焊第二段焊缝

管子不动,焊工移位,在3点附近引弧,也是进行上坡焊,从3点焊到0点,遇到第一段焊缝的弧坑,焊好尾对尾的接头,收弧结束上半圈。

3. 管子翻身

将管子旋转180°,把另半圈未焊的焊缝翻到上面,管子置放平稳。

4. 焊第三段焊缝

在9点处引弧,熔透前半圈焊缝的端头,处理好头和头连接的焊缝接头,接着逆时针向上焊,焊到12点收弧,也不必填满弧坑。

5. 焊第四段焊缝

管子不动,焊工移位,在3点处引弧,处理好头和头连接的焊缝接头,接着顺时针向上焊,焊到0点,遇到第三段焊缝的弧坑,处理好尾对尾的焊缝接头,然后收弧结束。

（三）分段翻身管子对接的多层焊

分段翻身管子对接多层焊时,为了减少管子翻身次数,第一层四段焊缝(1、2、3、4)焊好后,暂不将管子翻身而继续焊第二层5、6两段,5、6焊好后管子翻身,焊7、8两段,焊后也暂不翻身,焊第三层的9、10两段,再翻身焊11、12两段,完成三层焊,如图4-58所示。这就是交替进行的对称焊接,不仅可减少管子翻身次数,同时也有利于减小焊接变形。多层焊的焊缝接头应错开。

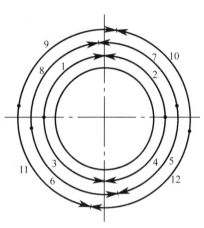

图4-58　分段翻身管子对接多层焊的焊接顺序

第十节　手工钨极氩弧焊的焊接缺陷

一、气孔

焊接加热过程中熔池内产生的气泡,在熔池凝固时未能逸出而形成的空穴称为气孔,如图4-59所示。常见的气孔有三种:氢气孔多存在于焊缝外部呈喇叭形;一氧化碳气孔多呈链状;氮气孔一般存在于焊缝表面,是以蜂窝状成堆出现。

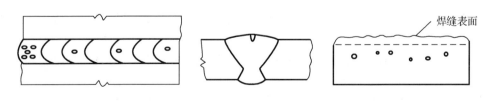

图4-59　气孔

产生气孔的原因有:①母材坡口上存在油、锈、水及氧化膜等杂质污物;②气体保护效果差;③氩气纯度不高;④焊丝退出气体保护区被氧化;⑤打钨极的金属烟尘进入熔池,形成蜂窝状气孔。

防止气孔的措施有:①焊前仔细清理坡口及其两侧;②增大气体流量,采取挡风措施、降低焊速、降低喷嘴和坡口间距离;③选用合格的氩气,更新送气的管路;④操作时不使焊丝退出气体保护区;⑤防止钨极和熔池、焊丝相碰。

焊缝中的气孔,减小了焊缝工作截面,削弱了焊缝的强度和密致性,当焊缝受到载荷时,内气孔会形成应力集中,导致产生裂纹。

一般结构中不允许存在表面气孔,对于内气孔通常允许存在单个分布的小气孔,气孔直径不大于0.1倍板厚,且不大于1.5 mm。重要结构根据结构特点有不同的要求。对于气孔缺陷,可予以打磨掉,进行补焊。

二、裂纹

焊缝金属或热影响区金属中有分裂金属的纹称为裂纹。裂纹有热裂纹和冷裂纹之分,在一次结晶过程(热态)中产生的裂纹称为热裂纹;焊缝冷却到200 ℃以下产生的裂纹称为冷裂纹。热裂纹是焊缝中存在低熔杂质受焊接拉应力而引起的。冷裂纹是焊缝及热影响区组织性能变脆硬,承受不了焊接拉应力或结构引起的拉应力,而产生断裂。焊接裂纹如图4-60所示。

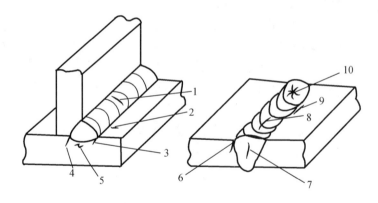

图4-60 焊接裂纹

1—焊缝上横向裂纹;2—热影响区横向裂纹;3—焊趾裂纹;4—焊根裂纹;5—层状撕裂;
6—焊趾裂纹;7—焊缝内部纵向裂纹;8—纵向裂纹;9—热影响区纵向裂纹;10—弧坑裂纹

产生裂纹的原因有:①焊丝选用不当;②电流过大,合金元素烧损多;③焊缝中扩散氢含量多;④收弧不当;⑤焊缝深而窄,成形系数(熔宽/熔深)小;⑥构件的焊接顺序错误。

防止裂纹的措施有:①选用合适的焊丝;②选用合理的焊接工艺参数;③建立低氢的焊接环境;④收弧时填满弧坑;⑤焊缝成形系数应大于1.3;⑥选用合理的焊接顺序。

裂纹是最危险的焊接缺陷,这是不允许存在的,发现裂纹必须彻底清除后补焊。

三、未焊透和未熔合

在焊接坡口的根部或中部，母材和母材之间未完全熔合称为未焊透；在焊道和母材、焊道和焊道之间未完全熔合称为未熔合。未焊透和未熔合缺陷如图4-61所示。这种缺陷常发生在坡口根部和厚板坡口中，电弧的热量不足以熔化坡口的全部截面。

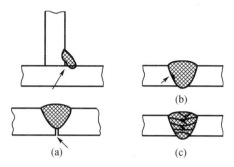

图4-61　未焊透和未熔合
a—根部未焊透；b—焊道和母材未熔合；
c—焊道与焊道未熔合

产生未焊透和未熔合的原因有：①坡口角度小、间隙小、钝边大；②焊接电流太小，焊接速度过快；③坡口不洁；④焊枪位置未对准坡口中心或横向摆动不当；⑤熔池温度不高，加焊丝量过多。

防止未焊透和未熔合的措施有：①加大坡口角度和间隙，减小钝边；②增大焊接电流，减慢焊速；③仔细清理坡口；④合理的焊枪位置和合适的横向摆动；⑤控制好熔池的温度和适量加丝。

未焊透和未熔合缺陷都减小了焊缝工作截面，尤其是片状未熔合，相当于焊缝中存在片状缝隙（裂纹），未熔合是不允许存在的。根部未焊透对于钨极氩弧焊来说也是不允许的，因为用钨极氩弧焊焊根部就是为了焊透。

四、烧穿

焊接过程中熔融金属自坡口背面流出而形成穿孔的缺陷称为烧穿，如图4-62所示。烧穿可以认为是温度高的熔融金属受到重力和电弧吹力作用流向坡口背面的结果。

图4-62　烧穿

产生烧穿的原因有：①焊接电流太大；②坡口间隙太大；③焊速慢；④焊丝填加量太少。

防止烧穿的措施有：①减小焊接电流；②减小坡口间隙，增大钝边；③提高焊速；④根据熔池温度状态，加足焊丝量；⑤采用衬垫焊接，以衬垫托住熔融金属。

烧穿是明显的、不允许存在的缺陷，必须进行修补。

五、夹杂、夹钨及夹渣

焊接冶金产生的，焊后残留在焊缝中的非金属杂质等称为夹杂；钨滴落入焊缝中的称为夹钨。焊条电弧焊的熔渣留入焊缝称为夹渣。夹杂、夹钨和夹渣如图4-63所示。

产生夹杂和夹钨的原因有：①坡口和焊丝不清洁；②氩气保护不佳，使熔池金属氧化；③多层焊的层间清理未做好；④钨极直径小而焊接电流过大，钨极端头熔化而落入熔池；⑤钨极和工件或焊丝相碰（打钨极）。

防止夹杂和夹钨的措施有：①焊前仔细清理坡口和焊丝；②确保氩气供应正常，保护良好；③多层焊应重视层间清理；④控制使用钨极的电流密度，不得超过许用焊接电流；⑤小心操作,防止打钨极;⑥发现熔池中有杂质,停止加丝,并在气体保护下用焊丝挑去杂质。

重要焊缝是不允许存在表面夹杂的,次要焊缝允许小尺寸的夹杂。夹钨是不允许存在的,发现夹钨,必须清理坡口,清除钨残物,同时要重新修磨钨极。

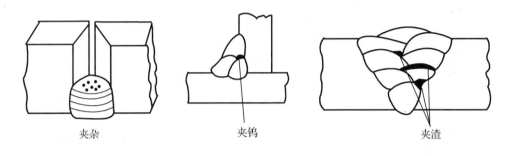

夹杂　　　　　　　夹钨　　　　　　　夹渣

图4-63　夹杂及夹钨、夹渣

六、咬边

焊缝边缘(焊趾)母材上被电弧熔化形成的沟槽或凹陷称为咬边,如图4-64所示。焊接时电弧把熔池边缘母材金属熔化并吹向熔池,形成凹槽,后又未将熔融金属填满凹槽,就形成咬边。

产生咬边的原因有:①焊接电流过大;②焊枪位置和动作不当;③加丝太慢或位置不准;④焊速不当。

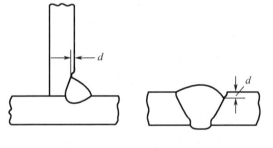

图4-64　咬边

防止咬边的措施有:①选用合适的焊接电流;②合理的焊枪位置和摆动;③加丝要及时,位置要准确;④正确控制熔池形状和大小,熔池要饱满,焊速要适当;⑤将T形接头角焊位置于船形位置进行焊接。

在重要结构和部件中,如高压容器、管道是不允许存在咬边的,在一般构件中允许咬边深度为0.3 mm～0.8 mm。咬边缺陷的修补就是用细焊丝焊接填满沟槽。

七、焊瘤

焊接时熔融金属流淌到正常焊缝外形之外的局部的多余金属称为焊瘤,如图4-65所示。焊接过程中,如果熔池体积大,温度又高,熔融金属凝固较慢,在重力作用下,就流淌到正常焊缝外形之外造成焊瘤。

产生焊瘤的原因有:①焊接电流太大,焊接速度太慢;②在熔池中加丝

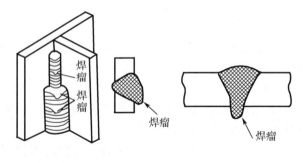

图4-65　焊瘤

位置不当,尤其是立、横焊时,若焊丝加在熔池下方,更易产生焊瘤;③管子环缝滚动焊接时,焊枪位置不当。

防止焊瘤的措施有:①正确选用焊接电流和焊接速度;②在非平焊位置时,正确掌握在熔池中加丝位置;③管子滚动焊接时,正确把握焊枪位置;④横对接焊时,采用不对称坡口,上板坡口角度大,下板坡口角度小。

焊瘤本身并不可怕,可是当熔融金属流淌到未熔化的母材上,形成了未熔合,这就需要铲除并焊补。

八、弧坑未填满

在焊缝收尾处有低于母材表面的弧坑称为弧坑未填满,如图4-66所示。焊接过程中有熔深就会有弧坑,如果收弧时未供给足量的焊丝金属,就形成弧坑未填满。

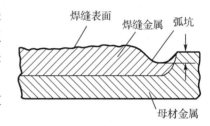

图4-66　弧坑未填满

产生弧坑未填满的原因有:①焊接电流太大;②收弧时填加焊丝量少;③收弧时电流衰减时间太短。

防止弧坑未填满的措施有:①选用合适的焊接电流和焊接速度;②收弧时要填加足量的焊丝;③适当延长电流衰减时间;④使用收弧板。

弧坑未填满减小了焊缝截面积,降低了焊缝的强度,同时也是应力集中处,易引起裂纹,破坏结构。弧坑未填满缺陷的修补就是在弧坑处再补焊足量的填充金属,使之高于工件表面。对于弧坑处的裂纹必须铲除补焊。

九、焊缝形状尺寸不合要求

焊缝形状尺寸不合要求有:焊缝宽度太宽、焊缝余高太高、焊缝宽度不均、角焊缝焊脚单边等。常见焊缝形状尺寸不合要求如图4-67所示。这里要指出的是焊缝形状尺寸的缺陷,并无上述几种焊缝缺陷。

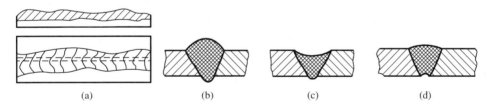

(a)　　　　　　　(b)　　　　　　　(c)　　　　　　　(d)

图4-67　焊缝形状尺寸不合要求
a—焊缝高低不平,宽度不均;b—焊缝余高太高;c—焊缝过凹;d—焊缝内凹

(一)焊缝宽度太宽

产生焊缝太宽的原因有:①坡口角度太大、间隙太大;②焊接电流太大、电弧太长、焊速太慢。

防止焊缝宽度太宽的措施有:①减小坡口角度和间隙;②选用合宜的焊接工艺参数;③掌握好焊枪摆动幅度和焊丝填加量。

（二）焊缝余高太高

产生焊缝余高太高的原因有：①坡口角度太小；②电弧长度短且焊接速度慢；③焊枪摆动幅度小；④焊丝填加量太多。

防止焊缝余高太高的措施有：①适当扩大坡口角度；②拉长点电弧，增大焊接速度；③加大焊枪摆动幅度；④焊丝填加量要适当。

（三）焊缝宽度不均

产生焊缝宽度不均的原因有：①坡口尺寸不均；②焊枪摆动幅度不均；③电弧长度变动大；④焊接速度不均。

防止焊缝宽度不均的措施有：①修正坡口尺寸，使之均匀；②焊枪摆动幅度力求均匀；③操作电弧长度要稳定；④稳定焊接速度。

（四）角焊缝的焊脚单边

角焊缝两边焊脚尺寸不等称为焊脚单边。

产生角焊缝焊脚单边的原因有：①焊枪位置不当，不能使熔池熔化形成的两直角边焊脚相等；②焊接电流大，焊接速度慢，熔池的熔融金属受重力作用而流向水平板，水平板上焊脚偏大；③在熔池的偏下方加丝。

防止焊脚单边的措施有：①正确的焊枪位置；②合适的焊接工艺参数；③正确的加丝位置；④将焊缝置于船形位置焊接。

对于形状尺寸不合要求的焊缝，若无气孔、夹杂、裂纹、未焊透、焊瘤等缺陷，焊缝局部尺寸偏小的，则可在局部处进行加焊，力求外表均匀整齐；焊缝尺寸偏大的，可用砂轮打磨掉偏大或多余的部分。有时可重新熔化方法进行整形处理。

十、母材表面弧伤

母材表面被电弧击伤，形成低于母材表面的伤痕称为母材表面弧伤。

产生母材表面弧伤的原因有：①在坡口外的母材上引弧；②接焊件电缆不是直接接焊件，而是接在工作台上，通过工作台和焊件的接触来传送焊接电流，若工作台和焊件之间接触不良，则在工作台和焊件的接触点便发生火花，引起伤痕。

防止母材表面弧伤的措施：①不在坡口外引弧；②接焊件电缆直接接焊件。

第五章 金属材料的手工钨极氩弧焊

第一节 金属的焊接性和钢的碳当量

一、金属的焊接性

焊接性是指金属对焊接加工的适应性,指在一定的焊接工艺条件下,获得优良焊接质量的难易程度。它包括焊接接头的接合性能和使用性能。

（一）接合性能

在一定的焊接工艺条件下获得的焊接接头,对出现各种焊接缺陷的敏感性,也即得到的焊接接头易不易产生焊接缺陷。若焊接接头易产生裂纹等缺陷,即接合性能差,焊接性差。

（二）使用性能

这是指获得的焊接接头对使用要求的适应性。焊接接头的力学性能(强度、塑性、韧性等)和特殊性能(耐高温、耐低温、耐腐蚀等)是否符合技术标准。若不锈钢焊接接头无焊接缺陷,但使用时发生腐蚀,即使用性能差,焊接性差。

金属焊接性好坏,取决于母材金属的成分、焊接方法和焊接材料,还有焊接工艺条件、构件刚性等。

二、钢的碳当量和焊接性

钢的焊接性好坏主要取决于钢的成分,其中碳对焊接性影响最大,碳含量高使钢变得硬脆,焊接时就易产生裂纹。可以把钢中碳含量的多少作为间接判断钢的焊接性好坏的指标。钢中除了碳外,还有铬、钼、钒、锰、铜、镍等元素,对焊接接头产生裂纹存在不同程度的影响。这里引入一个碳当量的名词,把钢中各合金元素的含量(包括碳)按其对焊接性的影响程度,折算成相当的碳元素的总含量,称为碳当量。根据国际焊接学会(IIW)推荐,估算碳钢和低合金钢的碳当量(C_E)的公式为

$$C_E = C + \frac{Mn}{6} + \frac{Cr + Mo + V}{5} + \frac{Cu + Ni}{15}$$

碳当量公式中的元素符号代表该元素在钢中的质量分数。碳当量的大小可以作为评定钢的焊接性指标。钢的碳当量越大,焊接性越差。

据经验:$C_E < 0.25\%$ 的钢,焊接性优,焊接时不必预热;$C_E = 0.25\% \sim 0.40\%$ 的钢,焊接性良好,焊接时一般不预热;$C_E = 0.40\% \sim 0.60\%$ 的钢,淬硬倾向逐渐明显,焊接性尚可,需

要采取预热、控制焊接线能量等工艺措施；$C_E > 0.60\%$ 的钢，淬硬倾向大，易产生裂纹，焊接性差，需要较高的预热温度和层间温度，控制线能量及焊后热处理等工艺措施。

第二节　碳钢的手工钨极氩弧焊

一、碳钢的分类、牌号及性能

(一)碳钢的分类

碳含量小于2%的铁碳合金称为碳素钢，简称碳钢。碳钢中除了铁、碳两元素外，还有锰、硅、硫、磷等元素。

(1)按钢中碳含量大小可分为低碳钢、中碳钢、高碳钢。碳含量小于0.3%的钢为低碳钢；碳含量0.3% ~0.6%的钢为中碳钢；碳含量大于0.6%的钢为高碳钢。

(2)按碳钢的用途可分为结构钢、工具钢及特殊用途钢。结构钢主要用来制造钢结构及机器零件；工具钢用于制造刀具、量具及模具等；特殊用途钢有船用碳素结构钢、压力容器用碳素结构钢及锅炉用碳素结构钢等。

(3)按碳钢的质量等级可分为普通碳素结构钢、优质碳素结构钢、高级优质碳素结构钢。优质碳素结构钢的硫、磷杂质不大于0.035%。

(二)碳钢的牌号

(1)普通碳素结构钢的牌号有Q195,Q215,Q235,Q255,Q275等。牌号以 Q×××－× 表示，Q是屈服强度的屈字汉语拼音首字，×××表示屈服强度的最小值，三位数字后有A,B,C,D表示质量等级，D级质量最好，A级质量最低。

例

Q235普通碳素结构钢的碳含量低(≤0.22%)，碳当量不高(≤0.31%)，其焊接性良好。通常结构钢的强度越低焊接性越好。

(2)优质碳素结构钢常用的牌号有08,10,15,20,25,30,35,40,45,50,55,60,65等，牌号以两位数字钢中的碳含量标注。20钢中的碳含量为0.20%。因优质碳素结构钢化学成分的差异，其焊接性有很大的不同，20,25钢的碳含量低，焊接性良好；45 中碳钢的焊接性尚可，焊接时需要预热；60 高碳钢焊接性差。

(3)特殊用途碳素结构钢有：船体用一般强度碳素结构钢、压力容器碳素结构钢、锅炉用碳素结构钢及桥梁用碳素结构钢。桥梁用碳素结构钢目前尚未用氩弧焊作为焊接施工方法。

①船体用一般强度碳素结构钢的牌号有A,B,D,E四级，A级钢质量最低，E级钢最优。

②压力容器用碳素结构钢的牌号有20R,20表示钢中碳含量为0.20%，R表示容器的容字拼音首字母。

③锅炉用碳素结构钢的牌号有20g,20表示钢中碳含量为0.20%，g表示锅炉的锅字拼音首字母。

特殊用途碳素结构钢的碳含量都很低(≤0.22%),其碳当量不高,但焊接性良好。

二、碳钢的焊接特点

碳钢是市场供应低价的钢材,广泛应用于要求不高的一般焊接结构,其大多数的焊接工作由 CO_2 气体保护焊和焊条电弧焊完成,但对于薄板和重要管道工作仍需要手工钨极氩弧焊担此重任。低碳钢的碳当量低,焊接性优良,不需要特殊的工艺措施。中碳钢的碳当量高,易产生淬硬的马氏体组织,需要采取预热工艺措施。碳钢的焊接特点如下所示。

(一)烧穿

钨极氩弧焊较多的用于薄板碳钢结构,这是因为 CO_2 焊和焊条电弧焊易烧穿的缘故,用手工钨钨极氩弧焊采用较小焊接电流,若操作动作太慢,烧穿也是可能的。

(二)变形大

手工钨极氩弧焊焊薄板结构时,由于薄焊件的刚性小,容易产生较大的焊接变形。薄板焊接变形大,这也是焊接的一种通病。薄板焊接要解决变形大的问题。

(三)中碳钢焊接产生冷裂纹

中碳钢的碳当量大,焊后在空气中冷却,焊缝及热影响区也会产生马氏体组织,该组织硬而脆,在焊接应力作用下产生裂纹(冷裂纹)。

三、碳钢钨极氩弧焊用的焊接材料

对于一般要求的低碳钢,可用 H08Mn2Si 焊丝,要求高的低碳钢要用 H08Mn2SiA(ER49-1)焊丝。焊丝中的锰含量较高,可以帮助脱氧,防止熔池沸腾,液态金属稳定。

中碳钢钨极氩弧焊用 H08Mn2SiA(ER49-1),焊丝的硫、磷杂质较少,对防止裂纹有利。

碳钢结构通常采用钨极氩弧焊打底,以后的填充层和盖面层采用焊条电弧焊,为此有必要介绍焊条,要求不高的碳钢结构可采用结422(E4303)焊条,要求较高的可采用结507(E5015)焊条,也可采用结427(E4315)焊条。结42×焊条的熔敷金属的抗拉强度 $\sigma_b \geqslant$ 420 MPa,结50×焊条的熔敷金属的抗拉强度 $\sigma_b \geqslant$ 500 MPa。

碳钢钨极氩弧焊选用的焊丝见表5-1。

表5-1 碳钢钨极氩弧焊选用的焊丝

母材钢号	焊丝牌号	焊丝型号
Q235,Q255,Q275 15,20	H08Mn2Si,H08Mn2SiA,MG49-1 MG50-3,TG50	ER49-1,ER50-3,ER50-4
20g,20R 35,40,45	H08Mn2SiA,MG49-1,MG50-3, TG50,TG50Re	ER49-1,ER50-3 ER50-4
船体 A,B,D,E	H08Mn2SiA,MG50-6	ER50-6

注:MG 为氩弧焊和 CO_2 焊通用焊丝;TG 为钨极氩弧焊专用焊丝;MG49-1焊丝是由 H08Mn2SiA 表面镀铜制成。

四、碳钢钨极氩弧焊的坡口准备

(一)坡口尺寸

碳钢板厚≤3 mm 可以不开坡口,留小于 1.5 mm 的间隙。板厚大于 3 mm 开 V 形坡口,坡口角度为 60°~70°,间隙 1.5 mm~3.0 mm,钝边 1 mm~1.5 mm。坡口角度大,间隙大可以保证坡口根部焊透。

(二)坡口清理

碳钢的坡口及其两侧各 10 mm~15 mm 范围内,用砂轮或其他方法打磨,露出金属光泽。对于工件上的潮气不可忽视,一定要烘干。尤其在初春和晚秋季节的早晨和晚间,气温低,湿度大,工件会吸附一些潮气,应该将工件预热到 50 ℃~100 ℃方可焊接,否则很易产生气孔缺陷。

五、低碳钢手工钨极氩弧焊的工艺及操作技术

(一)低碳钢打底层的手工钨极氩弧焊

1. 低碳钢打底层手工钨极氩弧焊的工艺参数

工艺参数主要参照碳钢板厚、坡口形式和尺寸、焊缝空间位置而选定。坡口角度大、间隙大、钝边小可选用较小的焊接电流。低碳钢打底层手工钨极氩弧焊的工艺参数参见前章表 4-5。

2. 打底层的坡口间隙

打底层的坡口需要有一定的间隙,留有间隙的好处是:①可以确保焊透根部;②能看清焊缝走向,避免焊歪;③氩气从间隙流到坡口背面,使背面有一定的氩气保护。

坡口装配定位焊时,间隙大小有时难免的,焊接时应先焊间隙小的坡口处,随焊缝冷却,会使间隙大的坡口处变得小。如果出现间隙变小成零,这时可用砂轮修磨坡口后再焊。

焊接小间隙处,焊枪应垂直工件,焊速减小,焊丝少加甚至不加,可使根部焊透。焊接大间隙处,焊枪和焊缝的夹角从 90°减小到 70°~40°,焊速略快,同时多加焊丝量,可避免烧穿。当间隙过大时,可采用两点焊法,即先在坡口一侧电弧熔化坡口形成熔池,立即填丝形成一个焊点,然后钨极移向坡口另一侧,形成熔池后填丝,并与前一个焊点熔合重叠约有

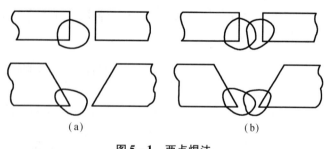

图 5-1　两点焊法
a—第 1 点;b—第 2 点

1/4,这样一侧一点交替焊接,逐渐向前形成焊缝。两点焊法如图 5-1 所示。

3. 打底层的厚度

打底层需有一定的厚度,如果太薄,遇工件刚性大而产生大的焊接应力,会把打底层焊

缝拉裂,还有在焊填充层时也易产生烧穿缺陷。通常板厚小于 10 mm 时,打底层焊接厚度约 2 mm～3 mm;板厚大于 10 mm 时,打底层厚度宜增加至 4 mm～5 mm 以上。

4. 控制打底层的熔池温度

打底层熔池温度过高会使钢中合金元素烧损,氧化严重,有可能形成烧穿缺陷;温度过低会产生未焊透、气孔及夹杂等缺陷。可以从焊接电流、电弧长度、焊枪倾角、焊接速度及送丝速度几方面来调整熔池温度。焊接电流只能在焊前调整好,焊接时焊工双手操作,这也是无法调节电流的。拉长电弧长度可以提高电弧的功率,焊枪垂直焊件电弧热利率高,减小焊速,使线能量增大,这些都可以提高熔池的温度;反之,可以降低熔池的温度。增大或减小焊丝填加量,可以显著改变熔池温度。通常在确保根部焊透和焊缝成形良好的前提下,焊速应快些。

5. 长船形熔池

相同的焊接工艺参数,不同的焊枪倾角可获得不同的熔池形状,影响着熔深和焊缝两面成形。焊枪倾角应随坡口间隙大小而变化,坡口间隙不均匀时,焊枪和焊缝的夹角调节成 40°～70°,使熔池呈长船形,温度集中在长船形熔池上,容易得到均匀熔深和背面成形。长船形熔池(图 5-2)的前区为打底预热,中区使熔合焊透,后区使焊缝成形,这样不易形成焊瘤和烧穿。因

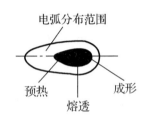

图 5-2 长船形熔池的三个作用

为长船形熔池比较窄,温度扩散慢,因此焊缝的承托力较大,液态金属就不易下垂。如果焊枪和焊缝角成 80°～85°,熔池就呈较宽的蛋形,较多的热量扩散到熔池边缘,降低了焊缝的承托力,焊枪动作稍慢,液态金属下垂而烧穿。长船形熔池使焊缝中间高,两侧可能有沟槽或咬边,不能作为合格的焊缝外形,所以不适用于焊盖面层焊缝。

6. 管内通氩气保护

重要的低碳钢管打底焊时,若管径小于 25 mm,管内要用氩气保护焊缝根部,先用氩气排出管内空气,然后把管子一端堵住,另一端通小流量氩气,待打底层快要焊完时,就可停止向管内输氩气。在没有条件或不需要通氩气保护情况下,应将管子两端堵住,防止管内穿堂风使熔池背面氧化。

7. 焊缝根部的修整

重要高压油管的焊缝根部必须修整。对近管子端部的焊缝根部,可用风动砂轮、锉刀、铲刀等工具对焊缝高低不平、焊瘤进行修整。直管的中部焊缝根部,可用软轴砂轮或风动刀打磨修整。小管近端部的焊缝根部可用钻头、铰刀修整。

(二)填充层和盖面层的焊接

焊填充层前应仔细检查打底层焊缝,若有裂纹、未焊透、气孔及夹渣等缺陷,应该用砂轮打磨掉缺陷后再补焊。不允许用电弧重新熔化缺陷的方法解决。对于打底层焊缝局部有过分高凸的,也应该用砂轮打磨平。

填充层焊接选用电流宜大一些,焊枪应摆动,在打底层焊缝两侧稍作停留,使坡口两侧

熔合良好。填充层焊缝层数要视板厚和坡口角度而定,最后一层填充层的焊缝应达到离钢板表面 1 mm 左右,接着可进行盖面层焊接。

焊盖面层前也应观察填充层焊缝外形,遇有局部过高或过低的,应填平磨齐,这可使盖面层焊缝外形均匀整齐。盖面层的焊枪摆动幅度更应大一些,在坡口两侧稍作停留,熔化坡口边缘 0.5 mm ~ 1.5 mm,并平稳匀速向前,使焊缝宽度和余高均匀。

六、中碳钢手工钨极氩弧焊工艺

中碳钢按其碳含量高低,其焊接工艺也有所不同。碳当量在 0.3% ~ 0.4% 范围内,焊接工艺可按低碳钢实施。碳当量大于 0.4%,高达 0.6% 时,钢板有较高的淬硬倾向,易产生冷裂纹。

中碳钢手工钨极氩弧焊的操作焊枪和焊丝的技术,基本上是和低碳钢相同的。中碳钢手工钨极氩弧焊具有以下几个特点。

（一）焊前预热

对于碳当量较高的中碳钢,预热是防止裂纹的有效措施。因为预热可以减缓冷却速度,减小淬硬倾向,同时预热可使焊件加热区的温度差减小,焊缝加热膨胀和冷却收缩受到阻碍减小,焊接应力减小。预热的温度要视焊件的碳当量和结构的刚性而定。通常 45 钢的预热温度为 200 ℃。焊缝的层间温度和预热温度相同。

（二）采用多层焊

多层焊过程中,焊后层焊缝是对前层焊缝的加热和冷却,这相当于对前层焊缝进行回火处理,有利于改善焊缝金属和热影响区的组织和性能,所以中碳钢宜采用多层焊。

（三）合理的焊接线能量

中碳钢用大的焊接线能量焊接,对防止冷裂纹是有利的,但线能量过大也会使热影响区晶粒粗大,韧性显著下降,故应选用合理适中的线能量。在相同的线能量的条件下,对大电流、快焊速和小电流、慢焊速两者作选择时,宜选用小电流、慢焊速的工艺参数。

（四）焊后热处理

中碳钢焊件焊后应作回火处理,可以消除焊接应力,改善焊缝及热影响区的金相组织和性能。没有条件进行热处理的大型焊件,焊后用石棉布覆盖焊件,予以缓冷。

七、碳钢手工钨极氩弧焊生产举例

（一）20 钢管子滚动的手工钨极氩弧焊

1. 产品结构和材料

锅炉受热面的管子对接,管子直径为 42 mm,壁厚为 5 mm。材质为 20 钢管。开 V 形坡口(图 5 - 3),坡口角度为 60° ±3°,间隙为 2 mm ±0.5 mm,无钝边,采用手工钨极氩弧焊。

焊接材料:氩气,纯度 ≥99.98%;铈钨极;焊丝为 H08Mn2Si,也可用 H08Mn2SiA。

2. 焊接工艺

(1)坡口成形加工。用车床对管子切削加工,坡口呈 V 形,无钝边。

（2）坡口清理。用钢丝轮清理坡口及其两侧各 10 mm 范围内油、锈、水等污物。

（3）定位焊。对管子坡口进行定位焊，由于管径小，定位焊点数 1~2 点。定位焊缝要保证焊透根部，背面焊缝成形。若定位焊有裂纹、气孔、夹渣及未焊透缺陷，应打磨掉，移位重新定位焊。

（4）管子试滚动。把管子放在滚轮架上，焊接电源正极的电缆接上管子。管子试滚动，调整滚动速度，以适应焊接需要。转动滚轮架，转向为顺时针旋转，将定位焊缝转到不是起焊位置。

（5）焊打底层。在 11 点和 12 点之间引弧，引弧后焊枪不动滚轮架也不转动，待电弧熔化坡口形成熔池和熔孔后，起动滚轮架向右转（顺时针），同时添加焊丝，熔池向右转，焊丝有节奏地加入熔池前端部区。焊枪的前后位置基本上不动，但可视熔池状态而作适当的调整。焊丝和水平线夹角为 10°~15°，焊枪和焊丝夹角为 90°~100°。焊枪对准坡口中心，可稍作横向摆动。20 钢管滚动手工钨极氩弧焊的工艺参数见表 5-2。

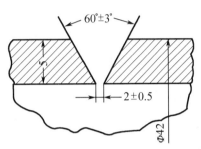

图 5-3　20 钢管对接的坡口形状和尺寸

表 5-2　20 钢管滚动手工钨极氩弧焊的工艺参数

坡口	钨极直径 /mm	焊丝直径 /mm	焊缝层次	焊接电流 /A	电弧电压 /V	气体流量 /(L/min)	喷嘴孔径 /mm
管径 42 mm，壁厚 5 mm，V 型坡口，60° 角，间隙 2 mm ±0.5 mm	2.5	2.5	第一层	90~100	10~12	8~10	8
			第二层（盖面层）	110~130	12~14	8~10	8

（6）焊盖面层（第二层）。焊前清理一下打底层焊缝表面，将焊接电流调大一点，工艺参数见表 5-2。焊枪和焊丝位置同打底层，焊枪宜作横向摆动，在坡口两侧稍作停留，熔化坡口边缘 0.5 mm~2.0 mm，适量加焊丝，焊满坡口，焊好盖面层的焊缝接头，焊缝余高达 0.5 mm~2.0 mm，外形要求整齐美观。

（二）20 g 小径管手工脉冲钨极氩弧焊

1. 产品结构和材料

船舶油路系统中管子对接，材质为 20g，管径为 25 mm，壁厚为 3 mm，采用不开坡口 I 形对接，间隙 ≤0.6 mm，坡口如图5-4所示。采用手工钨极脉冲氩弧焊，直流正接，焊单层。使用 WSM-315 型逆变式直流脉冲钨极氩弧焊机。

焊接材料：氩气，纯度 ≥99.98%；铈钨

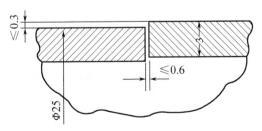

图 5-4　20g 小径管手工脉冲钨极氩弧焊的坡口形状和尺寸

极,直径 2.5 mm;TG50 牌号焊丝,直径 2.5 mm。

2. 焊接工艺

(1)用电动钢丝轮打磨坡口端面及两侧各 10 mm ~ 15 mm 范围内的油、锈及其他污物。

(2)参照表 5 - 3 的工艺参数调整氩弧焊机的脉冲焊的参数,并在 3 mm 平板上试焊,作适当调整。

(3)对管子进行装配定位焊,因管径小,一点就可以。管壁高低误差≤0.3 mm。

(4)管子放在滚轮架上,调整滚轮架转速,使管子的速度达到 70 mm/min ~ 80 mm/min,将焊机电缆的正极接上管子。

(5)钨极在 11 点 ~ 12 点处引弧,弧长为 2 mm ~ 3 mm,用脉冲电流对管子预热,预热时间为 10 ~ 12 个脉冲。预热后起动滚轮架。

(6)焊丝和水平线夹角为 10° ~ 15°,焊枪和焊丝夹角为 75° ~ 90°。焊枪对准坡口中心,不需要横向摆动。

(7)待电弧熔化坡口形成熔池和熔孔后,填加焊丝,每一个脉冲电流时间填加一次焊丝,加焊丝填满坡口,焊一层即可。

(8)电弧遇到定位焊缝,应少加焊丝。焊到焊缝起始端头时,令滚动架停止,由焊枪移动焊过焊缝端头 5 mm ~ 10 mm,填满弧坑后熄弧,延时 5 s 后断氩气,焊接结束。

表 5 - 3　20g 小径管手工脉冲钨极氩弧焊的工艺参数

坡口	钨极直径/mm	焊丝直径/mm	脉冲频率/Hz	脉冲占空比 $\left(\dfrac{t_{脉}}{t_{脉}+t_{基}}\right)/\%$	脉冲电流/A	基值电流/A	预热(脉冲数)	转速/(mm/min)	氩气流量/(L/min)
管径 25 mm,壁厚 3 mm,间隙 0.6 mm	2.5	2.5	1 ~ 1.5	20 ~ 30	130 ~ 170	30 ~ 50	10 ~ 12	70 ~ 80	8

(三)三通镀锌钢管的手工钨极氩弧焊

1. 产品结构和材料

某管道中三通管系两管子焊接而成,其坡口如图 5 - 5 所示。两管子均为镀锌 20 号钢管,管子的端头皆有螺纹用来连接其他管子。主管的外径和壁厚为 57 × 4,支管为 42 × 3。由于管子尺寸不大,宜用手工钨极氩弧焊。

焊接材料:氩气,纯度≥99.98%;铈钨极,直径 3 mm;焊丝 H08MnZSiA,直径 2 mm。

2. 焊接工艺

(1)用机床对管子进行坡口加工,支管坡口角度为 45°。加工后用砂轮打磨坡口及其两侧各 10 mm,去除镀锌层及其他不洁物。

(2)对三通管接头进行定位焊,数量为两点,定位焊缝磨成斜坡形。

(3)将三通管的两管中心线都置放在水平位置,接上焊接电缆(直流焊机的正极),要避免和螺纹相碰,防止损坏螺纹。

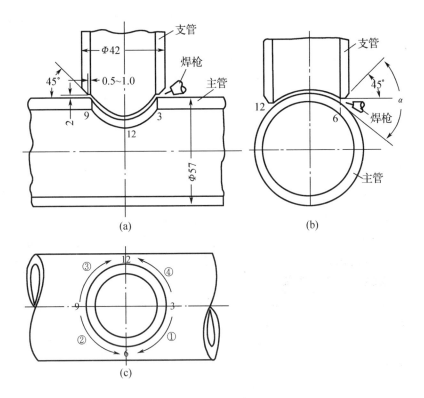

图 5-5　三通钢管的焊接坡口及焊接顺序

a—3 点,9 点位置的坡口及焊枪位置;b—6 点,12 点位置的坡口及焊枪位置;c—分段翻身焊接的顺序

（4）主管和支管连接焊缝呈马鞍形,焊缝空间位置是变动的,坡口角度也是变动的,最小的为 45°（图 5-5,a 中 3 点和 9 点）,逐渐变大,最大的在 6 点和 12 点,角度约为 90°（图 5-5,b 中 6 点和 12 点）。马鞍形焊缝分四段焊接。

（5）焊上半圈,从立焊 3 点位开始,向上焊过渡到平焊 6 点位收弧。焊接过程中要保证坡口根部焊透,还要求焊缝外形宽度均匀。立焊位置坡口角度小,焊枪摆动宜大,使坡口两侧多熔化些,获得稍宽的焊缝。而平焊位置坡口角度大,要使坡口两侧尽可能少熔化宽度,但应多加点焊丝,使焊缝饱满。按图 5-5 中的①,②程序焊好上半圈焊缝,并焊好尾和尾相连接的接头。三通管手工钨极氩弧焊的工艺参数见表 5-4。

表 5-4　三通镀锌钢管手工钨极氩弧焊的工艺参数

钨极直径 /mm	焊丝直径 /mm	焊接电流 /A	电弧电压 /V	气体流量 /(L/min)	喷嘴孔径 /mm	钨极伸出长度 /mm
3	2	110	13	6~8	8	6~8

（6）上半圈焊缝焊好后,将三通管翻身,焊余下半圈。焊接工艺参数同上半圈。也可以减小些焊接电流,因为管子小又处于热态。也是从立焊位置开始引弧,引弧后不加焊丝,待电弧熔透前焊缝的端头,熔池宽度近焊缝宽度时加焊丝,向上焊过渡到平焊。焊接过程力求

焊缝宽度均匀。焊封闭段(第4段),除了焊好上半圈焊缝端头的接头外,还要焊好收弧时的尾和尾的接头。

(7)焊后发现缺陷,用砂轮打磨干净后进行补焊。

(8)若对气孔缺陷进行多次打磨修补,仍未见效时,可用H0Cr18Ni9Ti不锈钢焊丝进行修补,能获成功。

(四)45钢厚壁高压管道的焊接

1. 产品结构和材料

厚壁高压水除磷管道,工作压力为25 MPa,试验压力为31 MPa~35 MPa。材质为45中碳钢,管径325 mm,壁厚45 mm。现场施工,管子水平固定全位置对接焊。采用手工钨极氩弧焊打底,焊条电弧焊满坡口。选用U形坡口,坡口角度为30°,根部半径为8 mm,钝边为1.5 mm,间隙为3.5 mm,如图5-6所示。

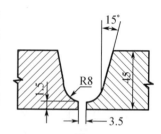

图5-6 高压管U形坡口形状尺寸

焊接材料:氩气,纯度≥99.98%;铈钨极,直径2.5 mm;焊丝H08Mn2SiA,直径2 mm;焊条E5015(结507),直径3.2 mm和4.0 mm。

2. 焊接工艺

45钢焊接易产生冷裂纹,焊前必须预热。

(1)焊前坡口准备。45钢管壁厚45 mm,选用U形坡口(图5-6),可减少焊材消耗。

①坡口成形加工,用车床将管子加工成U形坡口,禁止用氧炔焰切割。

②坡口清理。用角向磨光机把坡口及两侧各10 mm~15 mm范围内的油、锈等污物清除,使坡口露出金属光泽。

③定位焊。不在坡口内定位焊,用3只固定马对管子接头定位(图5-7),避开管子的6点位置。

(2)预热。用两把气焊炬对称对接缝两侧进行预热,预热温度200 ℃,预热时间20 min~25 min。

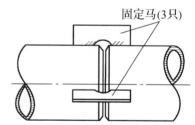

图5-7 用固定马对管子定位

(3)用手工钨极氩弧焊焊打底层。选用直流正接,用内填丝法,分两半周焊。先焊7点→3点→0点半周,后焊6点→9点→1点半周。

①先焊半周。在近7点处引弧,电弧要保持在坡口中心位置,焊枪可稍作横向摆动。焊丝从管内伸到熔池被熔化,要防止焊丝碰到钨极。送丝时要注意保持熔孔的大小基本一致,熔孔太小则焊速太快,背面焊缝成形过低;熔孔太大则焊速太慢,背面焊缝成形过高。焊枪从7点焊到3点,3点焊到0点,其焊枪和焊丝位置应是变化的,如图5-8所示。焊枪或焊丝相遇固定马时,应先将固定马拆除。

②后焊半周。在前半周焊缝近6点处引弧,引弧后不加焊丝,熔化前焊缝的端头,移动焊枪形成新的熔池和熔孔,加丝焊后半周,由6点焊到9点后继续向上焊接。由于前半周已被封闭,故焊丝无法像前半周在缝隙中自由活动。焊到10点以上,可改为管外填丝,焊到

12 点在缝隙中少加焊丝焊透焊缝接头,焊枪在近 1 点处收弧,熄弧后滞后断气。

45 钢厚管壁高压管对接的焊接工艺参数见表 5-5。

表 5-5 45 钢厚壁高压管对接的焊接工艺参数

坡口	焊接方法	焊丝或焊条直径/mm	焊接电流/A	电弧电压/V	预热温度和层间温度/℃	焊层序	电源种类	备 注
管径 325, 壁厚 45, U 形坡口, 根部半径 8, 角度 30°, 间隙 3.5, 钝边 1.5	钨极氩弧焊	钨极 2.5 焊丝 2	55~65	11~12	200	1	直流正接	流量 9 L/min, 焊丝 H08Mn2SiA
	焊条电弧焊	焊条 3.2	115~130	20~22	200/150	2~5	直流反接	焊条 E5015 (结 507)
	焊条电弧焊	焊条 4.0	145~165	22~24	200/100	6~15	直流反接	焊条 E5015 (结 507)

(4)焊条电弧焊焊满坡口。氩弧焊焊好打底层后,应立即用焊条电弧焊焊第二层,如不能及时焊第二层,应立即进行加固第一层,以防产生裂纹。以每段不小于 200 mm 的短焊缝三段对称加焊在第一层环缝上。加固焊后用石棉布包紧焊缝,使之缓慢冷却。

焊第二层至五层将直流正接改为直流直接。用 3.2 mm 结 507 焊条,电流 115 A~130 A,层间温度不小于 150 ℃。焊第六层至第十五层,用 4.0 mm 焊条,焊条摆动熔化坡口两侧,电流 145 A~165 A,层间温度不小于 100 ℃。

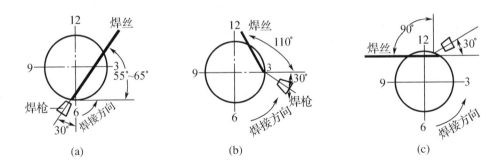

图 5-8 内填丝法焊枪和焊丝位置的变化

a—仰位 7 点引弧处;b—仰位上坡过渡到 3 点(立位);c—立位上坡焊到 12 点(平位)

(5)焊后保温处理。由于现场施工无法热处理,焊后用长 18 m~20 m 的绳形电加热器围绕管子,用硅酸铝棉层保温,保温层厚度 50 mm。

第三节 低合金强度钢的手工钨极氩弧焊

一、低合金强度钢的分类

低合金强度钢又称普通低合金结构钢。低合金强度钢是在碳钢中加入不超过5%的几种合金元素,以提高强度、塑性及韧性。

低合金强度钢按用途可分为普通钢结构用低合金钢、锅炉压力容器用低合金钢、船用低合金钢等。按强度等级可分为 Q295,Q345,Q390,Q420,Q460,Q490,Q600 等。牌号 Q345 钢,其屈服强度 σ_s 的最小值为 345 MPa。按化学成分不同常用低合金强度钢牌号有:09Mn2,09Mn2V,16Mn,25Mn,15MnV,15MnVN,19Mn5,20MnMo 等。16Mn 钢的碳含量约 0.16%,锰含量 1.2% ~1.6%。

二、低合金强度钢的焊接特点

(一)冷裂纹

低合金强度钢由于加入 Mn,Mo,Cr,V,Ni,Cu 等合金元素。强度提高的同时,碳当量有所增大,钢的淬硬倾向增大,焊接热影响区易产生淬硬的马氏体组织,且焊缝对氢的敏感性也增大,在较大的焊接应力作用下,焊接接头就产生裂纹。裂纹是在 200 ℃ 以下产生的,称为冷裂纹,以区别焊缝一次结晶(由液相转为固相)产生的热烈纹。冷裂纹可能在焊后立即出现,也可能在焊后几小时、几天甚至几周才出现,这种冷裂纹称为延迟裂纹。延迟裂纹是由氢引起的。坡口或焊丝上的水、锈、油等污物,都可能使焊缝吸收氢而产生延迟裂纹。

(二)热裂纹

重要的厚板小容器都是采用氩弧焊打底,焊条电弧焊或 CO_2 焊焊几层,最后用埋弧焊满坡口,这时氩弧焊只是作为整体焊缝的很小部分,仅是优良的氩弧焊焊缝质量是不能保证整体焊缝质量的,所以要提出其他焊接方法在焊低合金钢存在的问题,其中热裂纹是应该关注的。

低合金强度钢的成分一般是碳少、硫少、锰多,钢中的 Mn/S 较高,具有一定的抗热裂性能。但当钢的成分不合要求或严重偏析(化学成分分布不均匀),使局部的 C,S 偏高时,局部的 Mn/S 过低,也会产生热裂纹。含镍低合金钢中的镍和硫能结合生成硫化镍(Ni_3S_2),是低熔(熔点 625 ℃)杂质,这就促使形成热裂纹。钢中镍含量达 1.5% 以上时,其热裂倾向更为明显。还有钢中铌和钛也能形成低熔杂质(NbC,TiC),导致产生热裂纹。

三、低合金强度钢选用的焊丝

低合金强度钢的合金系统成分复杂种类繁多,最简单的是 C-Mn 合金系统(16Mn),还有 C-Mn-V(15MnV),C-Mn-Mo(14MnMoV)等等。所以焊丝中锰是不可少的,锰能提高钢的强度和韧性,且能脱氧和去硫,但有增大淬硬倾向。硅能提高强度,又能脱氧,但会生成 SiO_2 夹杂。钼能细化晶粒。铬能提高钢的高温强度。钒能提高强度,细化晶粒。镍在低温下有良好的韧性和强度。常用低合金强度钢钨极氩弧焊选用的焊丝见表 5 - 6。

表5-6 低合金强度钢钨极氩弧焊选用的焊丝

母材钢号	焊丝牌号	焊丝型号
295,09Mn2,09Mn2Si,09MnV	H08Mn2SiA,MG49-1,TG50Re	ER49-1,ER50-2,ER50-G
345,16Mn,16Mng,16MnR,25Mn	H08Mn2SiA,H10Mn2,TG50Re	ER49-1,ER50-3,ER50-6,ER50-G
395,15MnV,15MnVCu,15MnVN,19Mn5,20MnMo	H08Mn2SiA,H08MnMo	ER55-D$_2$,ER50-2

四、低合金强度钢手工钨极氩弧焊工艺

(一)预热

低合金强度钢焊接是否需要预热,主要考虑三方面因素:①钢的碳当量。$C_E < 0.4\%$ 的钢,不需要预热。$C_E > 0.45\%$ 的钢,预热 100 ℃~150 ℃。C_E 越高,预热温度越高;②板厚及构件的刚性。板厚大、构件刚性大的要考虑预热,16Mn 钢板厚 ≥30 mm 时,要预热 100 ℃~150 ℃;③环境温度。当环境温度低于 -5 ℃时,低合金钢应预热,温度为 100 ℃~150 ℃。

(二)建立低氢的焊接环境

氢是引起冷裂纹的因素,要清除坡口上的水、锈、油等污物,防止氢进入焊缝。低合金强度钢的焊接环境温度不得低于 5 ℃,相对湿度不应高于 80%。

(三)增大打底层氩弧焊缝的坡口宽度

厚板结构中增大底部坡口宽度,相应增大了坡口上部的宽度,这就增大了焊缝中熔敷金属(焊丝熔入)量,这样焊缝的熔合比(母材金属占焊缝金属的百分比)减少,母材中杂质熔入焊缝中的量相对减少,低熔杂质减小,有利于减小热裂倾向。

(四)合理的装配焊接顺序

结构生产过程中,装配和焊接顺序对构件的焊接残余应力有较大的影响。正确的装配和焊接顺序是使构件在允许变形值的范围内能自由收缩,使焊接应力减小,避免产生裂纹。

(五)焊接线能量的控制

不同的低合金钢,对焊接线能量的控制要求也是不同的。①09Mn2,09Mn2Nb 及碳当量小的 16 Mn 钢,这些钢的脆化倾向和冷裂倾向小,所以焊接不需要控制焊接线能量,这些钢的焊接工艺参数基本上和低碳钢的相同。②15MnV,15MnTi,15 MnV 的碳当量高,需要采用较大的焊接线能量,可以减缓冷却速度,防止冷裂纹。③对于 15 MnVN 和低碳调质合金钢,焊接线能量过小易产生淬硬组织,焊接线能量过大要降低热影响区的韧性,为此对线能量有一个控制范围,例如 15 MnVN 钢的焊接线能量控制范围为 15 kJ/cm~45 kJ/cm。对于某些钢的预热温度和焊接线能量控制范围应通过焊接工艺评定来确定。

低合金强度钢的焊接工艺参数和碳钢的基本相接近的。焊接线能量公式是 $E = \dfrac{I_{焊} U_{弧}}{V_{焊}}$,

在选定钨极直径和焊丝直径后,焊接电流和电弧电压变动是不大的,而焊接速度可以有较大的变动范围,这样就可以使焊接线能量有较大的变动。控制低合金强度钢的焊接线能量,主要是控制焊接速度,焊速慢,焊缝截面大,线能量大。

(六)后热、消氢处理、焊后热处理

一般的低合金强度钢焊后不需要进行热处理。当钢的碳当量大、结构刚性及板厚大、焊接残余应力大、低温下工作、承受动载荷、对构件尺寸有稳定性要求时,结构件要考虑后热、消氢处理及焊后热处理。

1. 后热

焊后立即对焊接区加热到 150 ℃~250 ℃ 温度,并保持一段时间后冷却,这种工艺称为低温后热处理,简称后热。后热的作用有三点:①降低焊接接头的冷却速度,减弱了淬硬倾向;②延长了焊接接头在 100 ℃ 以上温度区间的停留时间,使焊缝中的氢有较多的时间向外扩散逸出,降低了焊缝含氢量;③后热时使焊缝及热影响区因热膨胀而受到压应力,冷却到室温时,焊缝区及近缝区的残余应力又变成拉应力,但这时的拉应力对氢含量少的焊接接头已不再构成危险了。后热温度越高,保温时间越长,去氢效果越显著。生产中低合金强度钢通常采用后热温度为 150 ℃~250 ℃,保温时间按板厚 1 min/mm 计,但不少于 30 mim。对于屈服强度 σ_s 高于 650 MPa 的高强度钢,板厚大于 80 mm 的焊接接头,后热作用有限。

2. 消氢处理

焊后立即将焊接区加热到 300 ℃ 以上,保温一段时间后冷却,这称为消氢处理。温度达到 300 ℃ 以上,氢的扩散速度明显加快。经 300 ℃ 消氢处理的焊缝,氢含量可降低到很低的数值。消氢处理能有效地防止氢致延迟裂纹。低合金强度钢的焊后加热温度推荐为 300 ℃~400 ℃,保温时间为 1 h~2 h。消氢处理应该在焊后立即进行,否则就失去了消氢处理的作用。

3. 焊后热处理(消除应力处理)

将焊件均匀加热到 A_{C1} 点(钢的金相组织转变温度)以下足够高的温度,保温一定时间后随炉冷却到 300 ℃~400 ℃,最后将焊件移到炉外空冷,这种工艺称为消除应力处理。有时钢的消除应力处理和回火温度是重合的,因此消除应力处理,亦兼有回火的作用。常用低合金钢焊接接头的回火温度见表 5-7。

表 5-7 常用低合金钢焊接接头的回火温度

钢 号	最佳回火温度/℃	保温时间/(min/mm)
16Mn,19Mn6	580~620	3.0
15MnV,15MnVN,15MnTi	620~640	3.0
14MnMoV,15MnMoVN	640~660	4.0
18MnMoNb	620~640	4.0
13MnNiMo54	580~620	3.0

低合金钢经消除应力处理后,可达到以下三个目的:①消除焊缝中的氢,提高焊接接头

的抗裂性和韧性;②降低焊接接头的残余应力,消除冷作硬化,提高接头的抗脆断能力和抗应力腐蚀能力;③改善焊缝及热影响区的组织,淬硬组织经受回火处理后提高韧性。

五、低合金强度钢手工钨极氩弧焊生产举例

(一)低钛钢带对接手工钨极脉冲氩弧焊

1. 产品结构和材料

低钛钢带厚1.2 mm,宽300 mm。生产薄钢带过程中,要将薄钢带接长到有规格的长度(m的整数倍)。低钛钢带的成分为:w_C0.03% ~ 0.06%;w_{Ti}0.3% ~ 0.5%;w_{Mn}0.25% ~ 0.40%;w_P≤0.15%;w_S≤0.025%。采用手工钨极氩弧焊,不加焊丝的脉冲氩弧焊。

焊接材料:氩气,纯度99.98%;铈钨极,直径1.6 mm,钨极端头锥角25°,端头直径0.5 mm;焊丝不加。

2. 焊接工艺

(1)坡口清理。用汽油或丙酮清除坡口处油污、锈斑等污物。

(2)钢带接头定位。采用焊接夹具对钢带定位,如图5-9所示,采用冷却法(紫铜上散热板6 mm,下散热板20 mm,并开深4 mm、宽3 mm的方槽)和抑制法减小变形。钢带坡口间隙≤0.02 mm,两块上散热板间距3 mm,旋紧压紧螺丝使压板压紧散热板和钢带,压力分布均匀,同时也装入引弧板和收弧板。

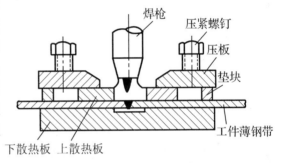

图5-9 薄钢带对接的焊接夹具

(3)引弧。引弧前先在下散热板的方槽内通入氩气,驱走槽内空气。在引弧板上引弧,引弧后钨极预热后移动电弧,进入正式接缝。

(4)焊接。采用不加焊丝脉冲氩弧焊,焊接工艺参数见表5-8。有脉冲电流时焊枪不动,熔化母材,出现基值电流(维弧用)时,移动焊枪。观察熔池状态调整焊接速度。

(5)收弧。收弧收在收弧板上。

(6)修整接缝两端面。切断引弧板和收弧板,修整两端面。

表5-8 低钛薄钢带脉冲氩弧焊的工艺参数

坡口	钨极直径/mm	脉冲电流/A	基值电流/A	电弧电压/V	氩气流量/(L/min)		备注
					正面	背面	
板厚1.2 mm 间隙≤0.02 mm	1.6	60	8	25 ~ 30	13	5	不加焊丝,脉宽比(占空比)50%

(二)16 Mn 钢小型容器的焊接

1. 产品结构和材料

小型容器的直径为 400 mm,材质为 16 Mn 钢,容器由一条纵缝和两条环缝组成,如图 5-10 所示。板厚为 5 mm,选用 V 形坡口对接,坡口角度为 60°,间隙为 2 mm ~ 3 mm,如图 5-11 所示。由于筒体直径小,焊工进入筒体内无法焊接,所以采用单面焊,用手工钨极氩弧焊焊打底层,焊条电弧焊焊盖面层。

焊接材料:氩气,纯度 99.98%;铈钨极,直径 2.5 mm;焊丝 H08Mn2SiA,2.5 mm;焊条 E5015(结 507),4 mm。

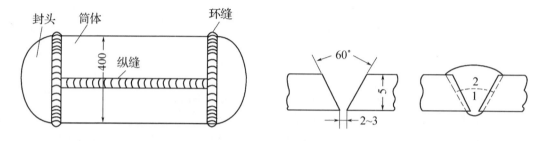

图 5-10　16 Mn 钢小型容器结构简图　　　　图 5-11　小型容器的坡口及焊缝

2. 焊接工艺

(1)坡口加工和清理。用刨床对纵缝的坡口加工,用车床对环缝坡口加工。加工后用砂轮打磨坡口及其两侧各 15 mm 范围内,清理油、锈、水等污物。

(2)定位焊。用手工钨极氩极焊进行定位焊。定位焊缝长 10 mm ~ 15 mm,间距 100 mm ~ 150 mm,保证根部焊透和背面成形。

(3)纵环缝的焊接顺序。容器的焊接顺序是先焊纵缝,后焊环缝。

(4)焊纵缝打底层。将纵缝转到高位水平处,用手工钨极氩弧焊焊纵缝打底层,高频振荡引弧,引弧后预热钨极和工件,稳定后进行加丝焊,保证根部焊透且背面焊缝有余高 0.5 mm 以上,纵缝打底层的工艺参数见表 5-9,采用直流正接,筒体接正极,钨棒接负极。

(5)焊纵缝盖面层。用焊条电弧焊焊纵缝盖面层,选碱性焊条结 507 直径 4 mm,采用直流反接,筒体接负极。焊条作横向摆动,熔化坡口边缘 2 mm 以上,焊后焊缝要有余高 0.5 mm ~ 2.5 mm。纵缝盖面层的工艺参数见 5-9。

(6)焊环缝打底层。焊前先将纵缝两端头进行打磨,使环缝坡口畅通。打底层采用手工钨极氩弧焊,采用直流正接。焊枪置于约 11 点半位置引弧,待形成熔池和熔孔后起动滚轮架,加丝焊接,观察熔池状态,对焊枪位置作适当调整,填加焊丝量也由熔池状态而定。环缝打底层的工艺参数见表 5-9。在环缝打底层收弧前,应将环缝的始端头打磨成斜坡形,以利焊缝接头处表面光顺。

(7)焊环缝盖面层。用 4 mm 焊条焊环缝盖面层,横向摆动要均匀,焊满坡口,焊后焊缝尺寸同纵缝。环缝盖面层的工艺参数见表 5-9,采用直流反接。两环缝的焊接工艺相同,其焊接顺序不论先后。

表 5 – 9 16Mn 钢小直径容器的焊接工艺参数

坡口	焊缝层次	钨极直径/mm	焊丝或焊条直径/mm	焊接电流/A	电弧电压/V	气体流量/(L/min)	电源极性	备　注
板厚 5 mm，V 形坡口 60°角，间隙 2 mm ~ 3 mm，钝边 0	纵缝、环缝打底层	2.5	2.5	90 ~ 120	12 ~ 14	8 ~ 10	直流正接	焊丝 H08Mn2SiA
	纵缝、环缝盖面层	—	4	160 ~ 180	22 ~ 24	—	直流反接	焊条 E5015（结 507）

第四节　珠光体耐热钢的手工钨极氩弧焊

一、耐热钢的分类、牌号及性能

在高温下具有足够强度和抗氧化性的钢称为耐热钢。耐热钢是在碳钢中加入提高热稳定性和热强性的合金元素，这些合金元素有 Cr，Mo，W，Ti，Nb，Si，Re（稀土）等元素。加入这些元素后，钢在高温时组织稳定，强度提高。

按钢中加入合金元素总量可分为低合金耐热钢、中合金耐热钢及高合金耐热钢。

（一）低合金耐热钢

合金元素总量≤5%，合金系有 Mo，CrMo，MoV，CrMoV，MnNiMo 等。其金相组织为珠光体十铁素体，又称为珠光体耐热体。

（二）中合金耐热钢

合金元素总含量 5% ~ 10%，合金系有 CrMo，CrMoV，CrMoNb 及 CrMoWV 等，其组织多为马氏体，又称马氏体耐热钢。

（三）高合金耐热钢

合金元素总含量 >13%，其组织有马氏体、铁素体、奥氏体三类。高合金耐热钢有不少是铬不锈钢和铬镍不锈钢系。

常用珠光体耐热钢的牌号有：16Mo，12CrMo，15CrMo，20Cr1MoV，12Cr1MoV，12Cr2Mo，1Cr5Mo，12Cr2MoWVTiB，15CrMo3 等。12Cr1MoV 钢的碳含量 0.12%，铬含量 1%，钼含量 0.25% ~ 0.35%，钒含量 0.15% ~ 0.36%。

二、珠光体耐热钢的焊接特点

珠光体耐热钢中的主要成分是 Cr 和 Mo，有时也称为铬钼珠光体耐热钢。这类钢的工作温度是 350 ℃ ~ 600 ℃。Cr，Mo 对钢的淬硬倾向大，耐热钢的焊缝和热影响区会形成冷裂敏感的马氏体组织。耐热钢中 Cr，Mo，V，Nb，Ti 等强烈的碳化物元素，会使焊接接头过热区产生再热裂纹。

（一）冷裂纹

铬钼珠光体耐热钢中的 Cr 和 Mo,它们的淬硬倾向比 Mn 还大,且 Cr,Mo 的质量分数较大,所以焊缝和热影响区在焊接热循环作用下,冷却后会形成高硬度的马氏体组织,它对冷裂纹敏感性很大,易生成冷裂纹。

（二）再热裂纹

铬钼珠光体耐热钢焊后要进行消除应力热处理,焊后的耐热钢再次加热时,热影响区会出现裂纹,这种裂纹称为再热裂纹。

焊接残余应力在焊后消除应力处理过程中,是通过应力松弛的蠕变变形获得降低的。我们可以通过钢丝弹簧加热来说明消除应力(图 5 - 12)。用适当的外力拉长一只钢丝弹簧,由 l_0 伸长到 l_1,然后对弹簧全长均匀加热,温度达到 500 ℃,最后使其冷却,这时弹簧通过蠕变变形(弹簧每一小段加热伸长微量的蠕变变形,累计较大的蠕变变形量)来使应力减小,外力消除后,弹簧仍能保持伸长后的长度 l_1,而弹簧内的应力减小为零(图 5 - 12,a)。若拉长后的弹簧,仅加热某一小段(不加热到弹簧钢的熔点),这小段的蠕变变形不能满足较大的消除应力所需求的蠕变变形量,于是就将这小段弹簧加热处拉断(图 5 - 12,b)。

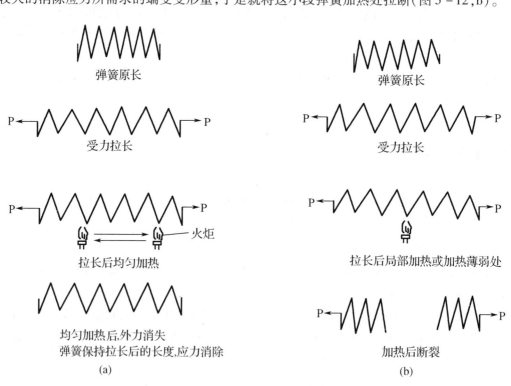

图 5 - 12　消除应力和加热断裂

a—消除应力;b—加热断裂

含有 V,Mo 等合金元素的珠光体耐热钢焊件,在 550 ℃ ~ 670 ℃ 温度范围内进行消除应力热处理时,接头热影响区内的合金碳化物(V_4C_3 和 Mo_2C 等),将在晶内沉淀,并使晶粒强化,这种强化抑制了晶粒的蠕变变形能力,不能满足消除应力需要的蠕变变形量,于是就产生裂纹。

低碳钢和碳当量低的低合金钢,在消除应力热处理过程中,钢内没有晶粒硬化现象,其蠕变变形能力大,大于应力松弛要求的变形量,所以不会产生再热裂纹。

钢内的 V、Cr、Mo、Nb、Al 等元素都有增大再热裂纹的倾向。Mn 和 Ni 等元素可降低再热裂纹倾向。

三、珠光体耐热钢钨极氩弧焊接材料

选用珠光体耐热钢钨极氩弧焊焊丝时考虑两点:一是焊丝的 Cr 和 Mo 的含量和母材接近;二是焊丝的碳含量小于母材。Cr 和 Mo 含量接近,则焊接接头和母材的热强性相近。碳含量少,焊缝的强度低于母材,这可降低再热裂纹倾向。因为在消除应力过程中,接头的残余应力大部分是通过焊缝金属的蠕变来释放的,而热影响区的蠕变相对较小。碳含量低的耐热钢的焊缝金属有较大的蠕变能力,足以应付焊接应力的减小。常用珠光体耐热钢钨极氩弧焊选用的焊丝见表 5 – 10。

表 5 – 10　常用珠光体耐热钢钨极氩弧焊选用的焊丝

母材钢号	焊丝牌号	焊丝型号
2.25Cr – 1Mo	H08Cr2MoWVNbB,TGR59C2M	
12CrMo,15CrMo	H08CrMoA,H08CrMn2Si H08CrMnSiMo,TG55CM,TGR55CML	ER55 – B2,ER55 – B2L
12Cr1MoV,15Cr1MoV,20CrMoV	H08CrMoVA,H08CrMnSiMoVA, H05CrMnVTiB,TGR55V	ER55 – B 2 – MnV
12Cr2MoWVTiB	H10Cr2MoWVTiB TGR55WB,TGR59 – C2W	
12Cr5Mo	HOCr5MoA	
15CrMo3	TGR50M,H10MnSiMo	
Cr2MoV(2Cr – 1Mo)	H08Cr3MnMoSi	
30CrMoA	H05CrMoVTiRe	

四、珠光体耐热钢手工钨极氩弧焊工艺

珠光体耐热钢手工钨极氩弧焊工艺要点是使焊件缓冷和减小焊接应力。

（一）预热和层间温度

珠光体耐热钢焊接时需要预热,防止产生冷裂纹。预热温度随碳、铬等元素含量增加而升高,表 5 – 11 为常用珠光体耐热钢的预热温度、层间温度及焊后热处理温度。

表 5-11 常用珠光体耐热钢的预热温度、层间温度及焊后热处理温度

钢 号	预热及层温/℃	热处理温度/℃	热处理规范
16Mo(15Mo3)	150~200	600~650	保温时间按板厚 3 min/mm,但不少于 1 h
12CrMo	100~200	680~720	
15CrMo(13CrMo44)	150~250	680~720	升降温度速率300 ℃以上不大于 200 ℃/h,300 ℃以下可自然冷却
20CrMo	250~300	650~680	
12Cr1MoV	250~300	710~750	
12Cr2Mo	250~300	720~770	
1Cr5Mo	350~400	740~760	
12Cr2MoWVTiB(钢102)	250~300	760~780	
13Cr3MoVSiTiB	250~300	740~760	
12MoVWBSiXt(无铬8号)	250~300	750~770	

（二）接缝背面的氩气保护

焊接铬含量小的珠光体耐热钢,接缝背面不需要氩气保护。铬含量 >5% 的 Cr5Mo 钢应在退火状态下进行焊接,打底层焊接需要背面充氩气保护,以免产生氧化铬,对焊接不利。

小管子焊接时,应将管子两端堵住,以防穿堂风影响焊接背面质量。

雨雪天或相对湿度大于85%的气候环境,应禁止焊接。

（三）珠光体耐热钢手工钨极氩弧焊的工艺参数

珠光体耐热钢焊接工艺参数和低合金强度钢的相差不多,由于焊前需要预热缘故,所以焊接电流等宜比低合金强度钢的小一些。表 5-12 为珠光体耐热钢管子手工钨极氩弧焊和焊条电弧焊的工艺参数,可供参考。

表 5-12 珠光体耐热钢管子手工钨极氩弧焊和焊条电弧焊的工艺参数

母材坡口/mm	焊接位置	层(道)数	焊材牌号及规格/mm	电流/A	电压/V	钨径/mm	喷径/mm	流量/(L/min)	线能量/(kJ/cm)
管 Φ51×4 V 形坡口	全位置	1(1)	TIG-R30 2.5	90~100	12~14	2.5	8	8~10	11~14
		2(1)	TIG-R30 2.5	100~110	12~14	2.5	8	8~10	13~16
管 Φ355.6×27,双 V 形坡口	全位置	1(1)	ER80S-B2 2.4	120~150	12~15	3	15	10~15	10~15
		2(1)	焊条 E8015-B2 2.5	80~100	22~24				12~16
		3~4(2)	E5015-B2 3.2	100~140	22~24				13~20
		5~10(3)	E8015-B2 4.0	140~190	24~26				20~40
管 Φ159×23, V 形坡口	全位置	1(1)	YT-521 2.4	100~125	10~12	2.5	10	8~10	2.01
		2~3(1)	焊条 N-2SM 3.2	100~130	22~24	—			15~20
		4~7(1)	N-2SM 4.0	130~150	24~26				37~45
管 Φ13×4 V 形坡口	全位置	1(1)	YT-521 2.4	85~100	10~12	2.5	10	8~10	21.4
		2(1)	YT-521 2.4	90~105	10~12	2.5	10	8~10	30.0

表 5 - 12(续)

母材坡口/mm	焊接位置	层(道)数	焊材牌号及规格/mm	电流/A	电压/V	钨径/mm	喷径/mm	流量/(L/min)	线能量/(kJ/cm)
管 Φ325×23,双 V 形坡口	横位置	1(1)	TIG-R31 2.5	110~130	10~12	2.5		8~10	11~13
		2(2)	焊 ⎰R317 3.2	110~120	22~24	—	10		10~12
		3~7(3~6)	条 ⎱R317 3.2	110~130	22~24				10~14
管 Φ325×23,双 V 形坡口	全位置	1(1)	TIG-R31 2.5	100~130	10~12	2.5		8~10	13~15
		2~3(1)	焊 ⎰R317 3.2	95~115	22~24	—	10		12~16
		4~9(1)	条 ⎱R317 3.2	100~130	22~24				17~36
管 Φ108×8 V 形坡口	横位置	1(1)	H1Cr5Mo 2.5	100~120	10~12	3		8~10	10~16
		2~3(1~2)	焊条 R507 3.2	100~130	22~24	—	10		14~20
管 Φ108×8 V 形坡口	全位置	1(1)	H1Cr5Mo 2.5	100~120	10~12	3	10	8~10	11~16
		2~3(1)	焊条 R507 3.2	100~120	22~24			背 3~5	12~20
管 Φ325×9 V 形坡口	全位置	1(1)	TGS-5CM 2.4	85~90	10~11	3	10	8~10	10.2~12
		2~3(1)	焊条 CM-5 3.2	100~120	23~25			背 3~5	12~25

注:喷嘴离工件不大于 10 mm;焊条摆幅不大于 4 倍焊条直径。

（四）多层焊接

多层焊接时应保持层间温度同预热温度。多层焊接要连续进行,不中断。若因故中断,焊件必须缓慢冷却,再焊之前应重新预热。

多层焊的层间可以用小圆头锤轻击焊缝金属,使焊缝金属沿焊接长度和宽度方向略微延伸,从而使焊缝的拉应力得到减小。锤击焊缝金属的温度应在 300 ℃ 以上。对于打底层和盖面层焊缝不宜敲击。

（五）装配焊接顺序

合理的装配焊接顺序是减小构件焊接变形和应力的重要工艺。装配时要避免强力装配形成大的拘束度。装配焊接顺序要尽可能让焊缝自由收缩,减小应力,防止裂纹。

（六）焊后热处理

珠光体耐热钢焊后应立即进行热处理,热处理的温度和保温时见表 5 - 11。若缺乏条件,则焊后应立即将焊接区加热到 350 ℃,保温 6 h 进行消氢处理。

为了防止产生再热裂纹,对于含 V 的珠光体耐热钢,应避开 600 ℃ 左右的热处理温度。

五、珠光体耐热钢手工钨极氩弧焊生产举例

（一）耐热钢锅炉受热面管对接的手工钨极氩弧焊

1. 产品结构和材料

锅炉受热面管对接,材质为 12Cr1MoV 耐热钢,管径为 42 mm,壁厚为 5.5 mm。采用手工钨极氩弧焊,焊接坡口见图5 - 13。

焊接材料:氩气,纯度≥99.98%;钍钨极,直径2.5 mm;焊丝,H08CrMoVA,直径2.5 mm。

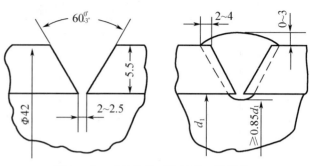

图 5-13 耐热钢管对接的坡口及焊缝

2. 焊接工艺

(1)坡口加工和清理。管子的坡口用车床加工制成,并用砂轮打磨坡口及其两侧,清理去除锈、油等污物。

(2)定位焊。由于管径小,定位焊设置 1~2 点,但不准在 6 点及其附近设点。定位焊要确保焊透和背面成形。

(3)不预热。由于管径小,焊接时加热集中,冷却缓慢,所以不需要预热。

(4)焊打底层。管子水平固定,采用全位置焊接。每层焊缝分两半圈焊接,前半圈从 6 点半处起焊,逆时针方向焊过 3 点,达 11 点半收弧。后半圈从 5 点半处起焊,顺时针方向焊过 9 点,达 12 点半收弧。要重视焊缝接头的质量,必须使后半圈焊缝熔化前半圈焊缝端头和收弧段,约 10 mm(图 5-14),使焊缝接头熔透良好。焊打底层焊枪作微小的摆动,焊后焊缝背面略有余高,焊缝厚度达 3 mm 左右。焊接耐热钢管子的工艺参数见表 5-13。

(5)焊填充层。也分成两半圈,要保证焊缝的接头熔透良好。填充层的引弧点和收弧点应和打底层的略有错开,避免焊缝接头重叠。焊填充层焊枪横向摆动,焊后焊缝表面离管子外表面约 0.5 mm~1.0 mm。若填充层焊

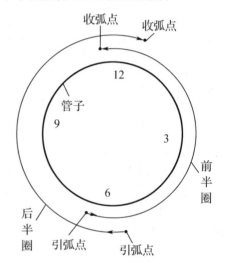

图 5-14 管子对接前后半圈的引弧点和收弧点

缝有局部高凸之处,应予以打磨掉,获得的焊缝比较平整,有利于盖面焊缝的成形。

表 5-13 12Cr1MoV 耐热钢管对接手工钨极氩弧焊的工艺参数

坡口	焊缝层数	钨极直径/mm	焊丝直径/mm	焊接电流/A	电弧电压/V	气体流量/(L/min)	电源极性	备注
壁厚5.5 mm,V 形坡口60°角,间隙2 mm~2.5 mm,钝边0	3	2.5	2.5	90~120	12~14	8~10	直流正接	焊丝H08CrMoVA

(6)焊盖面层。焊盖面层焊枪摆动幅度增大,在坡口两侧稍作停留,熔化坡口边缘

2 mm以上。盖面层焊缝外形尺寸要求是,余高为0~3 mm,焊缝宽度的每侧比坡口宽度的每侧大2 mm~4 mm(图5-13)。这是锅炉的一般规则。

(7)多层焊的焊缝接头尽量错开。焊缝接头的质量通常是略差的,多层焊的焊缝接头就应该避免接头重叠。

(8)焊后不需要热处理。同样理由,耐热钢小径管子焊后冷却缓慢,不需要焊后热处理。

(二)船用锅炉集箱环缝的焊接

1. 产品结构和材料

船用锅炉集箱的两个筒节,材质分别是15 CrMo和12CrMo,均是铬钼耐热钢,两筒节对接形成一个环缝。板厚40 mm,开成U形坡口,如图5-15所示。环缝采用手工钨极氩弧焊焊打底层,焊条电弧焊焊填充层,焊缝厚度达10 mm左右,最后用埋

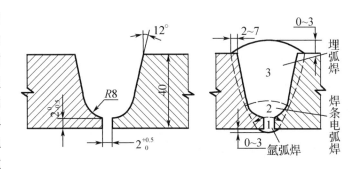

图5-15 船用锅炉箱环缝的坡口和焊接顺序

弧焊焊满坡口。产品按耐热钢要求预热和焊后热处理。

焊接材料:氩气,纯度≥99.98%;铈钨极,直径2.5 mm;氩弧焊焊丝牌号为H08CrMnSiMo,焊丝直径2.5 mm;焊条型号为E5515-B2(热307),焊条直径3.2 mm和4 mm。埋弧焊焊丝为H12CrMo,焊丝直径3.0 mm,焊剂为HJ350。

2. 焊接工艺

(1)焊前坡口准备。锅炉集箱对接环缝采用U形坡口,以机械加工制成。焊前清理坡口及其两侧各20 mm范围内的油、锈、水等污物。特别要重视坡口根部的清理要求。将两节筒体安放在滚动架上装配和焊接,接焊件电缆直接接在筒体上。

(2)预热和定位焊。对环缝两侧进行预热,预热温度为200 ℃,预热同时用氩弧焊进行定位焊。

(3)手工钨极氩弧焊焊打底层。用手工钨极氩弧焊焊打底层,焊丝为H08CrMnSiMo,直径2.5 mm,打底层焊一层,焊缝厚度达3 mm。在滚动架上平焊位置(11点半)附近进行焊接。要保证根部焊透和背面焊缝良好成形。手工钨极氩弧焊焊打底层的工艺参数见表5-14。

(4)焊条电弧焊焊填充层。焊前先将焊接电源直流正接改为直接反接,并保持环缝温度200 ℃,用焊条E5515-B2(热307),焊前焊条进行350 ℃~400 ℃焙烘2小时。先用3.2 mm焊条焊一层,保证熔透打底层,后用4 mm焊条焊3~4层,焊缝厚度达10 mm左右。焊时根据坡口宽度作横向摆动,并在两侧作停留,以保证坡口两侧熔合良好。若10 mm焊缝厚度焊好后不能及时进行埋弧焊,则必须对焊缝进行200 ℃~250 ℃后热处理2小时。焊条电弧焊的工艺参数见表5-14。

表 5-14　船用锅炉集箱环缝手工钨极氩弧焊的工艺参数

板厚/mm	坡口形式	焊接顺序	焊接方法	焊丝或焊条直径/mm	焊接电流/A	电弧电压/V	焊接速度/(m/h)	焊接层数	电源种类	备注
40	U形坡口	1	钨极氩弧焊	钨极 2.5，焊丝 2.5	100~120	12~14	—	打底1层	直流正接	流量 8 L/min~10 L/min，焊丝 H08CrMnSiMo
		2	焊条电弧焊	3.2	110~130	21~23	—	焊4~5层	直流反接	焊条 E5515-B2(R307)
				4	160~180	22~24				
		3	埋弧焊	3	450~500	32~34	20~22	焊满坡口	直流反接	焊丝 H12CrMo，焊剂 HJ350

　　(5)埋弧焊焊满坡口。选用大电流的焊接电源,接成直流反接。焊前对环缝两侧各200 mm范围内预热200 ℃,对焊剂进行300 ℃~400 ℃焙烘2小时。按埋弧焊工艺要求焊满坡口。焊丝为H12CrMo,直径3 mm,焊剂为HJ350。埋弧焊工艺参数见表5-14。焊接过程控制温度为200 ℃~300 ℃。

　　(6)焊后热处理。待船用锅炉集箱上全部焊缝焊好后,对集箱整体进行580 ℃~700 ℃保温2.5小时的焊后热处理。

(三)汽轮机耐热钢转子的焊接

1. 产品结构和材料

　　汽轮机低压转子的结构如图5-16所示。焊接转子的要求高,其焊接接头应具有优良的综合性能和良好的焊缝质量,转子焊接后的变形仅允许0.5 mm。转子材质为22Cr2NiMo,22Cr2Ni3MoV,25Cr2NiMoV,均系低合金耐热钢,此类钢均有产生冷裂纹和再热裂纹的倾向。

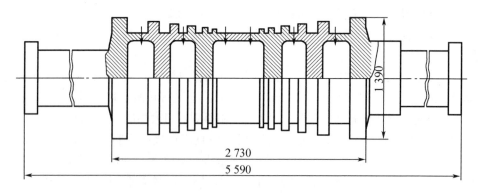

图 5-16　汽轮机低压转子结构

　　焊接方法是采用手工钨极氩弧焊焊打底层,熔化坡口锁底部分,并填充到焊缝深达到12 mm,再用埋弧焊焊满坡口。

　　焊接材料:氩气,纯度≥99.98%;焊丝选用合金元素和母材接近,碳含量略低的铬钼耐热钢焊丝;铈钨极。

2. 焊接工艺

（1）坡口形式及加工。焊接坡口采用深 U 形坡口锁底形式（图 5-17），阶梯形钝边不大于 5 mm。这种坡口既解决了转子各部分装配定位焊的问题，同时锁底部分厚度刚好被钨极氩弧焊焊透，还能使焊接变形减小（锁底坡口无间隙，无焊接收缩量）。

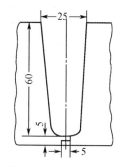

图 5-17 锁底形式的深 U 形坡口

U 形坡口用车床加工，加工后仔细做好清理工作，去除油、水等污物。

（2）背面充氩。要保证打底层焊道的背面成形和焊接质量，必须对背面实施有效的充氩保护。背面充氩的保护方法是在每个转子分段叶轮端面上钻小孔（通气孔），氩气从一端的叶轮端面小孔输入，通过每个叶轮端面小孔，使转子内部空腔充满氩气。

（3）焊前预热。预热是必要的工艺，可以防止产生冷裂纹。预热前转子空腔内通氩气，采用工频或中频感应加热。预热温度及保温时间要视母材钢号及转子尺寸而定。通常预热温度达 300 ℃，保温 6 小时以上。

（4）手工钨极氩弧焊焊打底层，将转子分段安置在立式转台上，转子环缝绕垂直中性轴水平转动，环缝处于横焊位置。安排双数焊工，均布在环缝周围实施对称焊接。打底焊时填加焊丝，焊枪相对横焊缝作上下摆动，幅度为 2 mm，如图 5-18 所示。打底焊使锁底坡口全焊透，背面略有余高，与母材平滑过渡。耐热钢转子环缝手工钨极氩弧焊的工艺参数见表 5-15。

（5）重新熔化打底层焊缝。打底层焊后，横焊缝下侧成形不良，甚至出现流溢现象。若继续进行加丝焊，该处可能出现未熔合。为此先用钨极氩弧焊对打底层下侧进行重新熔化（不加焊丝），使之和母材良好熔合，平滑过渡，如图 5-19 所示。

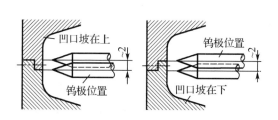

图 5-18 焊打底层焊枪的摆动

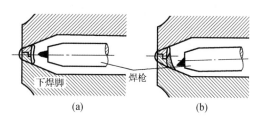

图 5-19 打底层焊缝的重新熔化

a—重熔前的打底层焊缝;b—重熔后打底层焊缝

（6）钨极氩弧焊加丝焊填充层。用手工钨极氩弧焊多层加丝焊，使底部焊缝厚度达 12 mm 左右，以防埋弧焊烧穿。加丝填充层焊道的排列如图 5-20 所示。耐热钢转子环缝手工钨极氩弧焊和埋弧焊的工艺参数见表 5-15。

（7）转子移位。转子从立式转台取下，吊往水平滚动胎架，施行埋弧焊。

（8）埋弧焊焊满坡口。转子置放在水平滚动胎架上，进行环缝埋弧焊，按深坡口埋弧焊工艺焊满坡口。

(9)焊后热处理。耐热钢转子焊接后,必须进行热处理,以消除焊接应力,改善金相组织,提高焊接接头的综合性能。耐热钢转子热处理温度为690℃~710℃,应置放在井式加热炉中进行,防止热处理后转子轴产生弯曲变形。经焊后热处理的焊接转子,最后要进行焊缝探伤和变形测量。

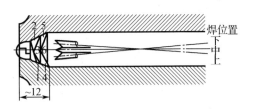

图5-20 加丝填充层焊道的排列

表5-15 耐热钢转子环缝手工钨极氩弧焊和埋弧焊的工艺参数

板厚/mm	坡口形式	焊接顺序	焊接方法	焊丝直径/mm	焊接电流/A	电弧电压/V	焊接速度/(m/h)	喷嘴孔径/mm	气体流量/(L/min)	电源极性
150	深U形坡口	1	钨极氩弧焊	钨极3焊丝3	120~150	12~15	—	10	正8~10背4~6	直流正接
		2	埋弧焊	焊丝3	450~500	34~36	20~25	—	—	直流反接

第五节 不锈钢的手工钨极氩弧焊

一、不锈钢的分类

在碳钢中加入高于12%的铬,就具有抗化学侵蚀能力,这类钢统称为不锈耐蚀钢,简称为不锈钢。不锈钢按其含基本合金元素不同可分为铬不锈钢和铬镍不锈钢。按性能可分为耐酸不锈钢和耐热不锈钢。按金相组织可分为铁素体(F)不锈钢、马氏体(M)不锈钢、奥氏体(A)不锈钢及奥氏体-铁素体(A+F)不锈钢。

铁素体和马氏体不锈钢的铬含量均为12%~18%,其差别是碳含量的不同,碳含量小于0.1%的铬钢,其组织为铁素体,碳含量大于0.15%的铬钢组织为马氏体。

(一)马氏体不锈钢

马氏体不锈钢随碳含量增加,通过淬火,硬度、强度、耐磨性显著提高,多用来制造承受冲击负荷零件,如汽轮机叶片、水压机阀等,还用于制造常温下盛装有机酸水溶液和食品工业中的容器等,马氏体不锈钢的牌号有1Cr13,2C13,4Cr13,1Cr17Ni2等。

(二)铁素体不锈钢

铁素体不锈钢的耐腐蚀性和抗氧化性较好,但力学性能和工艺性能较差。多作为受力不大的耐酸结构及抗氧化钢使用。铁素体不锈钢的牌号有0Cr13,1Cr28,1Cr17Ti,1Cr17Mo2Ti等。

(三)奥氏体不锈钢

奥氏体不锈钢不仅含有较多的铬(达18%以上),还加入不少于8%的镍,成为铬镍不锈钢。奥氏体不锈钢有良好的耐酸性、较高的热强性及理想的低温性能。常用来制造各种腐蚀介质(硝酸、硫酸、有机酸和碱水溶液中)的设备贮槽、管道、运输腐蚀介质的容器等,现广泛用于化工、炼油、造船、航空及动力等工业。奥氏体不锈钢的牌号有 0Cr18Ni9,1Cr18Ni9Ti,1Cr18Ni12Mo2Ti,0Cr25Ni20 等。

(四)奥氏体 - 铁素体双相不锈钢

铬镍不锈钢中加入较多的铬,可形成奥氏体 - 铁素体双相不锈钢。双相不锈钢有更好的耐蚀性、抗热裂性及力学性能。近年来在船舶管系中得到逐步推广使用,奥氏体 - 铁素体双相不锈钢的牌号有 1Cr21Ni5Ti,0Cr21Ni5Ti 等。船用不锈钢焊接工作中应用最多的是奥氏体不锈钢。

二、奥氏体不锈钢的手工钨极氩弧焊

(一)奥氏体不锈钢的焊接特点

奥氏体不锈钢具有良好的塑性和韧性,且不会淬硬,所以在焊接过程中不会产生冷裂纹,其焊接性良好。但奥氏体不锈钢由于含有较多的镍,易产生热裂纹,还有碳化铬会造成晶间腐蚀。

1. 热裂纹

奥氏体不锈钢中含有较多的镍,如果钢中还存在较多的硫、磷杂质,S 和 Ni 会生成 Ni_2S 低熔共晶体,其熔点仅有 625 ℃,存在于镍铬不锈钢焊缝中,当焊缝从高温液态转为固态(一次结晶)时间较长时,于是把处在液态的低熔共晶体推置到焊缝中央聚集,以液态薄膜存在于奥氏体柱状晶体之间,熔池继续冷却收缩而形成的拉应力,就把液态薄膜拉成裂纹。这是在热态结晶过程中产生的裂纹,称为热裂纹,又称结晶裂纹。

2. 晶间腐蚀

奥氏体不锈钢中除了铬、镍合金元素外,还有碳、锰、硅、硫、磷等元素和杂质。当奥氏体不锈钢加热到 450 ℃~850 ℃时,碳和铬会化合成碳化铬,碳化铬在这个温度区沿奥氏体晶界析出,由于碳的扩散速度比铬高,于是在碳化物附近区域晶粒之间会出现铬含量不足(Cr<12%)而形成贫铬区,失去了抗腐蚀能力,若和腐蚀介质接触,在腐蚀介质作用下,沿着晶粒边缘不断腐蚀,破坏了晶粒间的相互结合,导致了沿晶界开裂,这就是晶间腐蚀。

电弧焊过程中,总是要经过 450 ℃~850 ℃温度区域的,设法快速通过,使碳来不及和铬化合,就可以防止晶间腐蚀。采用小焊接线能量焊接,加快焊速,焊后让焊缝快速冷却,这些措施都能减小晶间腐蚀。

(二)奥氏体不锈钢的焊前坡口准备

1. 坡口加工

不锈钢板的下料可采用剪床、锯床、刨床、等离子切割、电动砂轮进行加工,在个别情况下允许用直流电弧切割。坡口成形加工可采用砂轮、刨床、车床、锉刀和风动铣刀加工。不锈钢手工钨极氩弧焊时,板厚小于 4 mm 可以不开坡口,成 I 形对接,留间隙小于 2 mm。板厚 6 mm 可采用 V 形坡口对接,坡口角度为 60°,间隙 0.5 mm~1.5 mm,钝边 0.5 mm~1 mm。对于 T 形接头,不重要结构板厚 12 mm 以下可不开坡口,重要结构 6 mm 要开坡口,坡口角度为 60°,间隙 0~2 mm,钝边 0~3 mm。

2. 坡口清理

焊前应仔细清除坡口及其两侧各 20 mm 内的油、水和污物。清理方法有机械清理和化学清理。机械清理是用刮刀、锉刀、砂纸、不锈钢丝刷、砂轮等来清理表面不洁。对于油污可用丙酮或汽油进行擦拭。化学清理可用酸洗液浸洗或擦洗不锈钢。酸洗液配方为盐酸 100 ml/L~150 ml/L,其余为水。也可用硝酸 5%、盐酸 25%、硫酸 5% 和水 65% 合成酸洗液。

(三)奥氏体不锈钢钨极氩弧焊选用的焊丝

奥氏体不锈钢钨极氩弧焊选用焊丝主要考虑两点:①焊丝中的铬镍含量略比母材的高,这样可以弥补合金元素在电弧中的烧损;②焊丝中碳含量低于母材的碳含量,碳含量减少可减少碳化铬的形成。表 5-16 为奥氏体不锈钢钨极氩弧焊选用的焊丝。

表 5-16 奥氏体不锈钢钨极氩弧焊选用的焊丝

母材钢号	焊丝牌号及型号
00Cr18Ni10	H00Cr21Ni10(ER308L)
0Cr18Ni9 1Cr18Ni9	H0Cr21Ni10(ER308) H0Cr18Ni9(ER303)
00Cr18Ni12Mo2 00Cr17Ni14Mo2 00Cr17Ni14Mo3	H00Cr19Ni12Mo2 H00Cr19Ni14Mo3
00Cr17Ni13Mo2	H0Cr18Ni12Mo2Ti
0Cr18Ni9Ti 1Cr18Ni9Ti	H0Cr20Ni10Nb(ER347) H0Cr20Ni10Ti, H0Cr18Ni9Ti
0Cr18Ni12Mo2Ti 1Cr18Ni12Mo2Ti	H0Cr18Ni12Mo2Ti H0Cr18Ni12MoNb
0Cr18Ni12Mo3Ti 1Cr18Ni12Mo3Ti	H0Cr19Ni14Mo3
1Cr25Ni13	H1Cr24Ni13(ER309)
1Cr25Ni28 3Cr18Mn11Si2N 2Cr20Mn9Ni2Si2N	H1Cr26Ni21(ER310) H1Cr21Ni10Mn6
00Cr18Ni13Mo3Si2 00Cr18Ni6Mo3Si2Nb	H00Cr19Ni12Mo2 H00Cr20Ni12Mo3Nb H00Cr25Ni13Mo3

(四)奥氏体不锈钢手工钨极氩弧焊工艺

1. 焊接电源和极性

奥氏体不锈钢钨极氩弧焊时,采用直流正接,这样可以获得较大的熔深和较少的钨极损耗。当焊接含铝较多的不锈钢(0Cr17Ni7Al)时,考虑到要消除氧化铝膜,宜采用交流电焊接。

2. 背面氩气保护

奥氏体不锈钢钨极氩弧焊不仅需要保护焊缝正面,还需要保护焊缝根部(背面)。奥氏体不锈钢不同接头焊缝背面气体保护方法如图5-21所示。

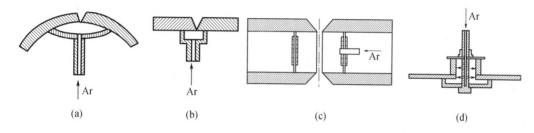

图5-21 不同接头焊缝背面气体保护方法
a—筒体纵缝;b—板对接焊缝;c—管子对接焊缝;d—管板角接焊缝

3. 奥氏体不锈钢手工钨极氩弧焊工艺参数

奥氏体不锈钢的焊接工艺参数选用原则是在保证根部焊透的前提下,宜用小电流、快焊速。小电流的熔池温度低,可减少合金元素的烧损,碳化物析出少。快焊速形成的焊道窄,熔池在高温停留时间短,有利于防止晶间腐蚀。另一方面奥氏体不锈钢的热导率低(约为碳钢的1/3),熔池不易散热,所以奥氏体不锈钢的焊接电流要比碳钢的小。不锈钢手工钨极氩弧焊的工艺参数见表5-17和表5-18。

表5-17 不锈钢对接焊缝手工钨极氩弧焊工艺参数

板厚/mm	焊接层数	焊接位置	钨极直径/mm	焊丝直径/mm	焊接电流/A	焊接速度/(mm/min)	坡口尺寸及角度 间隙/mm	钝边/mm	角度/°	氩气流量/(L/min)	喷嘴直径/mm	备注
1	1	平焊	1.6	1.0	40~70	100~120	0	—	—	4~6	8~10	单面焊,直流正接
1	1	全位置	1.6	1	30~60	80~100	0	—	—	4~6	8~10	单面焊,直流正接
1.2	1	平焊	2.0	1.6	50	200~250	—	—	—	3~4	8~10	直流正接
1.5	1	平焊	2.0	1.6	45~85	130~140	—	—	—	3~4	8~10	交流
					40~75	120~300	—	—	—	3~4	8~10	直流正接
2	2	平焊	1.6	1.6	60~100	100~120	0~1	—	—	6~8	8~10	双面焊
		全位置			50~80	80~100	0~1	—	—	6~8	8~10	直流正接

表 5 – 17（续）

板厚/mm	焊接层数	焊接位置	钨极直径/mm	焊丝直径/mm	焊接电流/A	焊接速度/(mm/min)	坡口尺寸及角度 间隙/mm	钝边/mm	角度/°	氩气流量/(L/min)	喷嘴直径/mm	备 注
2.5	2	平焊	1.6	1.6	100~120	80~100	0~1	—	—	4~6	8~10	双面焊 直流正接
		全位置			70~90	80~100	0~1	—	—			
3.0	2	平焊	2.4	2.0	80~120	100~120	0~1	0.5~1	60	8~10	8~10	双面焊 直流正接
		全位置			70~110	80~100						
3.2	2	平焊	2.4	2.0	100~120	80~110	0~1	0.5~1	60	8~10	8~10	双面焊 直流正接
		全位置			90~110	80~110						
4.0	2	平焊	2.4	2.0	100~150	100~150	0~1	0.5~1	60	8~10	8~10	双面焊 直流正接
		全位置			80~120	80~120						
4.2	2	平焊	2.4	3.0	110~180	110~180	0~1	0.5~1	60	8~10	8~10	双面焊 直流正接
		全位置			100~170	90~100						
6.0	3	平焊	2.4	3.0	120~200	100~150	0~1	0.5~1	60	8~10	8~10	双面焊 直流正接
		全位置			100~150	80~120						
	3	平焊	2.4	3.0	150~200	100~150	0.5~1	0.5~1	60	8~10	8~10	有垫板， 单面焊， 直接正流
		全位置			120~180	90~140				8~10	9~11	
	3	平焊	2.4	3.0	150~200	80~150	3	0	40	8~10	9~11	
		全位置			120~180	70~140						
12.0	6	平焊	3.2	3~4	150~200	150~200	0.5~1	0.5~1	50	10~12	10~17	双面焊 直流正接
		全位置			140~180	140~180						
12.0	6	平焊	3.2	3~4	200~250	150~200	1~1.5	0.5~1	50	10~12	10~12	有垫板， 单面焊， 直流正接
	8	全位置			140~180	140~180						
	6	平焊	3.2	3~4	180~230	80~150	3	—	40	10~12	10~12	有垫板， 单面焊， 直流正接
	8	全位置			150~200	70~140						
22	10	平焊	3.2	3~4	180~250	120~180	0.5~1	0~0.5	50	10~12	10~12	有垫板， 单面焊， 直流正接
	12	全位置			160~230	100~160						
38	18	平焊	2.4	4~5	250~300	100~200	0~2	2~3	60	10~15	11~13	背面要清根
	22	全位置	3.2									

表 5-18 不锈钢角焊缝手工钨极氩弧焊工艺参数

板厚/mm	焊缝形式	焊脚尺寸 K/mm	焊接位置	焊接层数	间隙/mm	钝边/mm	角度/°	电极直径/mm	焊丝直径/mm	焊接速度/(mm/min)	焊接电流/A	气体流量/(L/min)	孔径/mm
1	I 形焊缝	1	平		—		—	1.6	—	110～130	30～50	4～6	8～10
			全位置										
1.5		1.5	平							130～300	40～80		
			全位置							120～250	30～70		
2.5		2.5	平	1	0～1					70～100	90～110		
			全位置							60～100	80～100		
4.5		4	平		0～2				—	80～180	130～160		
			全位置							70～170	120～50		
6		6	平		0～2			2.4		50～100	80～220	6～10	11
			全位置								170～210		
10		10	平	2							180～220		
			全位置	2							170～210		
6	单边 V 形焊缝	2	平	3	0～2	0～3	60	2.4	3.2～4	80～200	180～220	6～10	11
			全位置								170～210	8～12	13
12		3	平	6～7							200～250		
			全位置								190～240		
22		5	平	18～21	0～2	0～3	60	2.4	3.2～4	80～200	200～250	8～12	13
			全位置					3.2			190～240		
12	双边 V 形焊缝	3	平	3～4	0～2	2～4	60	2.4	3.2～4	80～200	200～250	8～12	13
			全位置								190～240		
22		5	平	6～7				2.4			200～250		
			全位置					3.2			190～240		
6	背面有垫板	3	平	2～3	3～6	—	60	2.4	3.2	80～200	180～220	6～10	13
			全位置								170～210		
12		4	平	6～7				2.4	3.2～4		200～250	8～12	
			全位置					3.2			190～240		
22		6	平	25～30				2.4			200～250		
			全位置					3.2			190～240		

4. 不预热、控制层间温度、焊后快冷

奥氏体不锈钢焊前不需要预热。多层焊的层间温度要控制在 150 ℃ 以下。焊后要使焊缝快速冷却,可以用铜垫板通水冷却,也可以对焊缝浇水冷却,但切忌水进入正在焊接的熔池或尚未焊接的坡口内。这些工艺措施都是为了使焊缝快速度通过 450 ℃ ～850 ℃ 温

度区。

5. 两面同步焊

手工钨极氩弧焊焊奥氏体不锈钢对接正面焊缝时,焊缝正、背面都需要气体保护,焊好正面焊缝再焊背面焊缝时,正、背面仍需要气体保护。若由两名焊工在焊缝正、背面同步进行焊接,即两面同步焊,则不仅可免去了焊缝的清根,提高了生产率,还节省了氩气,并提高了焊接质量。两面同步焊只是用相同的焊速进行焊接,正、背面的焊接工艺参数是不相同的,正面焊用较大的焊接电流和填加焊丝,使焊缝正面成形,背面焊用较小的焊接电流,少加或不加焊丝,将坡口根部熔化,同时熔化部分正面的熔融金属,使其流淌到背面,形成背面有余高的焊缝。虽然说是同步,但是两面的熔池先后被熔化的开始时间是略有前后的,焊缝正面开始熔化在先,背面紧跟在后。

两面同步焊用于立对接焊、横对接焊的根部焊缝,已取得满意的焊接质量。焊接时焊枪、焊丝的位置基本上和单面焊相同,就是要注意焊缝背面的成形。图5-22为两面同步焊的焊枪和焊丝位置。

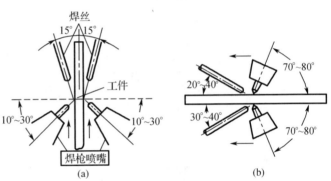

图5-22 两面同步焊的焊枪和焊丝位置
a—立焊;b—横焊

焊不锈钢填充层,通常采用焊条电弧焊,焊时反面仍需氩气保护,因为焊时原坡口根部缝仍受到加热,热状态不锈钢,不被氩气保护就要被空气氧化。

6. 焊后抛光和酸洗钝化

不锈钢工件焊接以后,为了提高工件的耐腐蚀性,可进行表面抛光和酸洗钝化。

(1)表面抛光。不锈钢表面越光洁,其耐腐蚀性能越好。粗糙度细的表面能生成一层致密而均匀的氧化膜,这层氧化膜能更好地保护不锈钢不再受到氧化和腐蚀。

(2)酸洗钝化。酸洗钝化处理是在不锈钢表面人工制成一层氧化膜,以提高耐腐蚀性。

酸洗钝化的流程为:表面清理——→酸洗液去除氧化皮——→水洗和中和处理——→用钝化液擦表面——→水洗和吹干。

酸洗钝化后的不锈钢表面呈银白色,具有很高的耐腐蚀性。

三、铁素体不锈钢的手工钨极氩弧焊

(一)铁素体不锈钢的焊接特点

铁素不锈钢的焊接性差,在高温时会使晶粒粗化,塑性、韧性降低,也会产生裂纹。

1. 晶粒粗化

铁素体不锈钢含量较多的铬(>13%),铁素体组织稳定,在熔化前不发生相变(不转为奥氏体),但加热到930 ℃以上,高温停留时间长,晶粒会急剧长粗,塑料和韧性下降,又不能通过热处理来细化晶粒,所以铁素体不锈钢焊接后塑性和韧性下降。

2. 475 ℃脆化

铁素体不锈钢在 400 ℃ ~600 ℃ 温度区长时间加热,会使强度升高,而塑性和韧性急剧下降,尤其在 475 ℃ 时更为严重,所以称为 475 ℃ 脆化。铁素体不锈钢的工作温度是在 300 ℃ 以下。对于已形成 475 ℃ 脆化的焊接接头,可以通过 600 ℃ 以上短时加热空冷,使其恢复原有的性能。

3. 冷裂倾向增大

焊接加热后的铁素体不锈钢,塑性和韧性很差,在焊接应力作用下,会产生冷裂纹。

(二)铁素体不锈钢钨极氩弧焊选用的焊丝

铁素体不锈钢钨极氩弧焊选用焊丝有两种方案:一种是选和母材同成分的铁素体不锈钢焊丝,如 H0Cr13,H0Cr18,H0Cr17Ti,H1Cr17 等;另一种是选用高铬镍奥氏体不锈钢焊丝,如 H1Cr18Ni9,H0Cr21Ni10,H1Cr24Ni13 等。奥氏体不锈钢焊丝焊成的焊缝有较高的塑性和韧性,能防止冷裂纹,但焊接接头的有些性能不及同质焊丝焊成的焊接接头。表 5 – 19 为铁素体不锈钢钨极氩弧焊选用的焊丝。

表 5 – 19　铁素体不锈钢钨极氩弧焊选用的焊丝

母材钢号	焊丝牌号及型号
0Cr13	H0Cr14,H0Cr21Ni10(E308),H0Cr24Ni13(ER309)
1Cr17,1Cr17Ni,1Cr17Mo	H1Cr17,H0Cr21Ni10(ER308),H0Cr24Ni13(ER309)
00C17Ti	H00Cr17Ti
ICr13MoTi	H1Cr13MoTi
1Cr25Ti,1Cr28	H0Cr26Ni21(ER310),H1Cr26Ni21(ER310),H1Cr24Ni13(ER309)
00Cr18MoTi	H00Cr18MoTi,H00Cr19Ni12Mo2

(三)铁素体不锈钢手工钨极氩弧焊的工艺特点

1. 低温预热

铁素体不锈钢有冷裂倾向,为此需要对工件预热,可以减小焊接应力,防止冷裂纹产生。预热温度为 100 ℃ ~150 ℃,铬含量高的可适当提高到 200 ℃,但是预热温度过高会使焊接接头脆硬。

如果采用奥氏体不锈钢焊丝,不会产生冷裂纹,就不需要对工件进行预热。

2. 小线能量焊接

为了防止过热形成的晶粒粗化,铁素体不锈钢需要小线能量焊接。手工钨极氩弧焊时,宜用小电流、窄焊道、快焊速进行焊接,焊枪作直线运动。若焊接过程中感到熔池过热,可以用多加焊丝量来解决。

3. 控制层间温度

同样是为了防止过热现象的产生,多层焊要控制层间温度,不高于 200 ℃。

4. 焊后热处理

铁素体不锈钢焊接接头焊后热处理的目的是使焊接接头组织均匀化,从而提高其塑性和耐蚀性,且减小焊接应力。回火温度为 750 ℃ ~ 780 ℃,缓冷到 200 ℃ 后空冷。

对于用奥氏体不锈钢焊丝焊成的焊接接头,不需要进行焊后热处理。

四、马氏体不锈钢的手工钨极氩弧焊

(一)马氏体不锈钢的焊接特点

不锈钢中马氏体不锈钢的焊接性是最差的,很易产生冷裂纹。

1. 易产生冷裂纹

马氏体不锈钢经焊接加热冷却后,焊缝和热影响区的组织是硬而脆的马氏体。若焊接结构刚性大或焊缝氢含量高。在较大的应力作用下,马氏体冷却到 100 ℃ ~ 120 ℃ 以下时,焊缝和热影响区会产生裂纹裂纹。碳含量较高的马氏体不锈钢不适合焊接。

2. 过热区脆化

马氏体不锈钢焊接时,温度超过 1 150 ℃ 的过热区,其晶粒显著长大,快速冷却后形成粗大的马氏体组织,塑性下降,出现脆化现象。

(二)马氏体不锈钢钨极氩弧焊选用的焊丝

马氏体不锈钢钨极氩弧焊选用焊丝也有两种方案:一种是选用和母材成分接近的马氏体不锈钢焊丝,焊丝的铬含量接近母材,而碳含量要求比母材低;另一种是选用高铬镍的奥氏体不锈钢焊丝,表 5 - 20 为马氏体不锈钢钨极氩弧焊选用的焊丝。

表 5 - 20　马氏体不锈钢钨极氩弧焊选用的焊丝

母材钢号	焊丝牌号及型号
1Cr13,2Cr13	H1Cr13,H2Cr13,H1Cr24Ni13(ER309),H1Cr26Ni21(ER310)
1Cr17Ni2	H1Cr13,H1Cr24Ni13(ER309)
0Cr13Ni5Mo	ER410NiMo

(三)马氏体不锈钢手工钨极氩弧焊的工艺特点

1. 预热

预热是防止马氏体不锈钢产生裂纹的重要措施。钢中碳含量的高低决定着预热温度的高低。碳含量小于 0.1% 的马氏体不锈钢预热温度小于 200 ℃,碳含量 0.1% ~ 0.2% 的马氏体不锈钢预热温度为 250 ℃,碳含量 0.2% ~ 0.4% 的马氏体不锈钢应预热温度为 250 ℃ ~ 300 ℃。多层焊时应控制层间温度,同预热温度。

2. 大线能量焊接

马氏体不锈钢采用大线能量焊接,用大电流、慢焊速、焊枪作适量的横向摆动。这样可以减缓焊件的冷却速度,以利于减小冷裂倾向,但线能量的增大以不使晶粒粗化为限。

3. 重视低氢焊接环境

马氏体不锈钢对于氢致裂纹也是敏感的,所以也要重视低氢焊接环境。使用的氩气中的含水量不允许超标,仔细清理焊丝和焊件表面的油、水和氧化膜,避免在空气湿度过大的场合中进行焊接。

4. 焊后热处理

马氏体不锈钢焊后通常需要热处理,其目的有两个:(1)消除焊接残余应力,消除焊缝中的扩散氢;(2)降低焊缝及热影响区的硬度,改善塑性和韧性。马氏体不锈钢焊后应立即进行整体或局部高温回火处理,温度为 730 ℃ ~790 ℃。对于碳含量小于 0.10% 的马氏体不锈钢可以不进行焊后热处理,但必须让焊件缓冷。

五、不锈钢手工钨极氩弧焊生产举例

(一)不锈钢转向管路的手工钨极氩弧焊

1. 产品结构和材料

液化船管路系统中不锈钢转向管路,由一个 90°定形弯头和两个直通管组成,如图5-23所示。管子材质均为 1Cr18Ni9Ti,管径为 114 mm,管壁厚为 5 mm。采用手工钨极氩弧焊将三者连接。开 V 形坡口,坡口角度为 60°,间隙为 2 mm ~3 mm,钝边为 1 mm ~2 mm。

在焊接材料方面,考虑到氩弧焊高温使母材合金成分烧损,焊丝选用铬、镍含量比母材高的焊丝,牌号为 H0Cr20Ni10Ti,直径为 2.5 mm;钨极选铈钨极,直径为 3 mm;氩气纯度为 99.99%。

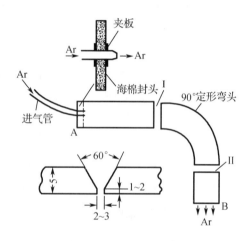

5-23 不锈钢 90°转向管路的焊接

2. 焊接工艺

(1)清理坡口。对不锈钢管子坡口及其两侧 15 mm 范围内的油、小铁屑及污物进行仔细的清理。通常用机械清理法,用砂轮打磨。

(2)管子安装和定位焊。管子放在整洁的平台上安装,安装要求是两连接管子的偏心度不超过 0.5 mm。定位焊前,应将管子接上直流电焊机的正极。定位焊缝长度为 6 mm ~10 mm,每个管子接头的定位焊取 3 ~4 处,要避开 3 点、6 点、9 点、12 点。定位焊接应保证坡口根部焊透和焊缝背面成形。若发现有未焊透、气孔、夹渣等缺陷,应磨掉,移位重焊。

(3)管内通氩气。不锈钢氩弧焊焊缝背面需通氩气保护。先把两接缝用胶布封好,接着将有进气管的海绵封头塞进 A 端,通氩气 2 min 后,再将 B 端用压敏黏胶纸封好,在 B 端压敏黏胶纸上开 4 只 ~5 只小孔,孔径为 2 mm ~3 mm,让氩气流出,约 3 min 后即可焊接。

(4)焊接接缝 I 的第一层。先焊近进气管的对接环缝 I,将此接缝分成两个半圈,每半圈分成两段。将管子水平放置,先焊上半圈,焊前先拆除部分黏胶纸,一段从 3 点位置焊到

0点,另一段从9点焊到12点,焊成上半圈,焊好尾对尾的接头。焊接工艺参数见表5-21。然后将管子翻身(转180°),管子仍是水平位置,用同样的方法焊成另半圈。焊接过程要重视焊缝的接头的熔透和成形,焊后用砂轮或不锈钢钢丝刷清理焊缝表面。

表5-21 90°弯头不锈钢管手工钨极氩弧焊的工艺参数

钢管和坡口尺寸/mm	钨极直径/mm	焊丝直径/mm	喷嘴孔径/mm	焊接电流/A	电弧电压/A	气体流量/(L/min)	层间温度/℃	备注
管径114,壁厚6,坡口角度60°,钝边1~2,间隙2~3	3.0	2.0	12	打底层70~100	10~14	正面8~12背面10~14	≤150	钢管1Cr18Ni9Ti,焊丝H0Cr20Ni10Ti
		2.5		填充层盖面层80~140	11~16			

(5)焊接接缝Ⅰ的第二层。第一层全圈焊缝焊好后,管子暂不翻身,接着焊第二层;也是分两半圈(每半圈分两段),先焊上半圈,增大焊接电流,略增大焊枪摆动幅度,焊缝的接头和第一层焊缝接头要错开。焊好第二层上半圈后,将管子翻身,焊第二层的另半圈,焊接方法同前,焊前要清理焊缝的表面。

(6)焊接缝Ⅰ的第三层,同样也是不翻身先焊上半圈,焊枪的摆动幅度增大,熔化坡口边缘2 mm。焊好上半圈后,翻身后焊另半圈。这就是分段翻身焊法。

(7)焊接缝Ⅱ。拆除接缝Ⅱ的黏胶纸,用焊接接缝Ⅰ的同样方法及顺序焊接接缝Ⅱ。

(二)不锈钢薄壁大直径容器的手工钨极氩弧两面同步焊

1.产品结构与材料

有一不锈钢薄壁大直径容器,容积为322 m³,不同部位板厚为3 mm~8 mm及10 mm的各种尺寸,筒体的壁厚为5 mm,采用Ⅰ形坡口对接,间隙为2 mm。容器的主要焊缝由纵缝和环缝组成。材质均为1Cr18Ni8Ti,不锈钢板料经轧圆后焊一条或两条纵缝构成筒节,筒节和筒节用环缝连接。几个筒节连接起来,再在两端焊上封头,便成为圆筒形容器。图5-24为不锈钢容器简图。

焊丝材料为H0Cr20Ni16Ti;钨极为铈钨极;氩气纯度≥99.98%。

2.焊接工艺

薄壁大直径容器,由于筒体的刚度较小,若放在滚动轮架上,会发生筒体转速不稳定,筒体和滚动轮之间时常发生滑动现象,无法获得良好成形的焊缝。比较合适的方法是采取筒体立式装配和焊接。焊纵缝采用立焊,焊环缝采用横焊。

(1)密集定位焊。薄壁大直径容器,控制焊接变形是关键问题,采用密集定位焊,定位焊缝长5 mm,相邻两定位焊缝间距15 mm。密集的定位焊缝可以抑制焊缝的收缩变形。

(2)容器的焊接顺序。容器的筒体是由几个筒节和封头组成,即由若干纵缝和环缝组成,正确的焊接顺序是先焊纵缝后焊环缝(图5-24中的数字)。

(3)纵缝的焊接工艺。不锈钢钨极氩弧焊,需要对正、背面气体保护,采用两面同步焊可使两面都得到良好的保护,同时提高了焊速和质量,节省了氩气,减少能耗。

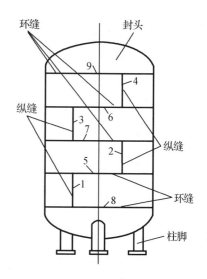

图 5-24 不锈钢容器简图

将筒体的纵缝置于竖立位置,由两名焊工各用一把焊枪,一个在筒体外面,一个在筒体里面,同时从纵缝下端向上焊。

板厚 5 mm,采用不开坡口对接,留 2 mm 间隙。正面焊工加丝焊,背面焊工不加丝焊。两焊枪稍有先后,通常加丝的在先,不加丝的在后。5 mm 板可以一次焊成。不锈钢纵缝手工钨极氩弧两面同步立焊的工艺参数见表 5-22。

(4)环缝的焊接工艺。圆周长是直径的 π 倍,大直径的环缝很长。环缝横焊也采用两面同步焊,一个焊工在外用右手握焊枪,另一个焊工在内用左手握焊枪,两焊工按同一方向同步焊。由于环缝长,可采用对称焊法,由双数焊工(4,6,8 名)对称分布在环缝周围,同时开始焊接,用尽可能相同的焊速,焊相等长度的焊缝,同时结束。5 mm 板横焊,也是一次焊成。不锈钢环缝手工钨极氩弧两面同步横焊的工艺参数见表 5-22。

环缝手工操作横焊,焊工要移位,无法不断弧,断弧要影响质量,所以要求尽可能少断弧,在断弧处要进行打磨,把断弧处磨成斜坡形,有利于焊缝的接头。

环缝的接头不要落在纵缝和环缝的交点上,否则要影响到该处的焊接质量。

(5)V 形坡口对接用焊条电弧焊焊满坡口。板厚≥6 mm 不锈钢对接需开 V 形坡口,角度为 60°,间隙 2 mm,钝边 3 mm。第一层用两面同步手工钨极氩弧焊,焊不满坡口,用奥氏体不锈钢 A132 焊条焊填充层和盖面层,6 mmV 形坡口用 3.2 mm 直径焊条加焊一层,10 mm V 形坡口焊条加焊二层。焊盖面层前,焊缝厚度离钢板平面约 1 mm。焊条电弧焊的工艺参数是:焊条直径 3.2 mm,焊接电流 90 A ~110 A,4 mm 焊条的焊接电流 120 A ~140 A。

表 5-22 不锈钢薄壁容器两面同步手工钨极氩弧焊的工艺参数

板厚 /mm	坡口形式		焊接位置	焊接电流 /A	焊速 /(cm/min)	钨极直径 /mm	焊丝直径 /mm	氩气流量 /(L/min)
3	I 形坡口	外	立	40	5.7	3.2	2	10
		内		30		2.4	—	8
		外	横	35 ~40	6.0	3.2	2	10
		内		35 ~40		2.4	—	8
5	I 形坡口	外	立	100 ~130	14 ~18	3.2	2.5	10
		内		70 ~100		2.4	—	8
		外	横	80 ~100	10 ~14	3.2	2.5	10
		内		60 ~80		2.4	—	8

151

表 5 –22（续）

板厚/mm	坡口形式		焊接位置	焊接电流/A	焊速/(cm/min)	钨极直径/mm	焊丝直径/mm	氩气流量/(L/min)
6	V形坡口	外	立	120	14	3.2	2.5	10
		内		80		2.4	—	8
		外	横	100	14	3.2	2.5	10
		内		80		2.4	—	8
10	V形坡口	外	立	160	10	3.2	2.5	10
		内		80		2.4	—	8
		外	横	160	10	3.2	2.5	10
		内		80		2.4	—	8

注：板厚≥6 mm的V形坡口两面同步手工钨极氩弧焊焊成打底层焊缝后，用焊条电弧焊焊填充层和盖面层。

第六节　铜及铜合金的手工钨极氩弧焊

一、铜及铜合金的分类及性能

铜及铜合金按其化学成分不同可分为纯铜、黄铜、青铜及白铜。

(一)纯铜(紫铜)

纯铜又称紫铜,因其表面呈紫红色。工业上应用的纯铜,其质量分数在99.5%以上。纯铜的熔点为1 083 ℃,密度为8.89 g/cm³。它具有很高的导电性、导热性、耐蚀性和良好的塑性。纯铜被广泛应用于制造电缆、电工器件、铜管、散热器、冷凝器及各种容器等。

杂质对铜的性能有很大的影响。硫和氧在铜中形成脆性氧化物硫化亚铜(Cu_2S)和氧化亚铜(Cu_2O),增加金属的冷脆性和焊接接头出现热裂倾向。磷也增大铜的脆性,但磷又是铜合金的良好脱氧剂。纯铜按纯度及杂质不同分为3级,以T(铜的拼音首字母)和跟随数字1,2,3表示,T1铜纯度最高。表5 –23为纯铜的牌号、代号、成分及用途。纯铜具有较高的加工硬化性能,经冷加工变形可提高强度1倍,而塑性降低很多。加工硬化后的纯铜可通过退火处理,恢复其塑性。

表 5 –23　纯铜的牌号、代号、成分及用途

牌号	代号	化学成分(质量分数)/%				主要用途
		Cu(铜)	Si(硅)	Pb(铅)	杂质	
一号铜	T1	99.95	0.001	0.003	0.05	电线、电缆、雷管、化工用蒸发器及各种管道
二号铜	T2	99.90	0.001	0.005	0.1	

表 5-23(续)

牌号	代号	化学成分(质量分数)/%				主要用途
		Cu(铜)	Si(硅)	Pb(铅)	杂质	
三号铜	T3	99.7	0.002	0.01	0.3	电器开关、垫圈、管嘴等

(二)黄铜

黄铜是铜和锌的合金,表面呈淡黄色。黄铜的强度和耐蚀能力比纯铜高得多,并仍有一定的塑性,又能进行热加工或冷加工。普通黄铜的价格比纯铜低。

铜锌合金称为普通黄铜。若再加入其他合金元素,如锡(Sn)、铅(Pb)、铝(Al)、锰(Mn)、铁(Fe)及硅(Si)等元素,以提高强度、硬度和耐蚀性,成为特殊黄铜,如锡黄铜、锰黄铜、铅黄铜等。普通黄铜的牌号是以黄拼音首字母 H 编号,字母后的数字表示铜的含量,如H68 是指含68%的铜,余量为锌。特殊黄铜的牌号是在普通黄铜编号中嵌入某合金元素符号而成,如 HMn58-2 是指锰黄铜,含铜58%,含锰2%,余量为锌。表 5-24 为常用黄铜的牌号、代号、成分及用途。

表 5-24　常用黄铜的牌号、代号、成分及用途

类别	牌号	代号	化学成分(%)		主要用途
			Cu	其他	
普通黄铜	90 黄铜	H90	88.0~91.0	余量 Zn	双金属片、水管、艺术品等
	68 黄铜	H68	67.0~70.0	余量 Zn	散热器外壳、轴套、弹壳等
	62 黄铜	H62	60.5~63.5	余量 Zn	螺钉、铆钉、垫圈、弹簧等
	ZCuZn38	ZH62(旧)	60.5~63.0	余量 Zn	散热器、螺钉
特殊黄铜	62-1 锡黄铜	HSn62-1	61.0~63.0	0.7~1.1 Sn 余量 Zn	作海水和汽油接触的船舶零件
	80-3 硅黄铜	HSi80-3	79.0~81.0	2.4~4.0 Si 余量 Zn	船舶零件,在海水、淡水和水蒸气(低于260℃)条件下工作的零件
	58-2 锰黄铜	HMn58-2	57.0~60.0	1.0~2.0 Mn 余量 Zn	海轮制造业和弱电用零件
	59-1 铅黄铜	HPb59-1	57.0~60.0	0.8~1.9 Pb 余量 Zn	热冲压及切削加工零件,如销、螺母、螺钉、轴套等
	59-3-2 铝黄铜	HAl59-3-2	57.0~60.0	2.5~3.5 Al 2.0~3.0 Ni 余量 Zn	船舶、电机及其他在常温下工作的高强度、耐独零件

表 5 - 24（续）

类别	牌号	代号	化学成分（%）		主要用途
			Cu	其他	
特殊黄铜	ZCuZn 40Mn3 Fel	ZHMn55-3-1（旧代号）	53.0 ~ 60.0	1.0 ~ 2.0 Mn 余量 Zn	海轮上在 300 ℃以下工作的管配件、螺旋桨等
	ZCuZn 25Al6 Fe3Mn3	ZHAl66-3-2（旧代号）	60.0 ~ 66.0	5 ~ 7 Al 2 ~ 4 Fe 1.5 ~ 2.5 Mn 余量 Zn	压紧螺母、重型螺杆、轴承、衬套等

（三）青铜

凡是不以锌或镍为主要合金元素的铜合金，都称为青铜。如锡青铜、铝青铜、硅青铜、铍青铜等。有时还加入少量的锌、铅、磷、镍等元素，可改善青铜的某个性能。青铜具有较高的强度、耐蚀性和耐磨性。

青铜按制造工艺及用途不同，可分为压力加工青铜和铸造青铜。加工青铜的牌号是以青拼音首字母 Q 表示，后跟随主要加入元素符号，如 QSn4 - 3 指锡青铜，含锡4%，含锌3%，铜余量。铸造青铜的牌号以铸拼音首字母 Z 表示，后跟随主要元素符号，如 ZCuSn5Pb5Zn 指铸造锡青铜，含 Sn5%，含 Pb5%，Zn 少量，铜余量。表 5 - 25 为常用青铜的牌号、成分及用途。

表 5 - 25　常用青铜的牌号、成分及用途

类　别	牌　号	化学成分（质量分数）/%		用　途
		主要加入元素	其　他	
锡青铜	QSn4 - 3	Sn3.5 ~ 4.5	Zn2.7 ~ 3.3	弹性元件、耐磨零件及抗磁元件等
	6.5 ~ 0.1 锡青铜	Sn6.0 ~ 7.0	P0.1 ~ 0.25	弹簧、接触片、振动片、精密仪器的耐磨零件
	ZCuSn 10Pb5Zn	Sn9.0 ~ 11.5	Pb0.5 ~ 1.1	重要的减震零件，如轴承、轴套、蜗轮、摩擦轮、机床丝杠、螺母
	ZCuSn 5Pb5Zn5	Sn4.0 ~ 6.0	Zn4.0 ~ 6.0 Pb4.0 ~ 6.0	中速、中载荷的轴承、轴套、蜗轮及压力 1 MPa 以下的蒸气和水管件
无锡青铜	QAl7	Al6.0 ~ 8.0	—	重要的弹簧和弹性元件
	ZCuAl 10Fe3Mn2	Al9.0 ~ 11.0	Fe2.0 ~ 4.0	耐磨件（轴承、蜗轮、齿圈）以及在蒸气及海中工作的高强耐蚀件
	ZCuPb30	Pb27.0 ~ 33.0	余量 Cu	大功率发电机的曲轴及连杆轴承

表 5 – 25（续）

类　　别	牌　　号	化学成分（质量分数）/%		用　　途
		主加元素	其　　他	
无锡青铜	QBe2	Be1.8～2.1	Ni0.2～0.5	重要的弹簧与弹性元件、耐磨零件
	QSi3 – 1	Si2.75～3.50	Mn1.0～1.5	在腐蚀介质中工作的零件及蜗杆、蜗轮、衬套、制动销等

（四）白铜

白铜是铜和镍的合金，仅是铜和镍组成的合金称为普通白钢。在普通白铜中加入锰（Mn）、铁（Fe）、锌（Zn）、铝（Al）等元素称为锰白钢、铁白铜、锌白铜和铝白铜。按材料性能和应用范围，通常把白铜分为电工白铜和结构白铜。电工白铜具有良好的导电性和导热性，用于制造电工测量仪器，电热器、热电偶等；结构白铜主要用于机械和船舶的结构零件。白铜的牌号是以白拼音首字母 B 表示，B 后的元素符号是加入的某元素，B 后的第一位数是白铜的镍含量，如锰白铜 BMn3 – 12，其镍含量为 3%，锰含量为 12%。表 5 – 26 为常用白铜的牌号及化学成分。

表 5 – 26　常用白铜的牌号及化学成分

牌　　号		主要化学成分/%						
		Ni + Co	Fe	Mn	Al	Zn	Cu	杂质总量
5 白铜	B5	4.4～5.0	0.20	—	—	—	余量	≤0.5
19 白铜	B19	18～20	0.50	0.50		0.30		≤1.8
10 – 1 – 1 铁白铜	BFe10-1-1	9.0～11.0	1.0～1.5	0.5～1.0		0.30		≤0.7
30 – 1 – 1 铁白铜	BFe30-1-1	29～32	0.5～1.0	0.5～12		0.30		≤0.7
3 – 12 锰白铜	BMn3 – 12	2～3.5	0.2～0.5	11.5～13.5	0.2	Si 0.1～0.3		≤0.5
15～20 锌白铜	BZn15 – 20	13.5～16.5	0.5	—	—	余量约20	62～65	≤0.9
6 – 15 铝白铜	BAl6 – 15	5.5～6.5	0.5	0.2	12～18	—	余量	≤1.1
13 – 3 铝白铜	BAl13 – 3	12～15	1.0	0.5	2.3～3.0	—	余量	≤1.9

二、紫铜的手工钨极氩弧焊

（一）紫铜的焊接特点

1. 易产生热烈纹

铜和氧能生成氧化亚铜（Cu_2O）和氧化铜（CuO），氧化亚铜和铜形成低熔点（1 064 ℃）

的共晶体。铜内还有 Cu + Bi(熔点 270 ℃) 和 Cu + Pb(熔点 326 ℃) 等低熔共晶体。焊接熔池在冷却过程中,低熔点共晶体以液态薄膜形式被推挤到焊缝中央。另一方面,铜的膨胀系数大和收缩率大,焊接加热区宽大,焊接接头冷却时形成很大的收缩拉应力。液态薄膜是没有强度的,受到大的焊接拉应力薄膜就被拉成裂纹。

2. 生成气孔倾向大

铜在熔化状态时,吸收和溶解了大量的氢,而在冷凝过程中氢的溶解度大大降低,过剩的氢来不及逸出,就在焊缝和熔合区形成氢气孔。还有高温熔池溶解的氢或一氧化碳,要和氧化亚铜发生化学反应,使铜还原,并生成水蒸气(H_2O)和二氧化碳(CO_2),若水蒸气在焊缝凝固前未能逸出,则生成水蒸气气孔。

3. 易形成未焊透和未熔合

铜的导热率是碳钢的 8 倍,高的导热率使焊接加热区的热量迅速向外传导,焊接区就难以达到铜的熔化温度,母材和熔敷金属难以熔合,造成未焊透和未熔合。

还有液态铜的表面张力比铁小 1/3,流动性比钢大 1.5 倍,这就使熔池金属难以凝集,焊缝成形差。

4. 焊接变形应力大

铜的膨胀系数比低碳钢大近 50%,由液态转变为固态时的收缩率比钢大一倍以上,也就是说铜焊接时热胀冷缩剧烈,焊后变形应力大。

5. 导电性能下降

铜越纯导电性能越好。纯铜焊接后,焊缝被杂质污染,且焊缝的致密度下降,这就使紫铜焊接接头的导电性下降。当铜焊件作为导电器件时,这是应注意的问题。

(二)紫铜钨极氩弧焊的坡口准备

1. 坡口形式

紫铜钨极氩弧焊的板厚≤3 mm 通常不开坡口;板厚 4 mm ~ 10 mm 开 V 形坡口,坡口角度 70°~90°,间隙 0 ~3 mm,钝边 0 ~2 mm;板厚≥10 mm 开 X 形坡口,坡口角度 70°~80°,间隙 1 mm ~3 mm,钝边 1 mm ~2 mm。

2. 焊前坡口清理

焊前应对坡口及其两侧的油污、氧化物及潮气进行清理。机械清理方法是用电动钢丝轮或钢丝刷或砂布打磨坡口及其两侧,直至露出金属光泽。铜的化学清理可以将焊件置于10% 氢氧化钠的水溶液(30 ℃ ~40 ℃)中除油,然后用清水冲洗干净,再置于含35% ~40% 硝酸或含 10% ~15% 硫酸的水溶液中浸蚀 2 min ~3 min,最后用清水冲洗干净并烘干。

(三)紫铜钨极氩弧焊选用的焊接材料

紫铜钨极氩弧焊用的焊丝有三种牌号:①特殊紫铜焊丝,牌号为 HS201(HSCu),其 Cu≥98%,还含 Sn、Si 等脱氧元素;②低磷铜焊丝,牌号是(HS202),其中含 P 0.20% ~0.40%作脱氧用;③硅青铜焊丝,型号是 HSCuSi,其中含 Si 2.8% ~4.0%,Mn 0.5% ~1.5%,余为铜。这些焊丝都含有足量的铜,还有少量脱氧元素。紫铜钨极氩弧焊选用的焊丝见表5-27。在无专业厂生产的焊丝情况下,可选用母材 T1 或 T2 作为焊丝,配用气焊熔剂(CJ301 焊粉)进行钨极氩弧焊,用无水酒精将焊粉调成糊状涂在坡口上,焊接时焊粉的作用是去除氧化铜,并生成熔渣覆盖熔池表面,焊缝成形改善;若焊粉塗在焊丝上,加焊丝要防止接近喷嘴时糊状焊粉会黏在喷嘴上,破坏了气体保护效果。

表 5-27　紫铜钨极氩弧焊选用的焊丝

母材牌号	焊丝牌号及型号
T1,T2,T3	HS201(HSCu),HS202,HSCuSi,T1,T2

紫铜钨极氩弧焊可选用纯钨极或铈钨极;氩气纯度≥99.7%。

(四)紫铜手工钨极氩弧焊的工艺及操作技术

1. 预热

由于铜的导热率很高,散热快,熔池升温困难,焊件通常需要预热,预热后能保证根部焊透,并可提高焊速,减少氩气消耗量。预热温度是根据工件板厚、坡口尺寸及环境温度来选定。板厚略大于 3 mm 时,选预热温度为150 ℃~300 ℃,板厚4 mm~10 mm 预热温度为300 ℃~450 ℃。为了防止热量散失,要用石棉布盖在坡口接缝的两侧。

2. 紫铜手工钨极氩弧焊的工艺参数

紫铜手工钨极氩弧焊,采用直流正接,紫铜焊件接正极,钨棒接负极,以保证焊件得到较多的热量。为适应紫铜的高导热率,焊接电流必须要大。表5-28 为紫铜手工钨极氩弧焊的工艺参数。

表 5-28　紫铜手工钨极氩弧焊的工艺参数

厚度/mm	坡口形式	间隙和角度	钨极直径/mm	焊丝直径/mm	喷嘴孔径/mm	氩气流量/(L/min)	焊接电流/A	预热温度/℃
0.5	卷边对接	0	1	—	6	6	20~60	—
1.0	卷边对接	0	2	1.5	6	6	80~130	
2.0	I 形对接	0	2	2.0	6~8	6~8	140~180	
3	I 形对接	0	3	3.0	6~8	6~8	180~240	
3	V 形对接	0,70°	3	2.4	8	8~10	190~240	—
4	V 形对接	0,70°	4	3.0	10	8~10	220~270	300~350
5	V 形对接,钝边1~1.5	0,90°	4	3	10	9~11	260~310	350~400
6		0,90°	4~5	4	10	10~14	300~350	350~400
7		0,90°	5	4	12	12~14	300~400	400~450
8		0,90°	5	4	12	14~16	320~400	450~500

表 5 - 28(续)

厚度 /mm	坡口形式	间隙和 角度	钨极直径 /mm	焊丝直径 /mm	喷嘴孔径 /mm	氩气流量 /(L/min)	焊接电流 /A	预热温度 /℃
10	X 形对 接钝边 1 ~ 1.5	0,70°	5	4	16 ~ 18	16 ~ 20	320 ~ 400	450 ~ 500
12		0,70°	6	4	16 ~ 18	20 ~ 23	360 ~ 420	500 ~ 550
14		0,70°	6	4	18 ~ 20	22 ~ 24	400 ~ 550	550 ~ 600

3. 紫铜手工钨极氩弧焊操作技术

电弧宜在石墨板或不锈钢板上引燃,待钨极发热和电弧稳定后,再转移到焊接坡口处,防止钨极黏住焊件,或钨极熔滴落入熔池。焊接宜用左焊法,焊枪和焊缝夹角为 70° ~ 80°,焊丝和接缝线夹角为 10° ~ 20°。焊枪最好作匀速直线运动,也可使焊枪有节奏的停顿,停顿等待母材熔化到一定深度时,填加焊丝,继后焊枪前行。电弧不宜长,不加焊丝时弧长 1 mm ~ 2 mm,加丝时弧长 3 mm ~ 5 mm。加丝时要防止焊丝和钨极相碰,若发生打钨极,会产生大量的金属烟尘,落入熔池,焊缝中会产生蜂窝状气孔,甚至产生裂纹。出现这种现象后,应停止焊接,并将钨棒尖端重新修磨,直到无铜金属为止,受烟尘污染的焊缝应打磨干净。

引弧后开始焊接时,焊接速度宜慢些,因为母材的热状态尚未稳定,待达到一定的熔透深度并获得均匀的焊缝成形,然后再适当提高焊速。

焊接过程中若发现熔池中混有较多杂质时,应停止填加焊丝,适当拉长电弧,用焊丝挑去熔池表面杂质。挑杂质时,应向左右挑去,不可向上挑,要严防打钨极。

多层焊的打底层焊要保证根部焊透,并有一定的焊缝厚度,以防止产生气孔和裂纹。填充层不宜作焊枪摆动,因液态铜的流动性太好,熔池向外铺开,会造成喷出气流保护不周。层间温度应不低于预热温度。焊接后层焊缝前,应将前层焊缝表面氧化物用钢丝刷清理,盖面层宜用多道焊完成。

4. 用衬垫焊接

为了防止铜液从坡口背面流出,可采用衬垫焊接,以衬垫托住铜熔池,并使焊缝背面良好成形。衬垫焊接时,其坡口不需要防止烧穿用的钝边,坡口加工简单,间隙可适当放大。衬垫必须与焊件紧贴,通常需要夹具将焊件与衬垫夹紧。陶质衬垫用黏胶铝箔使衬垫与焊件紧贴。

衬垫焊接用的电流要据衬垫不同而变动,使用铜衬垫应增大焊接电流,因铜衬垫散热大。而用石棉衬垫可减小焊接电流,因石棉有保温作用。陶质衬垫也不宜使用大电流。

陶质衬垫打底层焊缝不宜厚,如果打底层过厚,冷却时由于熔池上部熔融金属接触空气冷却快,先凝固。而熔池下部接触的是陶质衬垫,冷却较慢,熔融金属最后凝固,熔池背面最终形成大的收缩,收缩引起的空穴无法填补,结果熔池背面形成缩孔缺陷。

焊填充层和盖面层时,衬垫已不起作用,可以拆除。

5. 两面同步焊

焊较厚的紫铜板对接,宜使用两面同步焊,将对接缝竖立,由两名焊工各持一把焊枪,在接缝的正面和背面,由下向上进行同步焊。操作方法可参考不锈钢的两面同步焊。

当工件较薄时,可将对接缝倾斜成45°角,背面的焊工专门用氧-乙炔焊炬进行预热,正面焊工用焊枪和焊丝焊接(图5-25),焊后正背面焊缝成形。

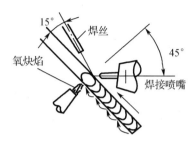

图5-25 工件倾斜45°的两面同步焊

紫铜板的两面同步焊不需要清根,节省能源,提高生产率。由于两面同时加热,所以单枪的焊接电流应小些,紫铜手工钨极氩弧焊两面同步焊的工艺参数见表5-29。

表5-29 紫铜手工钨极氩弧焊两面同步焊工艺参数(立焊和爬坡焊)

厚度/mm	坡口形式	间隙/mm	焊接位置	焊接电流/A	氩气流量 /(L/min)
2		0	45°爬坡焊 背面用氧乙炔 中性焰同步加热	100	7
3	I形对接	0		120	7
4		1		140	7
4		3		150	7
6	I形对接	3~4.5		220	8
8		4.5	两面同步焊	260	8
10	V形对接	4.5		280	8
12		4.5		320	9

三、黄铜的手工钨极氩弧焊

(一)黄铜的焊接特点

1. 锌的蒸发使焊缝的耐蚀性及力学性能下降

黄铜中含有锌,锌的沸点(906℃)比铜的熔点还要低,在电弧高温作用下,锌易蒸发和烧损,使焊缝中锌含量降低,导致焊缝的耐蚀性及力学性能下降。

2. 氧化锌烟雾,不利焊接

锌是强烈的氧化剂,焊接时蒸发出来的锌立即在空气中氧化,形成白色的氧化锌烟雾,笼罩着电弧周围,严重妨碍了焊工观察熔池,同时对焊工身体健康有害,因此必须加强对焊接场所的通风措施。

(二)坡口形式及预热

黄铜焊接多用于焊补工作,结构焊接时,板厚6 mm以下可不开坡口,间隙为板厚的一半,板厚 6 mm ~14 mm 开 V 形坡口,坡口角度 70° ~90°,间隙 2 mm ~4 mm,钝边 2 mm ~3 mm;板厚≥15 mm 开 X 形坡口,坡口角度 70° ~90°,间隙 2 mm ~4 mm,钝边 2 mm ~4 mm。

黄铜的导热率低于紫铜,一般焊件不需要预热。厚度大于 10 mm 的工件焊接时,为了加快焊速和减少锌的蒸发,需预热 150 ℃ ~250 ℃。大型黄铜焊件焊接时,可预热 200 ℃ ~300 ℃。随着黄铜中锌含量的增加,焊前预热温度可降低。

（三）黄铜钨极氩弧焊选用的焊丝

符合国标的黄铜焊丝有锡黄铜焊丝 HSCuZn – 3（HS221）、铁黄铜焊丝 HSCuZn – 2（HS222），硅黄铜焊丝 HSCuZn – 4（HS224）。这些黄铜焊丝中的合金成分锌等的含量较高,焊接时主要弥补锌的蒸发和烧损。选用焊丝时主要参照母材中铜、锌及其他合金含量和焊丝成分相比较,找出比较接近的焊丝。在缺乏标准黄铜焊丝的情况下,可选用母材同成分的材料作焊丝,也可从母材截取条状板材作为焊丝。黄铜钨极氩弧焊也可以采用硅青铜 QSi3 –1 作焊黄铜用焊丝,能获得较满意的焊接质量。黄铜钨极氩弧焊选用的焊丝见表 5 –30,作参考用。

表 5 –30　黄铜钨极氩弧焊选用的焊丝

母材类型	焊丝牌号及型号
普通黄铜	HS222（HSCuZn – 2）,HS221（HSCuZn – 3）,HS224（HSCnZn – 4）
锡黄铜	HS220（HSCuZn – 1）
含少量锡、硅的黄铜	HS221（HSCuZn – 3）
含少量铁、锡、锰、硅的黄铜	HS222（HSCuZn – 2）
硅黄铜	HS224（HSCuZn – 4）,HSCuSi
铸造铝黄铜	HSCuAlNi

（四）黄铜手工钨极氩弧焊的工艺及操作技术

1. 黄铜手工钨极氩弧焊的工艺参数

黄铜钨极氩弧焊一般用直流正接,也可用交流,以减少锌的蒸发。

由于锌的蒸发形成向上气流,会破坏氩气的保护效果,所以黄铜钨极氩弧焊时要加大喷嘴直径和气体流量。通常和焊接相同厚度的铝合金相比,喷嘴直径增大 2 mm ~6 mm,氩气流量增大 4 L/min ~8 L/min。

黄铜手工钨极氩弧焊宜选用大的焊接电流(比紫铜焊接电流小)和尽可能快的焊速,其目的是减少液态金属在高温下的停留时间,以减少锌的蒸发。黄铜手工钨极氩弧焊的工艺参数参见表 5 –31。

表 5 –31　黄铜手工钨极氩弧焊的工艺参数

钨极直径/mm	焊丝直径/mm	焊接电流/A	氩气流量/（L/min）
3	4	140 ~200	10 ~16

表 5 - 31(续)

钨极直径/mm	焊丝直径/mm	焊接电流/A	氩气流量/(L/min)
4	4	150 ~ 240	18 ~ 24
5	4	160 ~ 300	20 ~ 25
5	6	200 ~ 320	20 ~ 26

2. 黄铜手工钨极氩弧焊的操作特点

为了减少母材被熔化的金属中锌的蒸发,操作时可以将焊丝紧贴在坡口面上,在焊丝上引弧和保持电弧燃烧,避免电弧直接对母材加热,而母材主要靠焊丝熔化形成熔池金属的传导热来熔化母材,母材得到的热量少,母材的熔化量少,即母材中锌的蒸发最少。当然也要防止形成未焊透和未熔合缺陷。

黄铜多层焊时,尽量减少焊接层数,即减少重复加热熔化的金属量,也就减少锌的蒸发。板厚小于 5 mm 的对接接头最好一次焊成。

3. 焊后减小应力

多层焊时,每层焊后(即层间)用锤击法减小应力,并清理表面氧化物。

在海水或氨气等腐蚀介质中的黄铜焊件,工作时焊接应力会产生应力腐蚀破坏。对于这类焊件焊后要进行 350 ℃ ~ 400 ℃ 退火处理,消除焊接残余应力。

四、青铜的手工钨极氩弧焊

青铜的导热性比紫铜小,合金元素的蒸发和烧损比黄铜少,青铜的焊接性比紫铜和黄铜都好。青铜的种类繁多,其成分和性能差异也很大,各有不同的焊接特点,现分类叙述各种青铜的焊接。

(一)锡青铜的手工钨极氩弧焊

1. 锡青铜的焊接特点

(1)热裂纹。锡青铜的凝固温度区间较大,因而结晶前后的成分有差异,即偏析严重,易生成粗大而脆弱的树枝状晶粒组织,具有较大的热脆性,受焊接应力的作用,形成裂纹。

(2)加热过程中脆裂。锡青铜在高温下强度和塑性都很低,若在预热或焊接过程中,受到冲击敲打,也会发生脆裂。

2. 锡青铜的坡口准备

锡青铜焊接主要用于焊补铸造件缺陷和损坏的机器零件。焊接前必须将缺陷彻底清除,清理油污及氧化物。必要时可用 15% 硫酸 + 6% 氯化铵水溶液酸洗,后用热水冲洗,最后干燥。

3. 锡青铜钨极氩弧焊选用的焊丝

焊接不含锌的锡青铜,可以用和母材相同成分的焊丝,或用锡含量比母材高 1% ~ 2% 的青铜焊丝(HSCuSn),以补偿焊接过程中锡的蒸发和烧损。

焊含有锌的锡青铜,可选用黄铜焊丝,例如焊接母材 ZCuSn3Zn8Pb6Ni1 锡青铜可用 ZCuZn25Al6Fe3Mn3 黄铜焊丝。表 5 - 32 为青铜钨极氩弧焊选用的焊丝,供参考。

表 5 - 32 青铜钨极氩弧焊选用的焊丝

母材类型	焊丝牌号及型号
锡青铜	HSCuSn,HS221(HSCuZn - 3)
硅青铜	HSCuSi,HSCuAl
铝青铜	HSCuAl,HSCuAlNi
镍铝青铜	HSCuAlNi

4. 锡青铜手工钨极氩弧焊工艺

锡青铜的钨极氩弧焊选用直流正接,以减少钨的损耗。锡青铜钨极氩弧焊的电流尽可能选用小的,避免热影响区的过热。锡青铜手工钨极氩弧焊补焊的工艺参数见表 5 - 33。表中的缺陷深度完全不同于焊件板厚,故此表的工艺参数不能用于板料结构上。

表 5 - 33 锡青铜手工钨极氩弧焊补焊的工艺参数

缺陷深度 /mm	焊接层数	钨极直径 /mm	焊丝直径 /mm	焊接电流 /A	氩气流量 /(L/min)	预热温度 /℃
3	1	2.5	3	85 ~ 160	12 ~ 14	150 ~ 200
6	2 ~ 3	3	5	150 ~ 250	14 ~ 16	150 ~ 250
8	2 ~ 3	3	5	150 ~ 300	16 ~ 18	200 ~ 250
10	3 ~ 4	4	5	200 ~ 320	18 ~ 22	200 ~ 280
14	3 ~ 4	5	6	240 ~ 330	20 ~ 24	250 ~ 300
18	4 ~ 5	5	6	290 ~ 360	22 ~ 26	280 ~ 320
22	5 ~ 6	6	6	320 ~ 450	24 ~ 28	300 ~ 350

锡青铜缺陷补焊时,尽可能将缺陷置于平焊位置施焊,对于厚大焊件要进行预热,温度为 150 ℃ ~ 350 ℃。大面积缺陷补焊时,要考虑焊补顺序,宜分块分散地施焊。焊接过程中要防止焊件受冲击碰撞,不宜敲击焊缝。焊接后宜将焊件放入炉中加热到 200 ℃ 左右,然后在炉中缓冷。

(二)硅青铜的手工钨极氩弧焊

1. 硅青铜的焊接特点

(1)焊缝及热影响区产生裂纹。硅青铜在 815 ℃ ~ 955 ℃ 温度区间具有热脆性,在焊件冷却过程中,焊缝及热影响区可能产生裂纹。

(2)能全位置焊接。硅青铜的导热率约为紫铜的一半,焊接时熔池的黏度适当,可进行全位置焊接。

（3）氧化硅夹杂,硅青铜钨极氩弧焊时,若熔池保护不佳,熔池表面会生成难熔的氧化硅薄膜,多层焊再次熔化便形成焊缝夹杂。

综合起来讲,硅青铜的焊接性良好。

2. 焊前坡口准备

硅青铜的焊接坡口,板厚小于 4 mm 采用不开坡口 I 形对接,间隙 0 ~ 1 mm;板厚 4 mm 以上采用 V 形坡口或 X 形坡口,坡口角度 60°。

3. 硅青铜钨极氩弧焊的焊丝

硅青铜钨极氩弧焊可采用硅青铜焊丝 HSCuSi,或和母材相同的硅青铜作为填充焊丝。铝青铜焊丝 HSCuAl 也可用作填充焊丝。硅青铜钨极氩弧焊选用的焊丝参见表 5 – 32。

4. 硅青铜手工钨极氩弧焊工艺技术

硅青铜钨极氩弧焊可用直流正接或交流电源,用交流电源有利于清除表面氧化膜。

硅青铜焊接时不需要预热,熔池保持小尺寸状态,避免过热。多层焊的层间温度不高于 100 ℃。每层焊后要清理焊缝表面的氧化物。硅青铜手工钨极氩弧焊的工艺参数(交流)见表 5 – 34。

表 5 – 34　硅青铜手工钨极氩弧焊的工艺参数(交流)

板厚 /mm	焊接层数	钨极直径 /mm	焊丝直径 /mm	喷嘴孔径 /mm	焊接电流 /A	氩气流量 /(L/min)
1.5	1	3	2	10 ~ 12	80 ~ 30	10
3.0	1	3	2 ~ 3	10 ~ 12	160 ~ 180	12 ~ 14
6.0	2	4	3	14	180 ~ 220	16
9.0	3	4	3 ~ 4	16	250 ~ 280	20
12.0	4 ~ 5	4	4	16 ~ 18	270 ~ 330	20
20.0	6 ~ 7	5	4 ~ 5	20	300 ~ 350	22 ~ 24
25.0	8 ~ 9	5	4 ~ 5	20	320 ~ 350	22 ~ 24

(三)铝青铜的手工钨极氩弧焊

1. 铝青铜的焊接特点

铝青铜在电弧高温加热下,铝被氧化,生成难熔的氧化铝(Al_2O_3)薄膜,覆盖在熔池表现,使焊缝产生夹渣和气孔等缺陷。

2. 焊前坡口准备

铝青铜板厚小于 4 mm 采用不开坡口 I 形对接,留 0 ~ 2 mm 间隙;板厚 4 mm ~ 19 mm 开 V 形坡口,60° ~ 70°坡口角度,1 mm ~ 3 mm 间隙,1 mm ~ 3 mm 钝边。

焊前必须仔细清理坡口及其两侧,可用机械清理和化学清理。对于铸件缺陷应清除干净,若发现缺陷是疏松组织,补焊前用电弧熔一遍,待确认下面金属组织致密后,再清理缺陷处表面,方可填加焊丝焊补。

3. 铝青铜钨极氩弧焊用焊丝

铝青铜钨极氩弧焊可选用铝青铜焊丝 HSCuAl 和 HSCuAlNi 两种型号,后者焊丝含有少量的铁和镍,对焊接性有所改善。同样也可以从同成分铝青铜板母材上截取窄条作为焊丝。铝青铜钨极氩弧焊选用的焊丝参见表 5 - 32。

4. 铝青铜钨极氩弧焊工艺技术

铝青铜中含有 7% 以上的铝,钨极氩弧焊的电源采用交流,只有小焊接电流才考虑用直流反接,这有助于氧化铝的清理。

钨极氩弧焊焊铝青铜的电流要比紫铜的小 25% ~ 30%,表 5 - 35 为铝青铜手工钨极氩弧焊的工艺参数(交流)。

表 5 - 35　铝青铜手工钨极氩弧焊的工艺参数(交流)

板厚 /mm	钨极直径 /mm	焊丝直径 /mm	喷嘴孔径 /mm	氩气流量 /(L/min)	焊接电流 /A	备　　注
1.5	4	2	10 ~ 12	8 ~ 10	100 ~ 130	
3	4	3	10 ~ 12	12 ~ 16	180 ~ 220	
6	4	3	12 ~ 18	20 ~ 24	280 ~ 320	
9	4	4 ~ 5	12 ~ 18	22 ~ 28	320 ~ 420	预热温度 150 ℃
12	4	4 ~ 5	12 ~ 18	22 ~ 28	360 ~ 420	

铝青铜板厚小于 12 mm,不预热焊接;板厚大于 12 mm 的工件需要预热 150 ℃ 左右。

焊大尺寸铝青铜铸件,可将工件倾斜 15°,施行上坡焊,这有利于焊透。多层焊接时,每层焊缝焊好后应对焊缝表面进行清理,去除氧化膜。层间温度应低,焊后在室温下冷却焊缝。

五、白铜的手工钨极氩弧焊

(一)白铜的焊接特点

影响焊接白铜的主要因素是镍,加入镍后除了易产生热裂纹外,镍和其他金属熔合性能良好,容易获得合格的焊接接头,白铜的焊接性良好,但也存在以下几个问题。

1. 产生热裂纹

白铜中有较多的镍,若白铜存在较多的硫磷杂质,则镍和硫会产生硫化镍 Ni_2S 低熔杂质,熔点仅 645 ℃,焊缝结晶过程中,低熔杂质在焊接中央形成液态薄膜,受焊接应力作用,便开裂成纹。

2. 产生气孔

若清理焊接坡口未做好,高温溶解的氢冷却时来不及逸出熔池,便产生气孔。

3. 抗蚀性降低

在电弧高温作用下,镍被蒸发和烧损,使焊缝中镍含量下降,抗蚀性降低。

4. 焊接变形及应力大

铜镍合金的膨胀系数大,收缩率大,焊后要产生较大的变形和应力。

(二)焊前坡口准备

白铜板厚 2 mm 以下不开坡口,间隙 0 ~ 0.5 mm;板厚 3 mm 以上开 V 形坡口,坡口角度 55° ~ 70°,不留钝边,尽可能不留间隙。坡口采用机械加工,剪切、刨削、车削都可以。薄板短焊缝也可采用砂轮手工打磨成坡口。

焊前清理坡口是防止产生氢气孔的重要措施。坡口清理可用 0 号,1 号砂纸打磨露出金属光泽,然后用丙酮或无水酒精擦洗,以确保坡口表面无水、油等杂质。

(三)白铜钨极氩弧焊用的焊丝

目前我国国标的白铜焊丝的型号是 HSCuZnNi 锌白铜焊丝和 HSCuNi 白铜焊丝。选用焊丝时主要考虑焊丝的镍含量应大于母材的镍含量,以弥补焊接过程中镍的损耗。

船厂中焊接白铜管母材 CuNi10Fe,选用 CuNi30Fe 白铜焊丝。焊丝中含有 30% 的 Ni,而母材仅含有 10% 的 Ni。表 5 – 36 为白铜钨极氩弧焊选用的焊丝,供参考。

表 5 – 36　白铜钨极氩弧焊选用的焊丝

母材类型	焊丝牌号及型号
白铜	HSCuNi
锌白铜	HSCuZnNi
铁白铜 CuNi10Fe	CuNi30Fe

(四)白铜管内充氩气保护

焊白铜管时,管内焊缝背面需要氩气保护。焊前先将管子对接缝坡口用铝箔黏胶带贴封住,并用橡皮闷头封住管子两端,然后通过橡皮闷头向管内通氩气,通气 5 min ~ 12 min 后,将接缝处的黏胶带拆除(大径管可分段拆除),然后进行焊接。

(五)白铜管手工钨极氩弧焊工艺和操作技术

1. 分段转动管子焊接

将管子轴线置于水平位置,把管子对接环缝分成四段(3 点,0 点,9 点,6 点),从 3 点开始向上焊到 0 点,焊好 1/4 周后,将管子顺时针转 1/4 周,再焊 1/4 周后,再转 1/4 周,再焊再转,直至焊满全周环缝。焊接位置总是由立焊转为平焊(上坡焊)。

2. 白铜管分段转动手工钨极氩弧焊的工艺参数

目前船上应用的白铜管材质为 CuNi10Fe,其壁厚不大于 3 mm ,钨极直径选用 3 mm,焊丝选用 1.5 mm ~ 3 mm。氩气流量随管径增大而增大,尤其是管内氩气流量变动大。焊接位置由立焊过渡到平焊,同时要兼顾焊接电流的选择。白铜管手工钨极氩弧焊的工艺参数见表 5 - 37。白铜管焊接电源采用直流正接。

表 5 - 37　白铜管手工钨极氩弧焊的工艺参数

序号	管子规格/mm	钨极直径/mm	喷嘴孔径/mm	层次	焊丝直径/mm	电流/A	正面流量/(L/min)	背面流量/(L/min)	备注
1	$\Phi38\sim60$ $\delta1.5$	3.0	9.0	单道单层焊	2.0	60 ~ 80	8 ~ 0	5 ~ 8	
2	$\Phi76\sim108$ $\delta2$	3.0	9.0	单道单层焊	2.0	85 ~ 105	8 ~ 12	8 ~ 12	不开坡口I形对接,焊丝牌号CuNi30Fe
3	$\Phi133\sim159$ $\delta2.5$	3.0	9.0 ~ 12.0	单道单层焊	2.0	110 ~ 115	8 ~ 12	10 ~ 15	
4	$\Phi219\sim377$ $\delta3$	3.0	12.0	打底层	1.5	110 ~ 115	10 ~ 14	15 ~ 20	
				盖面层	3.0	105 ~ 120			

3. 管子分段焊接操作技术

管子分段转动焊接实质上是每段进行变坡度的上坡焊,焊接操作时电流是无法调节的,焊工在控制焊枪位置和加丝方面应逐步变动。在 3 点稍下方立焊位置处引弧,引弧后钨极不动,待熔化坡口形成熔池和熔孔后,在熔池上方填加焊丝,焊枪沿圆周向上坡移动,同时视坡口宽度适当作横向摆动,焊丝断续加入熔池中。要观察熔池的状态,当熔池能深入坡口根部,表明根部已焊透,背面能成形,最后成为平焊时收弧。焊好 1/4 周后,将管子顺时针转 1/4 周,焊第二个 1/4 时,应在弧坑中心的下方引弧,引弧后焊枪不动,待电弧熔化形成熔池宽度达到所需要的焊缝宽度后,焊枪上移,作适当摆动,填加焊丝,按正常操作进行焊接。用同样方法焊第三个 1/4 周。当第四个 1/4 周焊缝收弧时,电弧行走到环缝的始端处,电弧缓慢前行,少加焊丝,再焊过 10 mm 进行收弧。

焊厚壁管子盖面层时,焊枪作横向摆动,并在坡口两侧稍作停留,焊丝也随之摆动,熔池熔化坡口边缘约 2 mm,并使焊缝的熔宽力求均匀,还要有大于 1 mm 的余高。

白铜管子手工钨极氩弧焊不需要焊前预热,多层焊的层间温度不超过 150 ℃。

六、铜及铜合金手工钨极氩弧焊生产举例

(一)铜汇流排的手工钨极氩弧焊

1. 产品结构和材料

某舰艇发电系统中的铜汇流排要接长,用手工钨极氩弧焊来完成。铜汇流排截面尺寸为 6 mm×60 mm,材质为紫铜,牌号 T1。采用 V 形坡口对接,坡口角度为 90°,间隙为 0,钝边为 1 mm ~ 2 mm。

焊接材料:焊丝 HSCu,铜含量≥98.0%,直径 4 mm;氩气,纯度≥99.98%;铈钨极,直径 4 mm。辅助材料为石墨板,开圆弧槽,深 2 mm ~ 3 mm。

2. 焊接工艺

（1）坡口加工。用刨床对铜排刨削，单边坡口角度为45°，留1 mm~2 mm钝边。同时将同厚度铜板刨出90°V形槽，作为引弧板和收弧板。

（2）用机械方法清理坡口及其两侧各15 mm范围内的油、水、灰尘等污物。用同样方法清理焊丝及引弧板与收弧板。

（3）定位焊。铜汇流排接上焊接接地电缆（接直流焊接电源正极），将引弧板、收弧板焊在铜汇流排两侧用石墨板垫在铜排下，并将铜排搁平，如图5-26所示。

（4）预热。用氧炔焰对铜排坡口及其两侧各100 mm范围加热，预热温度为350 ℃。

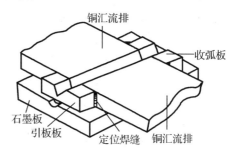

图5-26 铜汇流排两端焊上引弧板和收弧板

（5）焊打底层。在引弧板端部引弧，待电弧稳定，钨极预热后开始移动钨极电弧，弧长约3 mm~5 mm，钨极作直线运动，要保证坡口根部焊透，不必担心烧穿问题，因为有石墨衬垫。焊速宜快，避免铜过热，在收弧板上收弧。铜汇流排手工钨极氩弧焊的工艺参数见表5-38。

表5-38 铜汇流排手工钨极氩弧焊的工艺参数

坡口	钨极直径 /mm	焊丝直径 /mm	喷嘴孔径 /mm	焊接电流 /A	气体流量 /(L/min)	预热温度 /℃
板厚6 mm V形坡口90°，钝边1 mm~2 mm	4	4	12	300~350	10~14	350~400

（6）焊填充层。焊前用钢丝刷清理焊缝表面氧化物。焊填充层时焊枪宜作小幅摆动，焊丝从熔池边缘送入，若发现熔池中混入杂质，可停止加丝，拉长电弧，用焊丝挑去熔池表面杂质，熔池不清不加焊丝。要防止焊丝和钨极相碰（打钨极），打钨极会产生大量的金属烟尘，落入熔池，焊缝出现蜂窝状气孔和裂纹。这时应停止焊接，把焊缝中的缺陷清除掉，将钨极端部修磨去除铜。焊填充层的工艺参数基本上可和打底层同。焊缝厚度达到离铜汇流排表面1 mm~2 mm，焊缝平坦，无明显凹凸。

（7）焊盖面层。焊枪横向摆动，在两侧稍作停留，熔化坡口边缘0.5 mm~1.5 mm，加焊丝适量，使焊缝有1.5 mm~2.5 mm的余高。

（8）拆除引弧板和收弧板。用锯条将引、收弧板锯断，焊缝断面和定位焊残留部分用锉刀锉平。

(二)白铜管和碳钢套管的手工钨极氩弧焊

1. 产品结构和材料

某舰的海水冷却管系白铜合金管,牌号 CuNi10Fe,外径 60 mm,壁厚 2 mm。船体结构的要求是白铜管穿过隔舱壁,隔舱壁材料为一般强度船体结构用钢,属低碳钢,隔舱壁厚 8 mm。若将白铜合金管直接和低碳钢隔舱壁焊接,由于两者化学成分差异、性能不同及隔舱壁刚性大,容易产生裂纹,解决此问题采取过渡层焊缝的方法。在白铜合金管和隔舱壁之间加入一只长 100 mm 的碳钢套管,牌号为 20 钢,外径 76 mm,壁厚 7.5 mm。先在碳钢套管上两端头堆焊过渡层,然后再和白铜合金管焊在一起,最后用焊条电弧焊将套管焊在隔舱壁上,如图 5-27 所示。过渡层焊缝是碳钢套管端面上堆焊铜镍合金的熔敷金属。由于在管子上堆焊,其焊接应力较小,不会产生裂纹。堆焊后的焊缝成分是铜镍铁合金成分,这和白铜合金管成分接近,于是焊接性得到了改善。

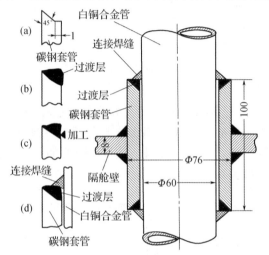

图 5-27　穿舱壁套管和白铜管的焊接
a—坡口加工;b—堆焊过渡层;
c—堆焊后加工;d—焊连接焊缝

焊接材料:铈钨极,直径 2.5 mm;氩气,纯度为 99.99%;焊丝为 CuNi30Fe 铜镍铁合金焊丝,直径 2.0 mm,焊丝含 Ni 30%(母材含 Ni 10%)。

2. 焊接工艺

(1)对 20 钢套管的两端面进行车削,制成内坡口,坡口角度为 45°,留钝边为 1 mm(图 5-27,a)。

(2)用 0~1 号砂纸打磨钢套管坡口及白铜合金管的焊接处,清洁坡口及其周围各 15 mm。

(3)在 20 钢套管的内坡口上进行堆焊,作为过渡层(图 5-27,b),用 CuNi30Fe 白铜合金焊丝进行手工钨极氩弧焊堆焊,焊接工艺参数见表 5-39。

表 5-39　碳钢套管和白铜合金管接头的手工钨极氩弧焊工艺参数

焊缝	钨极直径 /mm	焊丝直径 /mm	焊接电流 /A	电弧电压 /V	气体流量 /(L/min)	电源种类和极性
过渡层堆焊	2.5	2.0	60~120	10~12	10~12	直流正接
搭接接头的角焊缝	2.5	2.0	80~130	11~14	8~10	直流正流

(4)对堆焊过的 20 钢套管的内表面进行车削,削去其高出内表面部分的堆焊金属(图 5-27,c)。

(5)将堆焊好的 20 钢套管套上白铜合金管,并对钢套管和白铜合金管进行定位焊。

(6)用手工钨极氩弧焊焊接过渡层和白铜合金管搭接接头的角焊缝(图 5-27,d)。焊接工艺参数见表 5 – 39。

(7)焊接钢套管和隔舱壁连接的角焊缝,用焊条电弧焊完成。

从表 5 – 39 可以看到,堆焊过渡层时,焊接要求熔深不大,故焊接电流小。而堆焊管子端面时,未加挡板的气体保护效果差,故氩气流量要大些。焊接连接角焊缝时,由于是搭接接头,电弧被钢套管传导散热较多,故焊接电流需要大些。

(三)黄铜螺旋桨的手工钨极氩弧焊的补焊

1. 产品结构和材料

船用螺旋桨在铸造、机加工过程中,往往出现气孔、夹杂和松疏组织的缺陷。在航行一段时间后会发生磨损、腐损、缺损等缺陷。修补螺旋桨具有一定的经济价值,采用手工钨极氩弧焊补焊是有效、高质量的方法。现举例黄铜螺旋桨在航行中磨损、腐蚀和局部被折断缺,如图 5 – 28 所示。黄铜螺旋桨材质为 ZHAl67 – 5 – 2 – 2,属于铸造铝黄铜。

焊接材料:铈钨极,直径 4 mm;焊丝直径 4 mm,型号为 HSCCuAlNi(镍铝青铜);氩气,纯度 99.98%。

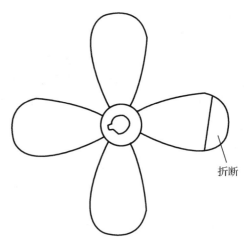

5 – 28 螺旋桨的补焊

2. 焊接工艺

(1)对螺旋桨定位测量。把螺旋桨放在测量平台上,由钳工测量其磨损尺寸,并作记录,确定螺旋桨需要补焊的位置和堆焊高度。通常堆焊高度小于 3 mm,可以一层堆焊,大于 3 mm 要以两层甚至三层焊成。

(2)清理螺旋桨表面。用丙酮擦洗去油污,用砂轮打磨去除氧化膜,露出金属光泽。

(3)吊上焊接变位机。清洗后的螺旋桨吊上焊接变位机,以便调整焊接位置,使焊接位置处于平焊,因为平焊焊缝表面最光顺,堆焊时焊道和焊道之间的道沟浅,这样堆焊高度可以减小些。

(4)预热。大型螺旋桨要考虑预热,可以用远红外加热器置于补焊处的背面,预热温度为 100 ℃ ~ 150 ℃,道间温度不小于 100 ℃。

(5)焊接工艺参数。由于是铝黄铜,选用交流电源。堆焊不需要大的熔深,采用多道、多层焊,又加上预热,所以不需要大的焊接电流。由于补焊面积大,需要大的焊枪喷嘴及大的氩气流量。黄铜螺旋桨手工钨极氩弧焊补焊的工艺参数见表 5 – 40。

(6)表面堆焊。焊工首先要明确堆焊位置和堆焊层数。焊枪宜不摆动,焊窄焊道,多道焊的表面尽可能光顺,要消除大于 1 mm 的道沟。随着螺旋桨表面曲率的变化,用焊接变位机调整成平焊,每道焊后要清理表面。

表 5 - 40　黄铜螺旋桨手工钨极氩弧焊补焊的工艺参数

钨极直径/mm	焊丝直径/mm	焊接电流/A	电弧电压/V	氩气流量/(L/min)	喷嘴孔径/mm	备注
5	4	160～240	28	20	16	焊丝 HSCuAlNi

　　每个螺旋桨叶片的焊接顺序是由里向外逐道进行焊接,最后对叶片的外围补焊一道,如图 5 - 29 所示。一个叶片堆焊好后,接着补焊对称的另一片叶片,然后焊剩下二个叶片。

　　(7)补焊缺块。对螺旋桨的缺块宜用同质的黄铜块进行对接焊。在无合适的黄铜块时,只好对浆进行延伸补焊,使螺旋桨的外缘向外逐渐延伸。补焊时可以用紫铜板作垫板,有利于填补焊缝外伸成形。

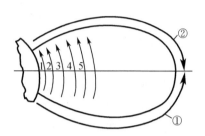

图 5 - 29　螺旋桨叶片的焊接顺序
先焊顺序 1,2,3……;后焊顺序①②

　　(8)焊后处理。补焊结束前,应检查一下补焊的尺寸是否达到要求,对局部不合格的地方进行加焊,尤其是道沟及外缘尺寸。补焊结束后应缓冷,先将螺旋桨叶片加热到 250 ℃ ～350 ℃ ,然后用保温材料覆盖叶片,缓冷至室温。缓冷后对补焊的螺旋桨进行全面的打磨,使螺旋桨获得光顺的外形。最后对螺旋桨作静平衡试验。

　　(9)黄铜螺旋桨含有较多的锌,焊接时锌的蒸发对焊工健康不利,为此必须采取有效的排风措施,同时又要不影响氩气的保护。

第七节　铝及铝合金的手工钨极氩弧焊

一、铝及铝合金的性能、分类及用途

(一)铝及铝合金的性能

　　纯铝是银白色的轻金属,密度小($2.7\ g/cm^3$),熔点为 660 ℃ 。导电率高,但低于金银铜,导热率比钢大 2 倍多。纯铝的强度很低,为了提高强度,通常加入一些合金元素,如 Mn,Mg,Si,Cu,Zn 等,形成铝合金。铝及铝合金置在空气中,铝表面很快会形成一种黏着力强且耐热的氧化铝(Al_2O_3)薄膜,其熔点是 2 050 ℃ 。氧化铝组织致密,与铝结合力强,能阻止铝继续氧化,保护铝不受破坏。铝及铝合金在航空、化工、汽车、船舶、机械制造、电力及石油工业部门获得了广泛的应用。

(二)铝及铝合金的分类

　　铝含量≥99.00% 的铝称为工业纯铝,旧牌号为 L1～L7,L1 纯度最高达 99.7% 。

　　按铝合金的化学成分和制造工艺不同,铝合金可以分为变形铝合金和铸造铝合金。

　　变形铝合金按强化方式不同,又可分为非热处理强化铝合金和热处理强化铝合金。非热处理强化铝合金只可以变形强化,主要有铝锰合金(Al - Mn)和铝镁合金(Al - Mg)。非热处理强化铝合金称为防锈铝合金(LF),其强度中等,塑性和抗裂性好,焊接性也较好。热处理强化铝合金既可以变形强化,又可以热处理强化。经热处理强化后,强度提高,焊接性能变差,焊接裂纹倾向大,焊接接头对应力腐蚀敏感。热处理强化铝合金又可以分为硬铝合金(LY)、超硬铝合金(LC)、锻铝合金(LD)及新型铝合金。

铸造铝合金可分为铝硅系合金(ZL1××)、铝铜系合金(ZL2××)、铝镁系合金(ZL3××)及铝锌系合金(ZL4××)。铝及铝合金的分类见图5-30。

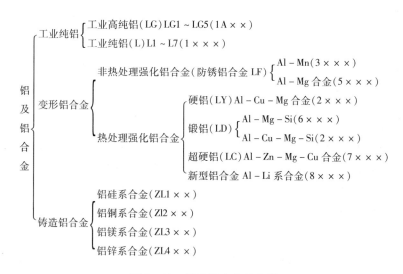

图5-30 铝及铝合金的分类

(三)铝及铝合金的牌号、性能及用途

铝及铝合金的牌号是以四位数字来表示,第一位是数,表示铝及铝合金的类别,即1×××——纯铝;2×××——铝铜合金;3×××——铝锰合金;4×××——铝硅合金;5×××——铝镁合金;6×××——铝锰硅合金;7×××——铝锌合金;8×××——其他合金元素为主的铝合金;9×××——备用。

四位数字牌号第二位是字母A、B或数0~9,A——原始的纯铝或铝合金;B——改型的牌号;0——杂质限量无特殊控制;1~9——对合金元素及杂质有不同控制;四位数字牌号的最后二位数字,用以区别同类产品中的不同成分。表5-41为常用工业纯铝的牌号、成分、性能及用途,表5-42为常用铝合金的分类、牌号、成分、性能及用途。

二、铝及铝合金的焊接特点

(一)氧化铝形成焊缝夹杂

铝的化学活泼性很强,铝表面极易形成氧化铝(Al_2O_3),氧化铝的熔点(2 050 ℃)比铝熔点(660 ℃)高得多,且氧化铝的密度(3.85 g/cm³)比铝(2.7 g/cm³)大,焊接时金属表面和熔池上面的氧化铝薄膜阻碍了金属间的熔合,容易形成焊缝夹杂。

表 5 –41　常用工业纯铝的牌号、成分、性能及用途

新牌号	旧牌号	质量分数 /%	σ_b /MPa	δ_5 /%	硬度 /HBS	用　　途
1070A	L1	99.7				用于制造导电体及防蚀器械
1060	L2	99.6				
1050A	L3	99.5	55 ~ 90	13 ~ 30	20 ~ 80	制造各种优质铝合金
1035	L4	99.3				
1200	L5	99.0				制造普通铝合金及日用品
8A06	L6	98.8				

（二）容易生成氢气孔

铝及铝合金的液态熔池极易吸收水分,溶入大量的氢气,当熔池冷凝速度快,液态变成固态时,氢的溶解度会急剧下降,氢来不及逸出,于是在焊缝中生成较多的氢气孔。铝及铝合金焊接中,气孔是常见的缺陷。

（三）容易产生烧穿或未焊透

铝加热由固态转变液态过程中,没有明显的颜色变化,这就使焊工难以判断熔池温度高低,操作困难。若未察觉熔池温度已高,且坡口根部已熔透,于是熔池金属受重力作用,形成熔池下垂,甚至产生烧穿;反之,尚未察觉熔池温度太低,而加入较多的焊丝,于是就形成未焊透或未熔合缺陷。

（四）焊接变形及应力大

铝的膨胀系数比钢大近一倍,而凝固时收缩率比钢大二倍,因此铝焊件的焊接变形及应力大。

三、铝及铝合金钨极氩弧焊焊丝

铝及铝合金钨极氩弧焊选用焊丝主要依据是母材的成分,并考虑焊缝的抗裂性、强度及耐蚀性等。

焊接母材纯铝时,应选用纯度比母材高一级或二级的纯铝焊丝。纯铝焊丝 HS301（SAl –3）的纯度 >99.5%,可用于焊接母材 L2 ~ L6 工业纯铝。

焊接常用的铝镁合金可选用 HS331（SAlMg –5）铝镁焊丝,其镁含量约 5% 大于母材的镁含量,可弥补镁的烧损,焊丝中还含有钛 0.05% ~ 0.20%,能细化焊缝金属晶粒。

焊铝锰合金可选用 HS321（SAlMg）铝锰焊丝。

焊铝硅合金可选用 HS311（SAlSi）铝硅焊丝。HS311 是种通用焊丝,它也可焊铝锰合金（LF21）和锻铝（LD2）。

在缺乏标准焊丝情况下,可从母材上剪下窄条作焊丝。表 5 –43 为常用铝及铝合金钨极氩弧焊选用的焊丝。

表5-42 常用铝合金的分类、牌号、成分、性能及用途

类别		牌号	化学成分/%												力学性能			用途
			Si	Fe	Cu	Mn	Mg	Cr	Ni	Zn	Ti	杂质	其他	Al	σb/MPa	δ5/%	硬度/HBS	
变形铝合金	防锈铝	5A05(LF5)	0.50	0.50	0.10	0.30~0.6	4.8~5.5			0.20			0.10	余量	280	23	70	制造焊接管道、耐蚀性能的容器、铆钉、防锈蒙皮及受力较小的结构件
		5B05(LF10)	0.40	0.40	0.20	0.20~0.6	4.7~5.7				0.15	Si+Fe 0.6	0.10	余量	270	23	70	
		3A21(LF21)	0.60	0.70	0.20	1.0~1.6	0.05			0.10	0.15		0.15	余量	130	24	30	
	硬铝	2A01(LY1)	0.50	0.50	2.2~3.0	0.20	0.2~0.5			0.10	0.15		0.15	余量	160	24	30	可加工成板、棒、管、线等型材或半成品
		2A11(LY11)	0.70	0.70	3.8~4.8	0.40~0.8	0.40~0.8			0.30	0.15	Fe+Ni 0.70	0.10	余量	180	18	45	
		2A12(LY12)	0.50	0.50	3.8~4.9	0.30~0.9	1.2~1.8		0.10	0.30	0.15	Fe+Ni 0.50	0.10	余量	230	18	42	
	超硬铝	7A04(LC4)	0.50	0.50	1.4~2.0	0.20~0.6	1.8~2.8	0.10~0.25		5.0~7.0	0.10		0.10	余量	600	10	—	受力大的结构件
	锻铝	6A02(LD2)	0.50~1.2	0.50	0.20~0.6	0.15~0.35 或 Cr0.15~0.35	0.45~0.9			0.20	0.15		0.10	余量	130	24	30	航空及仪表工业中的锻造零件
		2A14(LD10)	0.6~1.2	0.70	3.9~4.8	0.40~1.0	0.40~0.8		0.30				0.10	余量	480	10	—	

表 5-42（续）

类别		牌 号	化学成分/%											力学性能			用 途
			Si	Fe	Cu	Mn	Mg	Cr	Ni	Zn	Ti	其他	Al	σ_b/MPa	δ_5/%	硬度/HBS	
铸造铝合金	铝硅系	ZL101(ZAlSi7Mg)	6.5~7.5				0.25~0.45						余量	210	2	60	强度不高的薄壁零件,如壳体、气缸头等
		ZL102(ZAlSi12)	10.1~13.0										余量	160	2	50	
	铝铜系	ZL201(ZAlCu5Mn)			4.5~5.3	0.6~1.0					0.15~0.35		余量	300	8	70	高强度或高温条件下的零件,如支架、活塞等
	铝镁系	ZL301(ZAlM)					9.5~11.0					Z0.15~0.25	余量	280	9	60	防蚀介质中承受较大负荷的零件
	铝锌系	ZL401(ZAlZn11Si7)	6.0~8.0				0.1~0.3						余量	250	1.5	90	飞机、汽车仪表零件

表5-43 常用铝及铝合金钨极氩弧焊选用的焊丝

母材牌号或型号		焊丝牌号或型号
工业纯铝	L1	L1
	L2	L2,L1,HS301
	L3	L3,L2,HS301
	L4	L4,L3,HS301
	L5	L5,L4,L3,HS301
	L6	L6,L5,L4,L3,HS301
铝镁	LF2	LF2,LF3
	LF3	LF3,LF5,SALMg-2,HS331
	LF5	LF5,LF6,HS331
	LF6	LF6,LF14
	LF11	LF11
	LF15	LF15,LF16,5556
	LF16	LF16,5556
	5454	5554
	5086	5356
	5083	SA1Mg-3,5183
	5456	5556
铝锰	LF21	LF21,HS321,HS311
铝硅	ZL102	SALSi-2,SALSi-1,HS311
锻铝	LD2	4043,HS311
硬铝	LY11,LY12,LY16	HS311
铸铝	ZL101	ZL101,HS311
	ZL102	ZL102
铝镁硅	6061,6060,6106	4043

四、焊前坡口清理

清理氧化铝是保证铝焊接质量的重要的措施。铝及铝合金钨极氩弧焊前，要严格认真做好清理坡口及焊丝表面的氧化膜、油污及潮气等工作。清理方法有化学清理和机械清理。

（一）化学清理

适用于清理小工件及焊丝。先用丙酮或四氯化碳去除油污、尘垢，接着放在10%～15%的氢氧化钠溶液（60℃～70℃）中，浸洗2 min～3 min，然后用温水冲洗掉碱液，再放入30%的硝酸液中光化2 min～4 min，最后水洗后风吹干或烘干（低于100℃）。

（二）机械清理

适用于大工件和多层焊的层间清理。先用丙酮或四氯化碳清除油污,随后用不锈钢丝刷、电动或风动不锈钢丝轮、风动铣刀、刮刀清除表面氧化膜。清理坡口及其两侧各15 mm范围后,坡口表面呈现乳白色,在12 h内应焊接,否则会生成新的氧化膜,又要重新清理。

要取用或接触经过清理的焊丝或坡口,必须戴洁净无油的白手套。

五、铝及铝合金的焊接电源种类

（一）直流正接

钨极气体保护焊焊铝及铝合金时,焊接电源直流正接只能用于钨极氦（富氦＋氩）弧焊。直流正接是无阴极破碎效应的,但当电弧相当短时,电子撞击阳极（工件）也能清除一点氧化膜的。若焊前能彻底清除坡口上的氧化膜,焊接过程中产生的氧化膜也是有限的,则焊接质量是可以接受的。钨极氦弧焊时,采用直流正接,电弧的功率大,热量高,适合焊厚铝板,8 mm以下可不开坡口,效率高,经济价值高。

（二）直流反接

铝合金钨极氩弧焊采用直流反接,阴极破碎效应显著,能获得光亮的焊缝表面。但直流反接时,钨极热量过大熔化而落入熔池,导致夹钨缺陷。焊接铝板越厚,焊接电流越大,夹钨现象越严重,故直流反接不能使用大焊接电流,只能焊3 mm以下的铝板。

（三）交流电源

交流焊接电源,半周是直流正接,另半周是直流反接。直流反接时,有阴极破碎作用,有效去除氧化膜;直流正接时,钨极发热少,损耗减小,避免了夹钨,且工件熔池热量大,增大工件的熔深。所以钨极氩弧焊焊铝选用交流电是合理的。

（四）脉冲电源

在焊接薄板或非平焊位置焊缝时,希望熔池能被加热升温,并能散热而冷却降温,这样可以避免薄板烧穿,非平焊位置焊缝成形良好。脉冲焊时,大的脉冲电流对熔池加热升温。脉冲间歇（基值电流）时间内,熔池传导给工件的热量大于熔池吸收的热量,使熔池降温冷却。脉冲电源达到了对熔池加热和冷却的要求。铝合金用脉冲电源焊接薄铝板或超薄铝板,准确控制熔池的热和冷,焊接成形良好,能实现全位置焊接和单面焊两面成形。图5-31为脉冲焊一个个熔池焊点的形成,每个焊点都有加热和

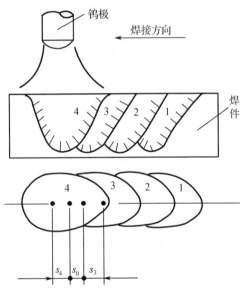

图5-31 脉冲钨极氩弧焊熔池焊点的形成过程

1,2,3,4—焊点序号;

s_3—形成第三焊点的脉冲电流作用区间;

s_4—形成第四焊点的脉冲电流作用区间;

s_0—脉冲间歇（基值电流）区间

冷却时间,加热熔化金属形成熔深,冷却就不可能再增加熔深,确保了既熔透又不烧穿。用脉冲电源焊接薄板是理想的。

六、铝及铝合金的坡口形式及焊接工艺参数

(一)铝及铝合金的坡口形式

手工钨极氩弧焊主要用于焊接薄铝板,也可用于中厚板。铝板 4 mm 以下采用不开坡口 I 形对接,留 0~2 mm 间隙;板厚≥4 mm 可采用 V 形坡口对接,坡口角度60°~90°,间隙 0~2 mm,钝边 0~3 mm;板厚≥12 mm 可采用 X 形坡口对接,坡口角度60°~90°,间隙 0~2 mm,钝边 0~3 mm。T 形接头是根据焊接结构的重要性来开坡口的,不重要结构的 T 形接头任何板厚不开坡口,留 0~2 mm 间隙;重要结构板厚≥6 mm 单面开坡口,坡口角度 45°~50°,间隙 0~2 mm,钝边 0~2 mm;板厚≥8 mm 可以双面开坡口,坡口角度50°,间隙 0~2 mm,钝边 0~2 mm。

(二)铝合金手工钨极氩弧焊工艺参数

铝合金的导热率是钢的 3~5 倍,且热容量约为钢的 2 倍,因而局部对坡口的加热较为困难,这就需要功率大或电弧热量集中的电弧热源,故而铝合金的焊接电流要比钢的大得多。焊接工艺参数要参照焊接坡口形式、板厚及焊接空间位置而定。表 5-44 为铝合金对接接头手工钨极氩弧焊的工艺参数(交流),表 5-45 为铝合金 T 形接头手工钨极氩弧焊的工艺参数(交流),表 5-46 为铝合金管子对接接头手工钨极氩弧焊的工艺参数(交流)。

表 5-44 铝合金对接接头手工钨极氩弧焊的工艺参数(交流)

板厚 /mm	坡口形式	焊接位置	焊道顺序	焊接电流 /A	焊速/ (mm/min)	钨极直径 /mm	焊丝直径 /mm	氩气流量/ (L/min)	喷嘴内径 /mm
1.0~1.2	→|←0~0.8	平立、横	1 1	65~80 50~70	300~450 200~300	1.6 或 2.4	1.6 或 2.4	5~8	8~9.5
2	→|←0~1	平立、横、仰	1 1	110~140 90~120	280~380 200~340	2.4 2.4	2.4	5~8 5~10	8~9.5
3	0~2(平、立、横) 0~1(仰)	平立、横、仰	1 1	150~180 130~160	280~380 200~300	2.4 或 3.2	3.2	7~10 7~11	9.5~11
4	→|←0~2	平立、横	1 1	200~230 180~210	150~250 100~200	3.2 或 4.0	3.2 或 4.0	7~10	11~13
4	→|←0~2	平立、横、仰	1 2(背面) 1 2(背)	180~210 160~210	200~300 150~250	3.2 或 4.0	3.2 或 4.0	7~10	11~13

板厚/mm	坡口形式	焊接位置	焊道顺序	焊接电流/A	焊速/(mm/min)	钨极直径/mm	焊丝直径/mm	氩气流量/(L/min)	喷嘴内径/mm
6		平	1	270～300	150～200	5.0	5.0	8～11	13～16
6		平、立、横、仰	1 2 1 2	230～270 200～240	200～300 100～200	4.0或5.0	4.0或5.0	8～11	13～16
6		平、横、立	1 2(背) 1 2(背)	240～280 200～240	250～300 150～250	4.0或5.0	4.0或5.0	8～11	13～16
6		平、立、仰	1 2 1 2	220～270 180～230	150～250 100～200	4.0或5.0	4.0或5.0	8～11	13～16
9		平、立、横、仰	1 2 1 2 3	280～340 350～280	120～180 100～150	6.4 5.0	5.0	10～15	16
9		平	1 2(背)	340～380	170～220	6.4	5.0或6.0	10～15	16
9		立、横	1 2 3(背)	320～360	170～270	6.4	5.0或6.0	10～15	16
9		平、立、横、仰	1 2(背) 1 2(背)	320～360 240～280	150～250 100～150	6.4 5.0	5.0	10～15	16

板厚/mm	坡口形式	焊接位置	焊道顺序	焊接电流/A	焊速/(mm/min)	钨极直径/mm	焊丝直径/mm	氩气流量/(L/min)	喷嘴内径/mm
12	60°~90°，0~3，0~2	平	1 2	360~470	70~150	6.4	6.0	10~15	16
	60°~90°，0~2，0~3	平	1 2 3(背)	360~400	150~200	6.4	6.0	10~15	16
	70°~90°，0~2，0~3	立	1 2 3 4(背)	340~380	170~270	6.4	6.0	10~15	15
	0~2，70°~90°，0~2	横	1 2 3 4(背)	340~380	170~270	6.4	6.0	10~15	16
	60°~80°，0~3，0~2，60°~90°	平、立、横、仰	1、2 3(背) 4(背)	300~350	150~250	6.4		10~15	16
			1、2 3(背) 4(背)	240~290	70~150	5.0	5.0	10~15	16

表 5－45 铝合金 T 形接头手工钨极氩弧焊的工艺参数（交流）

板厚/mm	坡口形式	焊脚/mm	焊接位置	焊道数	焊接电流/A	焊速/(mm/min)	钨极直径/mm	焊丝直径/mm	氩气流量/(L/min)	喷嘴内径/mm
2	0~1	3~4.5	全	1	90~130	200~250	2.4	2.4	6~9	6~9.5
3	0~2	4~5	全	1	180~210	200~250	3.2	3.2	7~10	8~9.5

板厚/mm	坡口形式	焊脚/mm	焊接位置	焊道数	焊接电流/A	焊速/(mm/min)	钨极直径/mm	焊丝直径/mm	氩气流量/(L/min)	喷嘴内径/mm
4		4 ~ 6	全	1	210 ~ 240	200 ~ 250	4.0	3.2	7 ~ 10	8 ~ 9.5
6		6 ~ 8	全	1	270 ~ 310	200 ~ 250	5.0	4.0 或 5.0	8 ~ 11	8 ~ 13
		—	船形、横角	2	200 ~ 240	100 ~ 150	4.0	4.0 或 5.0	8 ~ 10	8 ~ 9.5
8		7.5 ~ 8	船形、横角、立角	1	300 ~ 350 250 ~ 300	150 ~ 180 60 ~ 120	5.0 或 6.4	4.0 ~ 6.0	9 ~ 12	11 ~ 13
		—	船形、横角	3	250 ~ 310	60 ~ 150	5.0	4.0 或 5.0	9 ~ 12	11 ~ 13
		—	船形、横角	6	240 ~ 310	70 ~ 130	5.0	4.0 或 5.0	9 ~ 11	11 ~ 13
10		—	船形、横角、立角	1 3	330 ~ 380 250 ~ 300	120 ~ 180 60 ~ 150	6.4 5.0	4.0 ~ 6.0	10 ~ 12	13
		—	船形、横角、立角	3	250 ~ 320	50 ~ 130	5.0	4.0 或 5.0	9 ~ 12	9 ~ 13
		—	船形、横角、立角	6	250 ~ 310	70 ~ 140	5.0	4.0 或 5.0	10 ~ 12	9 ~ 13

表 5-45（续）

板厚/mm	坡口形式	焊脚/mm	焊接位置	焊道数	焊接电流/A	焊速/(mm/min)	钨极直径/mm	焊丝直径/mm	氩气流量/(L/min)	喷嘴内径/mm
		—	船形、横角	1	380~400	100~150	6.4	5.0	10~12	13
12		—	船形、横角	3	260~330	50~130	5.0	5.0	10~12	9~3
		—	船形、横角	6	260~320	70~140	5.0	4.0 或 5.0	10~12	9~13

表 5-46 铝合金管子对接接头手工钨极氩弧焊的工艺参数（交流）

管子直径/mm	壁厚/mm	衬环厚度/mm	焊接位置	焊接层数	焊接电流/A	钨极直径/mm	焊丝直径/mm	气体流量/(L/min)	喷嘴孔径/mm
25	3	2.0	水平旋转	1~2	100~115	3.0	2.0	10~12	12
			水平固定	1~2	90~110	3.0	2.0	12~16	
			垂直固定	1~2	95~115	3.0	2.0	10~12	
50	4	2.5	水平旋转	1~2	125~150	3.0	3.0	12~14	14
			水平固定	1~2	120~140	3.0	3.0	14~18	
			垂直固定	2~3	125~145	3.0	3.0	12~14	
60	5	2.5	水平旋转	2	140~180	3.0	3~4	12~14	16
			水平固定	2	130~150	3.0	3~4	14~18	
			垂直固定	3~4	135~155	3.0	3~4	12~14	
150	7	4.5	水平旋转	2	210~250	4.0	4.0	14~16	18
			水平固定	2	195~205	4.0	4.0	16~20	
			垂直固定	3~5	200~220	4.0	4.0	14~16	
300	10	5.0	水平旋转	2~3	250~290	5.0	4~5	14~16	20
			水平固定	2~3	245~255	5.0	4~5	18~20	
			垂直固定	3~5	250~270	5.0	4~5	14~16	

注:管子对接 V 型坡口,70°角,1.5 mm 钝边,≤6 mm 间隙,管内衬环宽 20 mm~40 mm。

181

七、铝及铝合金手工钨极氩弧焊的操作技术

(一)焊枪位置及运动

铝及铝合金手工钨极氩弧焊可以实施左向焊或右向焊,通常铝板 10 mm 以下宜用左向焊,可避免母材过热。左向焊的焊枪和焊缝成 70°~80°角。操作时应使用短弧,在不加焊丝焊时,弧长为 1 mm~2 mm,而加焊丝时弧长在 4 mm~7 mm,要防止钨极触及熔池。焊铝合金要用大电流,又要防止液态熔池在高温下停留时间长,吸收氢能力强,易产生氢气孔,应采取快焊速。大电流、快焊速是减小气孔的重要工艺措施。

(二)焊丝的填加

焊丝和接缝线的夹角宜小,一般为 10°~20°,若倾角太大,易扰乱电弧及气流的稳定。焊丝加入点应在熔池的前缘,填加焊丝的速度要均匀往前。用三指掐住焊丝进给时掐住点的位置要适当。若焊丝太长,铝焊丝轻而易抖动,送不到位;若太短,则增加焊缝接头的数量。加丝时要防止和钨极相碰,不加丝时焊丝仍在气体保护区内。

(三)引弧及收弧

为了防止引弧处产生钨的飞溅引起的夹钨缺陷,宜在接缝的端部设置引弧板,在引弧板上引弧,引渡到正式接缝上进行正常焊接。焊容器的环缝时,可在不与接缝连接的单独引弧板上引弧,待电弧稳定燃烧,且钨极端部被加热到适当温度后,将电弧熄灭,接着立即在焊缝的起始处重新引弧。当熔池形成后,立即加入少许焊丝,待焊丝被熔透,同时可观察到明亮的熔池前半部有下坠的月牙形,这时及时在熔池前沿加入焊丝,焊枪迅速前移。焊接过程中,熔透、加丝和焊枪前行动作要协调。

铝合金管子全位置焊时,仰位置的引弧点不宜设置在 6 点正位置,因为此位置仰焊形成熔池的时间较长,熔池吸收有害气体的时间长易产生气孔或过热。应在 6 点半至 7 点处引弧,形成熔池后电弧前移,达 6 点位置时焊缝已达到正常的焊接温度并焊透,以较快的焊速通过 6 点,熔化金属受热时间短,吸收有害气体机会少,所以可避免气孔或过热问题。

收弧时要防止弧坑裂纹和缩孔。可在设置的收弧板上收弧,无收弧板时,可在收弧时多填加焊丝,填满弧坑。有焊机(衰减电流)条件的可用衰减电流来收弧。也可用断弧和重新引弧若干次(2~3 次)来填满弧坑。断弧后不能立即关闭气流,必须等电极呈暗红色后才能关闭,这段时间一般为 5 s~15 s,以保弧坑质量,并防止钨极氧化。

(四)焊缝的接头

引弧点要避开 6 点正位置,同理焊缝接头的连接点也应避开此位置。焊接引弧处接头时,在前焊缝弧坑(或端头)后重叠约 10 mm~15 mm 处引弧,引弧后重叠处不加或少加丝,熔化焊缝焊枪前行,待形成新的熔池后正常加丝焊接。

焊接过程中,遇到定位焊缝时,应提高焊枪,并使焊枪垂直工件,增大电弧加热熔池热量,以确保焊透。

八、铝及铝合金手工钨极氩弧焊生产举例

(一)铝镁合金肋骨框面板的手工钨极氩弧焊

1. 产品结构和材料

一快艇的肋骨框面板对接,材质为铝镁合金5083(旧牌号 LF4),它的化学成分见表5－47。面板厚8 mm,宽120 mm。采用手工钨极氩弧焊。开 V 形坡口(图5－32),坡口角度为60°～70°,间隙为0～0.5 mm,钝边为1.5 mm～2.5 mm。

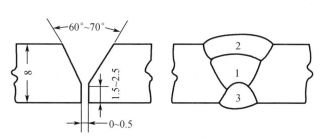

图 5－32 铝合金肋骨框面板的坡口和焊缝

表 5－47 铝合金板手工钨极氩弧焊母材和焊丝的化学成分(质量分数)/%

材料	牌号	Si	Fe	Cu	Mn	Mg	Cr	Zn	Ti	其 他		备 注
										单个	合计	
母材	5083	0.40	0.40	1.0		4.0～4.9	0.05～0.25	0.25	0.15	0.05	0.15	铝镁合金,旧牌号 LF4
焊丝	SAlMg－3 (5183)	0.40	0.40	0.10	0.50～1.0	4.3～5.2	0.05～0.25	0.25	0.15	0.05	0.15	锰多,镁略增

焊接材料:铈钨极3.2 mm;氩气,纯度99.99%;焊丝型号 SAlMg－3(铝镁合金5183),其成分见表5－47。

2. 焊接工艺

(1)坡口清理。焊前必须对坡口及其两侧各15 mm范围内清除油污、氧化膜等污物。用丙酮擦净去油污,后用细钢丝刷擦净去氧化膜,直至露出金属光泽。坡口清理后应及时焊接,不得超过12小时。用同样的方法清理焊丝。

(2)装引弧板和收弧板。取板厚6 mm,40 mm×60 mm,同材质的铝镁合金。在板上挖一圆弧槽,槽宽相当于在母材6 mm处的坡口宽度。引弧板和收弧板同尺寸,用定位焊焊在肋骨面板侧面(图5－33)。正式接缝的

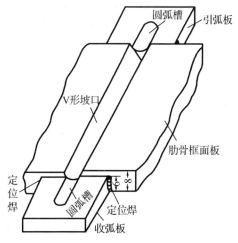

图 5－33 铝合金肋骨框面板上焊引弧板和收弧板

坡口内不要定位焊,有利于保证焊接质量。

(3)焊接工艺参数。选用钨极直径和焊丝直径均为 3.2 mm,焊接电流 $I = 220$ A ~ 260 A,交流电源。铝合金肋骨框面板对接手工钨极氩弧焊的工艺参数见表 5 - 48。

(4)基本操作技术。采用左向焊,焊枪和焊缝成 70° ~ 80°,焊丝和接缝线成 15°,钨极伸出长度 3 mm ~ 5 mm。

①引弧。在引弧板的端部区引弧,引弧后钨极不动,电弧加热钨极呈球状,电弧稳定后,钨极略拉长电弧向引弧板圆弧槽处移动,到达离坡口 10 mm 处稍作停留,当感觉到该处变软欲熔化时开始填加焊丝。

②加丝。焊枪和焊丝协调动作,焊枪采用进多退少运动,前进时填加焊丝,使熔滴熔入熔池,要保证有一定的熔深,又要防止熔池过热或烧穿。焊丝的动作要使焊丝端头始终处在氩气的保护下加丝或不加丝,防止焊丝氧化。

表 5 - 48　铝合金肋骨框面板对接手工钨极氩弧焊的工艺参数

坡口	焊缝层次	钨极直径 /mm	焊丝直径 /mm	喷嘴直径 /mm	焊接电流 /A	气体流量 /(L/min)	电源种类
板厚 8 mm, V 形坡口	正面坡口 2 层 背面封底 1 层	3.2	3.2	12 ~ 14	220 ~ 260	16 ~ 18	交流

③收弧。由于肋骨框面板尺寸小,焊到收弧板,温度升得较高,收弧时应加快焊速和多加焊丝,填满弧坑。

④断弧处理。由于某种原因发生突然断弧,熔化状态的熔池和焊丝端头立即被氧化。这时应对熔池进行打磨,清除氧化膜。对于焊丝可采取两种做法:一是用钢丝钳剪去焊丝端头 10 mm ~ 15 mm;另一方法是将焊丝调头使用,将氧化部分焊丝作为手持剩留部分。

(5)焊打底层。焊前应对坡口清理,焊时电弧沿坡口中心线直线平稳前进,可作小幅摆动,保证根部熔透良好,打底层焊缝厚度离面板表面约 2 mm。焊接工艺参数见表 5 - 48。

(6)焊盖面层。焊盖面层前对打底层焊缝作填平磨齐,可以用打底层的工艺参数焊盖面层,焊枪可以略作横向摆动,在两侧略作停留,使焊缝宽度能保持整齐美观。

(7)焊封底层。肋骨框面板翻身,对打底层焊缝进行清根处理,先用风铲粗加工,后用不锈钢丝轮(刷)细加工。清根深度为 3 mm,焊封底层的工艺参数同焊打底层,也可略大于打底层。焊接操作要求是一层焊满坡口,并有焊缝余高 ≥0.5 mm。

(8)包角焊。封底层焊好后,将引弧板和收弧板拆除,对正式焊缝的两端进行包角焊,焊后磨平。

(二)铝封头板的手工钨极氩弧焊

1. 产品结构和材料

铝封头板的面积较大,用 4 块铝板拼接而成(图 5 - 34),板厚 6 mm,材质为纯铝 1060(旧牌号 L2),含 Al 99.6%。

焊接材料:铝焊丝 HS301,含 Al ≥99.5%;铈钨极;氩气,纯度 ≥99.99%。

2. 焊接工艺

（1）坡口形成状及制备。坡口选用Ⅰ形对接,用机械加工成Ⅰ形坡口。

（2）坡口清理。用电动铣刀对坡口及其两侧各15 mm范围内清理油污、脏物及氧化膜。

（3）定位焊。在平台上进行拼板工作,Ⅰ形对接的间隙为3 mm。定位焊缝长25 mm～30 mm,间距为200 mm～300 mm。

（4）拼板的焊接顺序。封头拼板由4块板3条焊缝组成。正确的焊接顺序是图5－34,a,先焊1和2缝后,1缝2缝的收缩不受任何板的牵制,能自由收缩。再焊3缝,也可自由收缩,此顺序焊接应力小,变形也小。图5－34,b为不正确的焊接顺序。缝1焊后可以自由收缩,并对A,B和C,D板都予以固定。缝2焊后的横向收缩受A,B两板(已被固定)的阻止,没有横向收缩的余地,

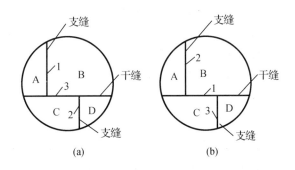

(a)　　　　　　(b)

图5－34　铝封头拼板及其焊接顺序
a—正确的顺序;b—不正确的顺序

产生较大的焊接应力。同理,缝3的横向收缩受C,D两板的阻止,不能自由收缩,产生较大的焊接应力。不正确的焊接顺序,使构件产生较大的应力和变形,甚至产生裂纹。

把A板和B板连接的缝称支缝,C板和D板连接的缝也称支缝,连接A,B板和C,D板的缝称干缝。支缝由干缝分支而成的。拼板构件正确焊接顺序的原则是"先焊支缝,后焊干缝"。

（5）铝板的焊接工艺参数。铝板采用交流电焊接,铝封头板手工钨极氩弧焊的工艺参数见表5－49。

表5－49　铝封头板手工钨极氩弧焊的工艺参数

板厚/mm	坡口形式	间隙/mm	钨极直径/mm	焊丝直径/mm	喷嘴孔径/mm	焊接电流/A	电弧电压/V	流量/(L/min)	层数(正/反)	焊接电源
6	Ⅰ形	3	4	3	12	240	14	8～12	1/1	交流

（6）焊接操作。引弧应在接缝坡口上,不允许在接缝外母材板上引弧。引弧后要对钨极预热,然后在起焊点上开始形成熔池,进入正常焊接。收弧应填满弧坑,避免弧坑裂纹。干缝的焊缝接头不要落在支缝的端头处。

6 mm铝板不开坡口Ⅰ形对接,正反面各焊一层,先焊正面,正面焊缝外形要有1.5 mm～2.5 mm的余高,不要求焊缝背面成形,而要求焊缝的熔深≥4 mm(1/2板厚是3 mm)。要求加足够量的焊丝,填满3 mm的间隙,允许焊枪作纵向进多退少的运动及横向摆动。正面焊缝焊好后,板件翻身,对焊缝背面进行清根,清根后仍要做清理工作。焊背面焊缝的焊接顺序同正面焊缝,"先焊支缝,后焊干缝"。背面焊缝和正面焊缝的熔深应

有 1 mm 以上的交搭,以保证焊透良好。

(三)铝合金直流正接手工钨极氦弧焊

1. 产品结构和材料

铝合金快艇中 8 mm 厚板应用较广,用钨极氩弧焊须开坡口才能焊透。若将保护气体氩气改为氦气,并采用直流正接,直流正接氦弧焊可获得熔深大、熔宽窄、变形小的焊缝。现有一铝合金拼板对接,板厚为 8 mm,材料为 5083(旧牌号 LF4,系铝镁合金),其成分见表 5 - 47,其镁含量 4.0% ~ 9.0%,铜 1%。选用不开坡口对接,间隙≤0.5 mm,如图 5 - 35 所示。

焊接材料:氦气,纯度 99.99%;钍钨极 3.2 mm;焊丝牌号为 5183,成分见表 5 - 47,焊丝中镁含量(4.3% ~ 5.2%)大于母材,以补偿焊接时镁的烧损,加入锰可改善其焊接性。

2. 焊接工艺

(1)焊前坡口清理。8 mm 厚铝镁合金板选用不开坡口对接,间隙≤0.5 mm。选用直流正接,因没有"阴极破碎"作用,所以焊前坡口清理要特别认真。用机械方法清理坡口及两侧各 15 mm 范围内的氧化膜及其他污物。同时对坡口的直角用砂轮进行"倒角"约1 mm。"倒角"是为了焊接加丝时能找到准确的位置。

(2)设备准备。采用氦气保护,把氩气瓶换成氦气瓶。焊接电源选用直流正接,直流焊接电源的正极接铝合金板,负极接焊枪。选用直流氩弧焊机应有高频引弧装置,可以不接触引弧。

(3)定位焊。定位焊缝长度 15 mm ~ 25 mm,间距约 150 mm,定位焊缝不允许有裂缝、气孔、未焊透等缺陷。

(4)焊接工艺参数。钨极接电源负极,发热量低,所以可使用较大的焊接电流。氦弧的单位弧长的弧压也比

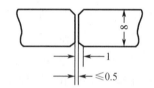

图 5 - 35　铝合金手工钨极氦弧焊坡口(间隙≤0.5 mm,倒角 1 mm)

氩弧的大,所以电弧电压也高。钨极氦弧焊的线能量大,熔深大。表 5 - 50 为铝合金板手工钨极氦弧焊的工艺参数(直流正接)。

表 5 - 50　铝合金板手工钨极氦弧焊的工艺参数(直流正接)

坡口	钨极直径 /mm	焊丝直径 /mm	焊接电流 /A	电弧电压 /V	氦气流量 /(L/min)	焊速 /(cm/min)
板厚 8 mm,I 形对接,间隙 0.5 mm 正面、背面各焊一层。	3.2	3.2	210	18 ~ 19	18	32 ~ 34

(5)铝合金手工钨极氦弧焊的操作。8 mm 不开坡口对接焊采用正背面各焊一层。用不接触引弧,引弧后较快就形成熔池(比交流钨极氩弧焊快)。焊枪自右向左作小幅横向摆动,观察熔池宽度约为 10 mm,熔深要求是大于 4 mm。在熔池前填加焊丝,加入量使焊缝余高约有 1 mm 以上。

正面焊好将板翻身,不用清根,焊背面仍用正面的电流,但焊速可减慢些,使背面的熔深大于正面的熔深,两面的熔深应交叠在 1 mm 以上。

(6)效果。铝合金直流正接钨极氩弧焊,焊缝窄而深,可以节省开坡口和清根工时,节约焊丝,且减小焊接变形。

(四)铝合金散热块的手工钨极氩弧焊

1. 产品结构和材料

某散热装置为了减轻散热装置的重量,采用铝合金散热块,散热块系铝合金型材,规格为 20 mm × 40 mm,长度有 500 mm,800 mm 等不同尺寸。铝合金散热块的构造如图 5 – 36 所示。散热块本体上开有两个直径 10 mm 的长孔,在两孔周围分别开有数十个毛细孔,直径在 1 mm 以下。两长孔分别储有一定量的氨水,作为冷却

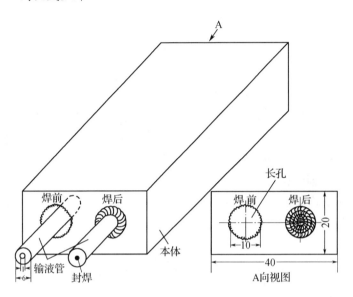

图 5 – 36　铝合金散热块的焊接

液。本体一端用钨极氩弧焊封焊,保证其密致性。另一端焊有输液管,此管外径为 6 mm,输液管长为 30 mm,其中 5 mm 伸入本体内。输液管材质也是同类型铝合金,和本体焊在一起。输液管的 1 mm 小孔最后被封焊。

焊铝合金散热块的要求是,本体的两长孔密封,不允许有杂质混入,不允许毛细孔中间被堵塞,不允许输液管小孔中间被堵。

焊接材料:铈钨极,直径 2 mm;焊丝为 HS311(铝硅合金),直径 2 mm;氩气,纯度≥99.99%。

2. 焊接工艺

(1)孔的精加工。对散热块本体上的孔进行精密加工,开两个直径 10 mm 的长孔及其周围数十个毛细小孔。

(2)化学清洗。对加工后的本体、输液管及焊丝进行化学清洗。①用丙酮去除油污及灰尘;②用烧碱清除氧化膜;③光化,将经过烧碱液浸洗的焊丝和散热块本体、输液管浸入 30% 的硝酸液中,使之变得金黄光亮。光化后用水(50 ℃)冲洗干净。洗后呈乳白色,表面光亮;④清洗后吹干或晒干。

(3)焊本体平封口(图 5 – 36 的 A 向视图)。散热块本体上有两个长孔,两端要封闭,一端直接焊满封口(平封口),另一端装入输液管后封焊。为了防止微小熔滴落入毛细孔内(无法清除熔滴),焊接不准在平焊位置进行,而是将本体封口平面置于垂直平面内(本体中

长孔的轴线处于水平位置),进行填孔焊接。每个本体平封口以焊 4 圈环形焊缝完成。第一圈先将毛细孔封住,后焊的环缝直径逐渐减小。每圈环缝分两半圈焊,焊接方向由上向下,焊半圈后翻身,再由上向下焊半圈,再翻身,再焊半圈……直到焊满封口,焊到封口中央时宜多加些焊丝,使封口饱满,避免形成缩孔缺陷。焊本体平封口的工艺参数见表 5 - 51。

(4)焊输液管和本体连接角焊缝。先将 10 mm 长孔周围的毛细孔封焊一圈,后再焊内一圈。两圈焊后的孔略大于 6 mm,将输液管装入,用一点定位焊使管子固定。接着焊本体和输液管形成的环形角焊缝,其工艺参数见表 5 - 51。操作时应特别仔细观察熔池,因为 1 mm 小孔极易被焊缝背面凸出而堵塞,动作要小、轻、快,电弧热量应偏向本体。

(5)加液氨,冷冻氨成固态。将铝散热块竖立,输液管向上,通过输液管 1 mm 小孔加液氨到本体的两长孔,精确定量后,用夹钳将 1 mm 小孔夹扁封住,接着用液氮敷设在散热块的下半区域,使本体内的液氨冷冻成固态氨,这样焊时氨不会逸出。

(6)焊输液管 1 mm 封口。液氨冷冻后,立即进行焊接,调节成小电流,工艺参数见表 5 - 51,在输液管端部引弧,熔化端头,加一滴熔滴即成。

(7)射线探伤散热块。对散热块上的所有焊缝及孔进行射线探伤,除了检验焊接缺陷外,还要检验毛细孔及输液管小孔是否被堵及有否杂质,因为这些问题要影响到散热的效率。

表 5 - 51　铝合金散热块手工钨极氩弧焊的工艺参数

焊缝	钨极直径 /mm	焊丝直径 /mm	焊接电流 /A	氩气流量 /(L/min)	喷嘴孔径 /mm	环境温度 /℃	焊接电源
本体平封口	2.0	2.0	60	6	8	25	
输液管和本体	2.0	2.0	60	6	8	25	交流
输液管封口	2.0	2.0	25	6	8	25	

第八节　钛及钛合金的手工钨极氩弧焊

一、钛及钛合金的种类和性能

钛是银白色轻金属,密度为 4.5 g/cm³,熔点为 1 668 ℃,无磁性。钛也是活跃的化学元素,在大气中钛表面会立即形成致密而牢固的氧化膜,此膜具有优良的耐腐蚀性。钛合金的强度比铝合金高得多,比一般的不锈钢还高。钛合金目前已广泛用于航空、造船、化工、机械制造、仪表及医疗器械等工业部门。按钛的纯度及加入合金元素的不同,其金相组织及性能也不同,纯钛可分为高纯钛和工业纯钛两种,钛合金可分为 α 型,β 型,α + β 三种。

(一)工业纯钛

工业纯钛是具有两种晶体结构的金属,在 885 ℃发生同素异构(同种元素不同结构)转变。在 885 ℃以下时呈密集的六方晶格,称 α 钛;加热到 885 ℃以上时,变成体心立方晶格,

称 β 钛。按钛中杂质含量高低,工业纯钛可分为 TA1,TA2,TA3 三种。表 5 – 52 为工业纯钛的牌号、成分及力学性能。其中 TA1 的纯度最高,但强度最低。随着杂质含量的增加,纯钛的强度提高,而塑性和韧性下降。

表 5 – 52　工业纯钛的牌号、成分及力学性能

类别	牌号	名义化学成分/%	材料状态 尺寸/mm	室温力学性能		
				σ_b/MPa	δ_5/%	a_k/(J·cm^{-2})
工业纯钛	TA1	<0.15% O,0.03% N, <0.05% C	板材,退火 (0.3 ~2.0)	350	25	80
	TA2	<0.20% O,0.05% N, <0.10% C	板材,退火 (0.3 ~2.0)	450	20	70
	TA3	<0.30% O,0.05% N, <0.10% C	板材,退火 (0.3 ~2.0)	550	15	50

(二)钛合金

在钛中加入铝、锡、硅、铁、硼等合金元素成为钛合金。钛合金强度、塑性及抗氧化性能显著提高。按加入合金元素的种类和数量的不同,其室温状态的组织有 α,β,α + β 三种组织。

1. α 型钛合金

α 型钛合金的主要合金元素是 α 稳定化元素铝,还有锡。α 型钛合金具有室温强度中等而高温强度高、韧性好、抗氧化性强、焊接性好、组织稳定等特点,但加工性能不如其他两种钛合金。α 型钛合金,只能进行退火处理,不能进行热处理强化,而唯一强化的手段是冷作硬化。

2. β 型钛合金

它的合金元素主要是铬、钼、钒、锰。β 型钛合金可以通过淬火和时效后强化,室温强度比 α 型钛合金高,但高温性能不理想,焊接性差,易产生冷裂纹,因此在焊接结构中很少应用。

3. α + β 型钛合金

这种钛合金的基本是 α 相,合金中含有 α 稳定元素铝,并填加锡、锆等中性元素和 β 稳定元素钼、钒、锰、铬、硅等,加入量最多不超过 6%。α + β 型钛合金兼有 α 和 β 型的优点,并具有良好的高温变形能力及热加工性能,可以热处理强化,获得满意的焊接效果。表 5 – 53 为钛合金牌号、成分及力学性能。

表 5−53　钛合金牌号、成分及力学性能

类别	牌号	名义化学成分/%	材料状态及尺寸/mm	室温力学性能			高温力学性能	
				σ_b/MPa	δ_5/%	a_k/(J/cm²)	试验温度/℃	σ_b/MPa
α型钛合金	TA4	Ti-3Al	棒材,退火	700	12	—	—	—
	TA5	T-Al-0.005B	棒材,退火	700	15	60	—	—
	TA6	Ti-5Al	棒材,退火	700	10	30	350	430
	TA7	Ti-5Al-2.5Sn	棒材,退火	800	10	30	350	500
	TA8	Ti-5Al-2.5Sn-3Cu-1.5Zr	棒材,退火	1 000	10	20~30	500	700
β型钛合金	TB2	Ti-3Al-5Mo-5V-8Cr	板材(1.0~3.5)固溶+时效	1 400	7	15	—	—
α+β型钛合金	TC1	Ti-2Al-1.5Mn	棒材,退火	600	15	45	350	350
	TC3	Ti-5Al-4V	棒材,退火	880	12	—	400	590
	TC4	Ti-6Al-4V	棒材,退火	920	10	40	400	630
	TC6	Ti-6Al-1.5Cr-2.5Mo-0.5Fe-0.3Si	棒材,退火	950	10	30	450	600
	TC9	Ti-6.5Al-3.5Mo-2.5Sn-0.3Si	棒材,固溶+时效	1 080	9	30	500	800

我国钛合金牌号是由 T 后 A,B,C 再加数字组成,如 TA6,TA7 为 α 型钛合金牌号;TB2 为 β 型钛合金牌号;TC1,TC5 为 α+β 型钛合金牌号。牌号中数字为同种产品中的不同序号,如 TC4 为 α+β 型钛合金的 4 号,成分不同于 1 号。

二、钛及钛合金的焊接特点

(一)焊接接头的塑性、韧性及耐蚀性下降

钛是活性金属,表面生成的氧化膜在常温下很稳定,但在 400 ℃ 以上的高温(仍是固态)下,若被空气、水、油污等杂质污染,能很快吸收氧、氮、碳、氢,温度越高,吸收越多,这些杂质和钛形成脆性化合物,固溶在焊缝中,使强度、硬度提高,而塑性、韧性及耐蚀性下降。另一方面,钛的熔点高,热容量大,电阻率高,导热率比铝、铁等低很多,所以熔池有较高的温度和较大的体积(比不锈钢大 1.5 倍,比铜大 23 倍,比铝大 16 倍),热影响区在高温停留时间长,冷却速度慢,这高温就使晶粒过热和长大,引起焊接接头塑性、韧性下降。

(二)焊接变形应力大

钛焊接时,熔池体积大,热影响区间大,这就导致产生较大的应力和变形。钛的焊接变形要比不锈钢大一倍多。

（三）易产生气孔

钛及钛合金焊接时,若焊接材料或焊件本身不洁,高温时钛易吸收氢、氧、氮、碳,而使焊缝形成气孔。焊接钛合金的缺陷中,大多数是气孔缺陷。

（四）产生冷裂纹

钛的高温强度高、塑性好,结晶温度区间小,在晶界上形成的低熔共晶物少,所以产生热裂倾向小。钛焊接时,氢的侵入使焊缝呈现氢脆,大的熔池和过热区使焊缝晶粒粗大而脆化。再加上有较大的焊接应力,这就使焊接接头容易产生冷裂纹。

三、钛及钛合金的焊接材料

（一）氩气

焊接钛及钛合金用的氩气纯度要求高达 99.99%。当氩气瓶中压力降为 0.918 MPa 以下时,应停止使用,这是为了避免产生气孔和冷裂纹。

（二）钨极

钛及钛合金焊接,宜用纯钨极或铈钨极,而以铈钨极为最佳。

（三）焊钛及钛合金的焊丝

钛及钛合金钨极氩弧焊,选用焊丝的原则是选择和母材成分相近的焊丝。焊母材纯钛用的焊丝,可以选用强度低于母材一级或二级的钛焊丝(纯度提高)。例如母材 TA1、TA2、TA3 均可选用 TA1 焊丝,这样焊缝金属强度稍低,而塑性提高。焊母材 TA7 和 TC4 可选用纯钛焊丝。焊母材 TC4 可选用 TC3 焊丝。焊母材 TC3 也可选用 TA7 或工业纯钛焊丝。钛及钛合金钨极氩弧焊选用的焊丝见表 5-54

表 5-54　钛及钛合金钨极氩弧焊选用的焊丝

母　　材			焊丝牌号
类别	牌号	化学成分/%	
α 钛合金	TA1	工业纯钛(纯度最高)	TA1
	TA2	工业纯钛	TA2,TA1
	TA3	工业纯钛	TA3,TA2,TA1
	TA5	Ti4 Al0.005 B	TA5
	TA6	Ti5 Al	TA5,TA6
	TA7	Ti5 Al2.5 Sn	TA7
β 钛合金	TB2	Ti5 Mo5 V3 Cr3 Al	TB2
α + β 钛合金	TC1	Ti2 Al1.5 Mn	TC1
	TC2	Ti3 Al1.5 Mn	TC1,TC2
	TC3	Ti5 Al4 V	TC3,TA7,TA1
	TC4	Ti6 Al4 V	TC3,TA1
	TC10	Ti6 Al6 V2.5 Sn0.5 Cu0.5 Fe	TC4,TC10

四、钛及钛合金手工钨极氩弧焊的工艺及操作技术

(一)焊接接头和坡口形式

钛板厚度 0.5 mm ~2.5 mm 采用 I 形坡口对接,间隙为 0 ~0.5 mm,间隙为 0 时,可不加焊丝进行单面焊或双面焊;板厚 3 mm ~6 mm,可用 V 形坡口对接,坡口角度为 60°,钝边为 0.5 mm ~1 mm,间隙为 0 ~0.6 mm;板厚大于 6 mm 可用 X 形坡口对接,坡口角度为 55°,钝边为 1 mm ~2 mm,间隙为 1 mm ~1.5 mm。

(二)坡口清理

钛合金的坡口清理是防止气孔的有效措施,所以必须认真清理坡口及焊丝。

对于小工件及焊丝宜采用化学清理,酸洗液为 30% ~40%硝酸加 2% ~4%氢氟酸加余量的水,浸洗 15 mm ~20 min,然后用水冲净,并干燥。

对于大工件宜用机械清理,用铣刀、刮刀、不锈钢丝刷和氧化铝型耐磨料制成的砂轮片进行清理。工具应专用,不能和其他金属的混用。不能用普通砂轮片或砂纸打磨,防止残留的砂尘留入焊缝。清理后的工件必须在 4 h 内焊成,逾时要重新清理。

(三)钛焊缝的氩气保护

氩弧焊焊钛需要加重氩气保护,因为钛在 400 ℃(固态)以上易与氧、氮、氢及碳元素发生不良反应。因此,必须用氩气保护温度高于 350 ℃的钛。钛氩弧焊时,除了喷嘴保护熔池外,还必须对焊缝背面、熔池旁的热影响区及尚未冷却到 350 ℃的焊缝进行氩气保护。

常规的喷嘴输出的氩气,不可能保护到 350 ℃的焊缝及热影响区,为此在喷嘴后面连接一个后拖保护罩(图 5 –37),通以附加保护气体(罩内流量大于喷嘴的流量),经铜丝网后均匀流向需要保护的高温状态的焊缝金属及近缝区。

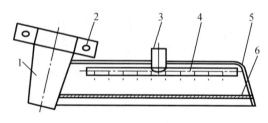

图 5 –37 后拖保护罩结构示意图
1—喷嘴;2—卡子;3—进气管;4—气流分布管;
5—后拖保护罩;6—铜丝网

焊缝背面也需要通氩气保护,防止焊接接头背面在高温时氧化。要按焊件及接头形式的不同,采用不同的焊缝背面的气体保护方法,见图 5 –21 所示。

良好的气体保护是保证焊接质量的必要条件。氩气保护良好,钛焊缝表面呈光亮银白色的质量优,表面颜色转为金黄色属良好,转为蓝色尚属合格,而表面颜色呈青紫色甚至呈暗灰色,则属保护差,熔池受污染严重,使焊接接头塑性急剧变差,焊接质量不合格。

(四)钛及钛合金手工钨极氩弧焊的工艺参数

焊接钛合金的电源采用直流正接,钛板接直流电源为正极,钨棒接负极。

钛的焊接熔池积累热量多,容易熔化和焊透,但为了避免热影响区金属过热及晶粒粗大,应尽可能采用小焊接线能量和低的层间温度。在确保焊缝焊透和熔合的前提下,选用小的焊接电流通常焊接钛的电流比不锈钢的小 10 A ~20 A。钛及钛合金手工钨极弧焊的工艺参数见表 5 –55。

表 5-55　钛及钛合金手工钨极氩弧焊的工艺参数

板厚/mm	坡口形式	钨极直径/mm	焊丝直径/mm	焊接层数	焊接电流/A	氩气流量/(L/min)			喷嘴孔径/mm	备注
						主喷嘴	拖罩	背面		
0.5	I形坡口	1.5	1.0	1	30～50	8～10	14～16	6～8	10	间隙 0.5 mm 可不加焊丝
1.0		2.0	1.0～2.0	1	40～60	8～10	14～16	6～8	10	
2.0		2.0～3.0	1.0～2.0	1	80～110	12～14	16～20	10～12	12～14	
2.5		2.0～3.0	2.0	1	100～120	12～14	16～20	10～12	12～14	
3.0	V形坡口	3.0	2.0～3.0	1～2	110～140	12～14	16～20	10～12	14～18	间隙 1 mm～2 mm,钝边 0.5 mm,角度 60°,背面钢衬垫
3.5		3.0～4.0	2.0～3.0	1～2	120～140	12～14	16～20	10～12	14～18	
4.0		3.0～4.0	2.0～3.0	2	130～150	14～16	20～25	12～14	18～20	
5.0		4.0	3.0	2～3	130～150	14～16	20～25	12～14	18～20	
6.0		4.0	3.0～4.0	2～3	140～180	14～16	25～28	12～14	18～20	
7.0		4.0	3.0～4.0	2～3	140～180	14～16	25～28	12～14	20～22	
8.0		4.0	3.0～4.0	3～4	140～180	14～16	25～28	12～14	20～22	
10	X形坡口	4	3～4	4～6	160～200	14～16	25～28	12～14	22	钝边 1 mm～2 mm,角度 55°,间隙 1.5 mm
13		4	3～4	6～8	220～240	14～16	25～28	12～14	22	
20		4	4	12	220～240	12～14	20	10～12	18	
22		4	4～5	15	230～250	15～18	18～22	18～20	20	
25		4	3～4	15～16	200～220	16～18	26～30	20～26	22	
30		4	3～4	17～18	200～220	16～18	26～30	20～26	22	

(五)钛及钛合金手工钨极氩弧焊操作技术要点

手工钨极氩弧焊焊钛时,采用左焊法,能看清熔池状态。焊枪略向右倾斜,焊枪和焊缝成 80°～85°,焊丝和接缝线成 10°～15°。焊枪尽可能作匀速直线运动。

喷嘴到工件的距离要短,约为 6 mm～10 mm,不要超过 10 mm,以免影响保护效果。引弧前要通三路(焊缝正面、焊缝背面及拖罩)氩气,时间约 3 min,将焊缝正,背面及拖罩内的空气被置换成干净的氩气。熄弧后要滞后 30 s 断气,以保证尚未冷却到 300 ℃的焊缝及近缝区继续得到保护。施焊过程尽可能连续焊,不停弧和少停弧。停弧后继续焊时,仍要提前 3 min 送氩气。

板厚大于 3 mm 的 V 形坡口对接,采用多层焊,打底层可以不加焊丝,焊枪作直线运动。焊填充层和盖面层需要摆动焊枪,频率要低,摆幅不要太大,以防熔池保护被破坏。向熔池给送焊丝时,要沿着熔池前端有节奏地送入熔池,送丝要平稳均匀,焊丝退出熔池不得离开氩气保护。每层焊缝焊后,宜使焊缝在良好氩气保护下快速冷却,层间温度在 40 ℃以下。多层焊过程中应逐层观察焊缝表面,若发现焊缝有缺陷或表面颜色不合格,应清除有缺陷和颜色不合格的焊缝,进行修补。切不可采用加大电流来重新熔化前焊缝,来掩盖有问题的前层焊缝。

（六）钛及钛合金焊后的退火处理

钛及钛合金焊后要进行退火处理，其目的是消除焊接残余应力，稳定结晶组织，改善力学性能。退火处理有两种：一为完全退火；另一为不完全退火。完全退火在真空或氩气中进行；不完全退火由于温度较低，可在大气中实施。钛及钛合金焊后退火热处理的温度和保温时间见表 5 – 56。若退火造成空气对钛的污染，则应进行酸洗处理，酸洗液为 3% 氢氟酸加 35% 硝酸水溶液，酸洗温度不超过 40 ℃，时间为 5 min ~ 10 min。

表 5 – 56　钛及钛合金焊后退火热处理的温度及保温时间

牌　号		TA1 TA2	TA6 TA7	TC1 TC2	TC3 TC4	TB2
完全退火	温度/℃	550 ~ 680	720 ~ 820	620 ~ 700	720 ~ 800	790 ~ 810
	时间	板厚 1.2 mm ~ 2.0 mm 20 min		板厚 2.1 mm ~ 6.0 mm 25 min		板厚 20 mm ~ 50 mm 120 min
不完全退火	温度/℃	450 ~ 490	550 ~ 610	570 ~ 610	550 ~ 650	550 ~ 600
	时间	1 h ~ 4 h				

五、钛及钛合金手工钨弧焊生产举例

（一）钛管的手工钨极氩弧焊

1. 产品结构和材料

某化工厂钛管管路，用管子对接接长，钛管材质为 TA2 和 TA10，尺寸为 Φ89 mm × 4 mm，采用 V 形对接，坡口角度为 60° ~ 70°，间隙 1.5 mm ~ 2.5 mm，钝边 0 ~ 1.0 mm，管子水平固定位置焊，焊二层。工艺要求控制焊接线能量小于 20 KJ/cm，层间温度不高于 100 ℃。

焊接材料：铈钨极；氩气，纯度 99.99%；焊丝 TA2 和 TA10，直径 3 mm 或同材质的钛窄条（2 mm × 4 mm）。

2. 焊接工艺

（1）焊前清理。对焊丝和坡口两侧各 15 mm 范围内，用不锈钢丝轮打磨，并用丙酮擦拭干净。

（2）氩气保护。焊钛管需要三方面保护，焊枪输出氩气保护熔池和焊缝正面，管内通氩气保护焊缝背面，拖罩输出氩气保护高于 400 ℃ 以上的焊缝及热影响区。拖罩的下部外形是半圆弧形，直径略大于管子外径，需要自制，图 5 – 38 为用于焊钛管用的环形拖罩。对于长管子焊接的管内气体保护，可采用图 5 – 39 的保护方法，节省氩气，焊后可将铁链拉出，使用方便。

（3）工艺参数。工艺要求焊接线能量应不大于 20 kJ/cm，故宜用小焊接电流，钛管手工

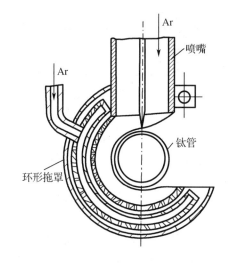

图 5-38 焊钛管用的环形拖罩

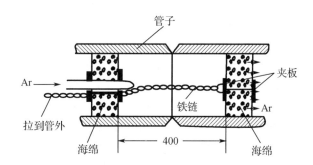

图 5-39 可拉出的背面氩气保护设置

钨极氩弧焊的工艺参数见表 5-57。

（4）提前送气。为了驱走拖罩及管内空气,提前通氩气 3 min。

（5）定位焊。对管子进行定位焊,管径 100 mm 以内可用两点定位,定位焊缝长 5 mm ~ 8 mm,避开 6 点位置。为保证焊透根部,定位焊缝宜磨成斜坡形。

（6）焊打底层。从近 6 点开始仰焊,过渡焊到立焊,最后在平焊收弧。接着焊另一半圈。要注意焊缝的接头,使之熔合良好,收弧时要延时 30 s 断氩气。

（7）焊盖面层。焊打底层后,管子要冷却到 100 ℃ 以下才可焊盖面层,引弧后电弧略为拉长,焊枪作小幅摆动,盖面层焊缝接头要和打底层的错开,要使盖面层焊缝外表光顺,余高达 1.5 mm 左右。

表 5-57 钛管手工钨极氩弧焊的工艺参数

母材坡口	焊丝牌号	焊丝直径/mm	钨极直径/mm	焊层	焊接电流/A	电弧电压/V	焊速/(cm/min)	氩气流量/(L/min)			层温/℃	线能量/(kJ/cm)
								焊枪	拖罩	管内		
$\Phi89 \times 4$, V 形坡口, 60° ~ 70°角, 0 ~ 1 mm 钝边, 1.5 mm ~ 2.5 mm 间隙	TA10	$\Phi3.0$ 或 2 × 4	3	1	85	13	4.9	12	20	10	30	13.5
				2	85	14	5.3	12	20	6	70	13.5
	TA2	$\Phi3.0$ 或 2 × 4	3	1	85	13	5.8	12	20	10	30	11.4
				2	85	14	5.9	12	20	6	65	11.5

（二）钛热交换器的手工钨极氩弧焊

1. 产品结构和材料

钛热交换品的结构如图 5-40 所示。筒体材质为 TA2,厚度为 5 mm,管板材质为 TA2,厚度为 20 mm,管子材质为 TA1,规格为 $\Phi20$ mm × 2 mm。管子凸出管板 0.5 mm。焊缝有三种:筒体纵缝对接;管板和筒体连接的环缝;管板和管子的端面焊缝。

筒体纵缝对接用 TA2 或 TA1 工业纯钛焊丝;管板和筒体的环缝用 TA1 工业纯钛焊丝(纯度较高);管板和管子端面焊缝不加焊丝。钨极用铈钨极。氩气纯度 99.99%。

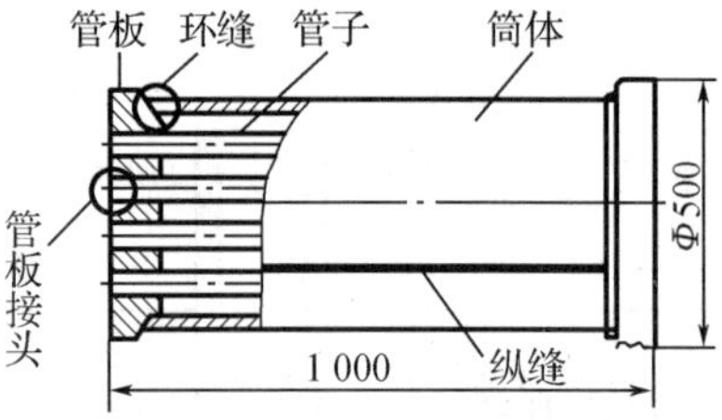

图 5-40 钛热交换器结构

2. 焊接工艺

(1)焊前清理。焊前用酒精或丙酮清洗焊丝和坡口两侧各 20 mm 内的表面污物。清理后应立即进行焊接,不得超过 4 h。工作场地要保持清洁干燥。

(2)装配定位焊。管板和管子端面焊缝,用一点定位焊即可。管板和筒体环缝及筒体纵缝的定位焊缝长 15 mm~20 mm,间距 150 mm~200 mm。

(3)焊管板和管子端面焊缝。将筒体竖起,对管板和管子的端面焊缝进行不加焊丝焊接,焊前在距钛管焊端 30 mm~50 mm 处塞进一团棉纱线,作为管子内部的气体保护措施。焊接电流 100 A~120 A,喷嘴孔径为 14 mm~16 mm,氩气流量为 14 L/min~16 L/min。管板焊接的工艺参数见表 5-58。焊枪略偏向管板一侧,并略倾斜一角度,沿管子作环形焊接,焊好后焊枪仍要保护焊接接头,待冷却到 350 ℃以下后停止送气,转入下一个管板接头进行焊接。

管板上有几十个管子和管板的接头,焊接顺序是先焊中央,后焊四周。

(4)焊筒体纵缝。将筒体吊上滚动轮架,把纵缝转到上面成平焊位置。焊时有三套氩气保护:正面、背面及拖罩保护。纵缝的接头形式及工艺参数见表 5-58。焊时要考虑坡口能充分焊透,又要照顾到拖罩不宜快速跟踪,故采用小电流,慢焊速。若电流过大,会使焊缝晶粒粗大,且热影响区保护变差。电流过小会引起焊透不良和易产生气孔。5 mm 板厚 V 形坡口对接,焊 2~3 层,焊打底层要求根部焊透,焊缝背面成形。焊填充层、盖面层时,应逐层增大焊枪摆动幅度,在坡口两侧稍作停留,焊缝宽度逐层增宽。焊好盖面层,焊缝外形应符合技术要求。筒体纵缝较长,为减小焊接变形,宜采用逐段退焊法。

表 5-58 钛热交换器手工钨极氩弧焊的工艺参数

接头形式		钨极直径 /mm	焊丝直径 /mm	焊层数	焊接电流 /A	氩气流量/(L/mm)		
						喷嘴	拖罩	背面
管板接头	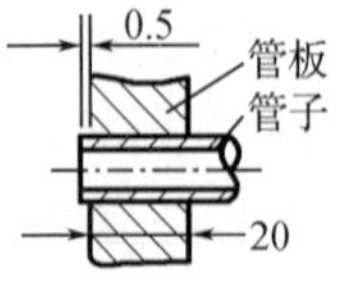	3.2	不加焊丝	1	100~120	14~16	—	—
纵缝	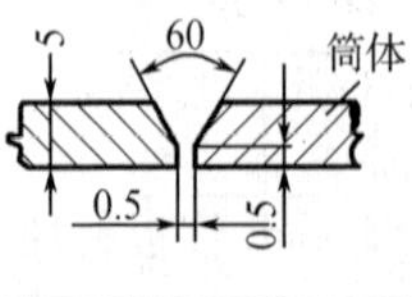	3.2	2~3	2~3	100~130	12~16	25~30	8~15

表 5 - 58(续)

接头形式	钨极直径 /mm	焊丝直径 /mm	焊层数	焊接电流 /A	氩气流量/(L/mm)		
					喷嘴	拖罩	背面
环缝 [管板 50° 筒体 坡口图]	3.2	3	3	120 ~ 150	12 ~ 16	25 ~ 30	—

纵缝焊好后,在纵缝和环缝相遇处,应清理纵缝的两端部,使之不妨碍环缝焊接。

(5)焊筒体和管板连接的环形焊缝。采用滚动焊接,焊枪置于 11 点和 12 点之间,引弧后焊枪不动,待形成熔池后,启动滚动架,进行打底层焊接,焊枪作横向摆动,确保底部焊透。继后焊填充层,增大焊枪摆动幅度,焊后焊缝距钛板筒体表面 1 mm 左右。焊盖面层,焊枪摆动幅度加大,在填充层两侧作适当停留,力求焊缝宽度均匀,余高达 1.5 mm ~ 2.5 mm。环缝的焊接工艺参数见 5 - 58。

筒体和管板的环缝焊接,只有焊缝正面保护和拖罩保护,没有焊缝背面保护,因为这个坡口是自锁底形式,锁底的是直径很大的管板,锁底很厚,焊缝背面的保护可以省略。

(三)钛合金快艇襟翼封闭罩内手工钨极氩弧焊

1. 产品结构及材料

一快艇的襟翼材质系 TC4(Ti - 6A1 - 4V),两块钛合金板材对接,焊接以后送机加工成形,如图 5 - 41 所示。板材截面为 60 mm × 450 mm,开双 U 形坡口(图 5 - 41,a)。焊接钛合金的气体保护要求高,考虑到焊缝不长,拟定采用封闭罩内焊接(图 5 - 41,b)。

焊接设备选用 WS - 250 型直流钨极氩弧焊机,配用水冷式焊枪 QS - 85°/250 型。

焊接材料:铈钨极,直径 2.4 mm;焊丝,TC3(Ti5Al4V)钛合金焊丝,直径 2.4 mm;氩气,纯度 >99.98%。

2. 焊接工艺

(1)焊前制作封闭罩。封闭罩由数个一面敞开的方盒组成。敞开的方盒结构如图 5 - 41,c 所示,其由薄不锈钢制成,一面有通氩气接管,另一面敞开。数个方盒环绕双 U 形接缝的上、下和两端连接成封闭罩。为了焊枪能伸入焊缝,接缝上面的方盒拉开 50 mm 的开挡,用薄不锈钢板压紧方盒,并用压敏胶带封住上面,如图 5 - 42 所示。

(2)改装小喷嘴。焊打底层用直径 6 mm 的小喷嘴,并将喷嘴口磨成 60° 角,以提高可见度,如图 5 - 43 所示。

(3)使用两瓶氩气瓶。一瓶氩气供焊枪用;另一瓶氩气分成三路,通接缝上面、下面及两端头。

(4)清理双 U 形坡口。用丙酮擦除油污及灰尘,用不锈钢丝刷擦坡口表面及其两侧 15 mm。同样也要清理焊丝。

(5)封闭焊接坡口。用数个方盒组成对坡口及其周围进行全封闭。在坡口上方留出空挡,用薄不锈钢板和压敏胶带封闭。压敏胶带 100 mm 长为一段,正面焊缝全长分 5 段封闭。

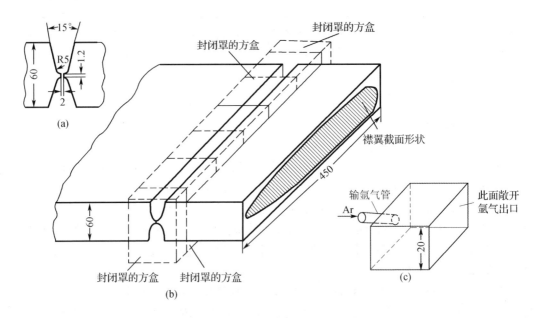

图 5 – 41　钛合金快艇襟翼的双 U 形坡口及封闭罩

a—双 U 形坡口；b—封闭罩布置；c—封闭用通气方盒

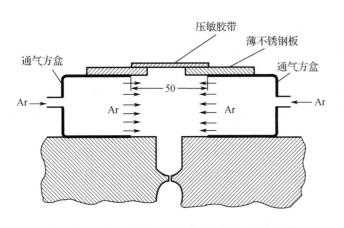

图 5 – 42　封住接缝上面的薄不锈钢板和压敏胶带

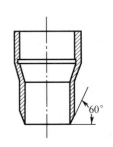

图 5 – 43　将喷嘴口磨成 60°角

（6）焊前封闭罩内通氩气，历时 5 min ~ 10 min，赶走空气。

（7）焊打底层。逐段揭开压敏胶带，进行打底层焊接，焊接工艺参数见表5 – 59。焊枪可作小幅度摆动，要保证焊透。焊满近 100 mm 长焊缝，再揭开 100 mm 压敏胶带，再焊100 mm焊缝，边揭开边焊接，焊成打底层。

（8）焊填充层。焊枪幅度可增大，焊接工艺参数见表5 – 59。层间温度控制在 60 ℃以下。填充层焊缝厚度达 15 mm 后暂停焊接，延时 30 s ~ 60 s 断氩气，将工件翻身。

表 5 - 59　钛合金襟翼封闭罩内手工钨极氩弧焊的工艺参数

坡口	焊道顺序	钨极直径 /mm	焊丝直径 /mm	焊接电流 /A	喷嘴孔径 /mm	气体流量 /(L/min)
板厚 60 mm，双 U 形深坡口，角度 15°	打底层（1 层）	2.5	2.5	100 ~ 120	6	正 8/罩 10
	小喷嘴，填充层，正反面各 15 mm	2.5	2.5	110 ~ 140	6	正 8/罩 10
	大喷嘴，填充层和盖面层	2.5	2.5	120 ~ 160	10	正 10/罩 10

（9）将工件翻身，重新布置封闭罩。同样是将要焊的接缝上面留出空挡，供焊枪伸入。

（10）焊背面焊缝。翻身焊背面焊缝的工艺参数同正面填充层。层间温度控制在 60 ℃ 以下。焊到焊缝距坡口钢板表面约 15 mm 时，更换焊枪的喷嘴，用大喷嘴焊平坡口（不需要余高，因有切削加工余量）。

（11）再将工件翻身，再布置封闭罩，焊接余下坡口焊缝。双 U 形坡口的焊接顺序如图 5 - 44 所示。

（12）焊后用超声波探伤和射线探伤检验焊缝内部的

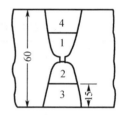

图 5 - 44　双 U 形坡口的焊接顺序

质量。由于封闭罩内焊接，氩气保护良好，焊接时没有后拖罩，焊工操作自然，焊缝成形良好，钛焊缝表面呈银白色。焊缝内部质量检验结果，无裂纹、未熔合、无气孔及夹渣等缺陷，焊接质量优良。

第九节　镍及镍合金的手工钨极氩弧焊

一、镍及镍合金的分类、成分及性能

纯镍的熔点为 1 440 ℃，密度为 8.89 g/cm³（和铜接近）。镍中加入铜、铬、钼后，可以提高抗热性和耐蚀性。镍及镍合金现在航空、核能、化学等工业中开始推广应用。

按镍及镍合金中含金属成分不同，镍及镍合金可分为以下几种：

（1）纯镍（尼格尔）的镍含量达 99% 以上，具有抗热耐蚀性；

（2）镍铜合金（蒙乃尔）是以铜为基本合金元素的镍基合金，具有较高的耐酸腐蚀性；

（3）镍铬铁合金（因科镍尔）是以铬和铁为基本合金元素，并含有少量铜、锰的镍基合金，具有良好的综合性能；

（4）镍铁铬合金（因科洛依）是以铁铬为基本合金元素的镍基合金，具有抗热耐蚀性；

（5）镍钼铬合金（哈司特洛依）是以钼铬为基本合金元素的镍基合金，具有良好的耐盐酸腐蚀性；

（6）高温合金是以铬为基本合金元素的镍基合金，具有良好的高温强度与塑性以及优良的抗氧化性。

表5－60为常用镍及镍合金的牌号、成分及力学性能。

表5－60　常用镍及镍合金的牌号、成分及力学性能

合金类型		牌号	化学成分/%									力学性能			
			Ni	C	Mn	Fe	S	Si	Cu	Cr	其他	$\sigma_s/$ MPa	$\sigma_b/$ MPa	$\delta/\%$	HV
纯镍	（尼格尔）	Nickel 200	99.5	0.08	0.2	0.2	0.005	0.2	0.1	—	—	155	450	40	90 ~ 120
		Nickel 201	99.5	0.01	0.2	0.2	0.005	0.2	0.1	—	—	100	400	50	70 ~ 100
镍铜	（蒙乃尔）	Monel 400	66.5	0.2	1.0	1.2	0.01	0.2	31.5	—	—	200	550	40	110 ~ 150
		Monel R 405	66.5	0.2	1.0	1.2	0.04	0.2	31.5	—	—	200	550	40	110 ~ 150
		Monel K 500	66.5	0.1	0.8	1.0	0.005	0.2	29.5	—	Al2.7,Ti0.6	600	1 000	25	250 ~ 320
镍铬铁	（因科镍尔）	Inconel 625	76.0	0.08	0.5	8.0	0.008	0.2	0.2	15.5	—	256	620	45	120 ~ 180
		Inconel 625	61.0	0.05	0.2	2.5	0.008	0.2	—	21.5	Mo9.0,Nb3.6	500	950	40	140 ~ 250
		Inconel 718	52.5	0.04	0.2	18.5	0.008	0.2	0.2	19.0	Nb5.1,Mo3.0	—	—	—	—
		Inconel X－750	73.0	0.04	0.5	7.0	0.005	0.2	0.2	15.5	Ti3.5,Nb1.0	—	—	—	—
镍钼铬	（哈司特洛依）	Hastelloy C	余	≤0.03	≤1.0	≤7.0	≤0.02	≤0.07	—	15 ~ 17	Mo16 ~ 18	—	—	—	—
		Hastelloy C－276	余	≤0.02	≤1.0	≤7.0	≤0.02	≤0.05	—	15 ~ 17	Mo16 ~ 18	—	—	—	—
镍铁铬	（因科洛依）	Incoloy 800	32.5	0.05	0.8	46.0	0.008	0.5	0.4	21.0	Al0.4,Ti0.4	—	—	—	—
		Incoloy 801	30.5	0.05	0.8	44.5	0.008	0.5	0.2	20.5	Ti1.5	205	520	56	—
		Incology 825	42.0	0.03	0.5	30.4	0.021	2.2	2.2	21.5	Al0.5	240	620	56	120 ~ 180

二、镍及镍合金的焊接特点

焊接镍及镍合金是容易的，但比奥氏体不锈钢稍有逊色，它和奥氏体不锈钢相比，产生热裂纹倾向更大，形成气孔的概率更高，液态熔融金属更黏，流动性和浸润性更差。

（一）产生热裂纹

镍及镍合金中一些杂质元素(S,P,Si)和镍形成的化合物 Ni－S,Ni－P,Ni－Si,Ni－Al 等都是低熔点的,大多在 1 100 ℃以下,这些低熔杂质容易在晶界偏析和聚集,在熔池凝固过程中造成开裂(热裂纹)。镍的导热性差,也造成过热使晶粒粗大易裂。再加上镍的膨胀系数大,随焊缝的凝固冷却而产生较大的应力,所以产生热裂纹的倾向更大。

（二）产生水气孔

镍及镍合金从液态冷凝成固态的温度区域小,液态镍黏度大,气体逸出困难,所以产生气孔的概率大。气孔有水、氢、一氧化碳气孔,而以水气孔为主。氢、氧、氮在高温液态中溶解度很高,而在冷凝时急剧下降,于是氧和氢化合成水,来不及逸出就形成水气孔。在焊缝的熔合线附近,引弧及焊缝接头处,这些区域冷却速度快,结晶速度快,再加上气体保护差,由母材和空气中进入熔池的气体较多,就更容易形成水气孔。

（三）易形成未焊透和未熔合

镍及镍合金在液态时黏度大、流动性和浸润性差,液态熔融金属铺不开。为了防止合金过热,不能用大线能量焊接,故焊接镍及镍合金容易形成未焊透和未熔合。还有在高温下形成的氧化镍,其熔点为 2 090 ℃,大大高于镍的熔点(1 440 ℃)。焊接时,母材已熔化,而氧化镍仍处于固体状态,这样也会形成未熔合缺陷。

（四）合金元素多杂,对焊接性影响不稳定

镍合金中有多杂的合金元素,铬、钼、铜、铁起固溶强化作用,对焊接不利,少量碳、硅、锰、铌、钛能改善其焊接性。合金元素不同,对焊接性影响不同。对于镍铬铁系的焊材,它的热膨胀系数介于奥氏体不锈钢和碳钢之间,且镍能阻止碳的扩散过程,所以常用来焊接异种金属。

镍及镍合金的焊接不会产生冷裂纹,所以在控制杂质元素和良好气体保护条件下,用小线能量焊接镍及镍合金可以获得良好的焊接接头。

三、镍及镍合金钨极氩弧焊用的焊接材料

镍及镍合金钨极氩弧焊选用焊丝时,要考虑母材的合金成分、强度、耐蚀性、物理性能和焊缝的稀释(焊丝加入到焊缝后,合金成分比母材减少)等,其中最主要解决的是焊接接头的强度和耐蚀性要优于母材。表5－61 为常用镍及镍合金钨极氩弧焊选用的焊丝。

表5－61　常用镍及镍合金钨极氩弧焊选用的焊丝

母材牌号	焊丝牌号	焊丝型号
镍200,镍201 （纯镍）	AT－ERNi－1 HS501	ERNi－1
蒙乃尔400,蒙乃尔R405, 蒙乃尔502 （镍铜系合金）		ERNiCu－7
因康镍600 （镍铬系合金）	AT－ERNi62,AT－ERNi82	ERNiCrFe－5,ERNiCr－3

表 5 – 61（续）

母材牌号	焊丝牌号	焊丝型号
因康镍 601 （镍铬系合金）	AT – ERNi82，AT – ERNi625	ERNiCr – 3，ERNiCrMo – 3
因康镍 625 （镍铬系合金）	AT – ERNi625	ERNiCrMo – 3
因康镍 718 （镍铁铬系合金）	AT – ERNi625	ERNiFeCr – 2，ERNiCrMo – 3
因康洛依 800，因康洛依 800A， 因康洛依 801，因康洛依 802， 因康洛依 805	AT – ERNi82，AT – ERNi625	ERNiCr – 3，ERNiGMo – 3

注："AT"为安泰科技公司产品。

保护气体采用纯氩，纯度≥99.90％。也可采用氩氦混合气体，以提高电弧电压产生更激烈的电弧。钨极一般用钍钨极，含2％钍的钨棒效果很好。

四、镍及镍合金手工钨极氩弧焊工艺及操作技术

（一）坡口尺寸

由于镍合金液态黏度大，流动性差，必须选用大间隙、大坡口角度的坡口。镍板厚 3 mm 以下采用不开坡口 I 形对接，其间隙为选用焊丝直径的 1.0～1.2 倍；板厚 3 mm～12 mm 采用 V 形对接，坡口角度 65°～85°，间隙 3 mm～5 mm，钝边 1 mm～1.5 mm；板厚超过12 mm，可采用 U 形坡口，根部半径 R 为 5 mm～7 mm。

（二）坡口及焊丝清理

这项工作也很重要，因为镍合金对硫、铜的污染脆化极为敏感，易产生气孔。焊前应仔细清除母材及焊丝表面的油、脂、漆、涂料、各种记号笔痕、润滑剂等，可用酒精、丙酮、三氯乙烷等有机溶剂擦洗。

（三）装配定位焊

装配时应避免强力装配，否则会增大构件的应力。定位焊缝厚 2 mm～4 mm，长度 10 mm～15 mm，间距 150 mm～200 mm。定位焊后，宜将焊缝两端打磨成斜坡形。大型厚壁管宜用"马"来固定焊件，坡口中不设置定位焊。

（四）预热

一般不预热，若环境温度低于 5 ℃，应预热 25 ℃。当环境温度低于 0 ℃或风速大于 2 m/s或雨雪天气，严禁施焊。

（五）焊接工艺参数

为了防止镍的过热，焊接镍不能使用大线能量焊接，用小电流、窄焊道、短弧进行焊接。

层间温度不超过 100 ℃。表 5 – 62 为镍及镍合金手工钨极氩弧焊的工艺参数,可供参考。

表 5 – 62　镍和镍合金手工钨极氩弧焊的工艺参数

壁厚 /mm	坡口形式 及角度	钨径 /mm	丝径 /mm	喷径 /mm	电流 /A	电压 /V	焊速/ (cm/min)	流量/ (L/min)	层数
0.6	I	1.6	—	10	8 ~ 10	8	20	8/5	1
0.8 ~ 1.6	I	1.6	1.6	10	25 ~ 45	8	20	8/5	1
1.6 ~ 2.5	I	1.6 ~ 2.4	1.6 ~ 2.4	12	55 ~ 95	9 ~ 12	20	8/5	1
3.2	I	3.2	2.4	12	125 ~ 175	9 ~ 12	28	12/7	1
4 ~ 6	V,75°	3.2	2.4 ~ 3.2	12	95 ~ 130	10 ~ 12	20	12/7	2 ~ 3
≥6.4	V,75°	3.2	3.2	12	125 ~ 175	10 ~ 13	20	14/7	≥3
	焊条电弧焊		2.4		60 ~ 80	22 ~ 24			
			3.2		80 ~ 110	22 ~ 24			
			4.0		110 ~ 135	23 ~ 25			
			5.0		125 ~ 165	24 ~ 26			

注:①平焊位置,手工钨极氩弧焊直流正接,选用 2% 钍钨电极,焊条电弧焊直流反接。难焊位置电流可下调 10% ~ 20%;
　　②流量栏分子为焊枪,分母为背面充气流量。

（六）引弧、收弧及焊缝的接头

引弧点应在坡口内,禁止电弧擦伤,最好设置引弧板。镍合金的弧坑很容易产生裂纹,弧坑裂纹属于热裂纹。收弧时必须填满弧坑或落在收弧板上。引弧前提前送氩气,收弧后延迟断氩气。

由于镍合金液态金属的黏度大,难以获得平坦的焊缝接头,所以凡是要连接的焊缝接头,焊前应将连接处的端头或弧坑打磨成斜坡形。

（七）背面充氩保护

镍及镍合金钨极氩弧焊时,背面必须充氩气保护,焊前应事先根据焊缝长度和形状做好背面充氩装置,可参阅图 5 – 21。背面充氩的流量约为 5 L/min ~ 8 L/min。通常焊打底层后,可以停止对背面充氩保护。

（八）焊打底层

焊打底层采用小电流、短弧焊,焊枪可作略微摆动,多加或快加焊丝,将熔滴及时准确地送到需要的位置,既要保证坡口底部焊透良好,又要使焊缝背面成形良好,凸出 0.5 mm（余高）。打底层焊缝厚度不宜太薄,应有 2.5 mm ~ 3 mm,若太薄焊第二层还需背面充氩保护。焊打底层焊缝剩下 20 mm ~ 30 mm 时,应将背面充氩气流量减小,否则易将空气卷入,使保护效果变坏,且焊缝封口会发生困难。

（九）多层多道焊

V 形坡口厚焊件宜采用多层多道焊,采用窄焊道,焊枪可作适当的摆动,幅度不超过 3 倍焊丝直径。不能靠熔融金属的流动来达到所需的焊缝宽度。

每条焊道焊好后,应清理焊缝表面,并检查焊缝质量,出现缺陷将其打磨后修补,不允许用重新熔化的方法来掩盖焊缝缺陷。

盖面层两侧的焊道应熔化坡口两侧 1 mm～1.5 mm,焊缝余高为 1.5 mm～3 mm,焊缝光滑过渡至母材表面。

（十）焊后清理

焊后应彻底清理焊缝表面,及时修补焊缝缺陷。一般构件不需要焊后热处理,而对于在高温工作的焊接接头,经砂轮或不锈钢丝刷清理后需进行钝化处理。

五、镍及镍合金手工钨极氩弧焊生产举例

（一）镍蒸发器的手工钨极氩弧焊

1. 产品结构和材料

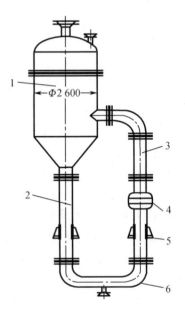

图 5－45　镍蒸发器结构示意
1—蒸发室;2—循环管;3—连接管;
4—加热室;5—支座;6—U 形管

烧碱工程中的主体设备镍蒸发器结构示意如图 5－45 所示。蒸发器由蒸发室 1 和加热室 4 两大部分组成,通过循环管 2、连接管 3、U 形管 6 和支座 5 连成整体,形成一个强制循环蒸发器。其工况条件是:介质 NaOH,浓度 50%;工作温度 110 ℃～160 ℃;工作压力 0.3 MPa～0.7 MPa。

蒸发器的材料:①主体蒸发室为镍/钢复合板,基层为 16 MnR 钢,厚度为 10 mm 和复层为 Ni6 板,厚度为 3 mm;②加热室的换热管为 Φ50 mm×2 mm 的 Ni6 管材;③部分零件采用 δ = 5 mm,8 mm 的 Ni6 板材。Ni6 板的化学成分及力学性能见表 5－63。

焊丝及焊条:①焊复合板,基层为结 507（E5015）焊条,过渡层为 ERNi－1（HS501）纯镍焊丝,镍含量≥93%,焊复层为 ERNi－1（HS501）纯镍焊丝;②焊纯镍板对接为 ERNi－1（HS501）纯镍焊丝;③焊管板为 ERNi－1（HS501）纯镍焊丝。

表 5－63　Ni6 板材的化学成分及力学性能

材料	化学成分（质量分数）/%							力学性能	
	C	Si	Mn	Fe	S	P	Ni	σ_b/MPa	δ_5/%
Ni6	0.10	0.15	0.05	0.10	0.005	0.002	99.59	470～490	43

钨极:钍钨极。

氩气:纯度为 99.99%。

2. 焊接工艺

（1）切割下料。镍板材直线形接缝的 V 形坡口可用机械加工法制成。镍板上开圆孔，因镍熔点高，应采用热量集中的等离子切割来开孔或下料。下料时应适当提高等离子切割的工作电压，减小切割速度。

（2）焊接坡口。产品结构中有四种焊接接头形式：①纯镍板 V 形对接（图 5 - 46）；②复合板对接（图 5 - 47）；③复合板角接（图 5 - 48）；④复合板和镍管的管板接头（图 5 - 49）。

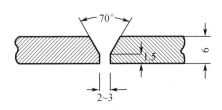

图 5 - 46　纯镍板 V 形对接的坡口形式

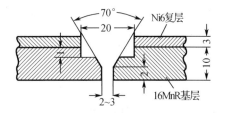

图 5 - 47　镍钢复合板对接的坡口形式

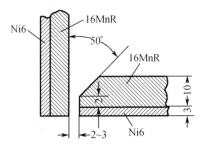

图 5 - 48　镍钢复合板角接的坡口形式

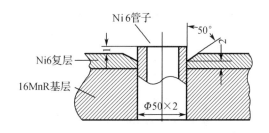

图 5 - 49　镍管与复合管板焊接接头的坡口形式

（3）焊前清理。焊前应对坡口及其两侧各 20 mm 范围内进行脱脂，清除表面的润滑剂、油污、灰尘及蜡等含硫、铅的物质。先用丙酮擦洗，然后用不锈钢丝轮打磨掉被氧化的黑色表皮，露出银白色的镍本色。

清理后的焊接坡口应及时进行焊接，久放不焊，镍会再被氧化或污染。

（4）不同焊接接头手工钨极氩弧焊的焊接工艺

①纯镍板对接。焊打底层有两种方法：a. 打底层用钨极氩弧焊，单面焊两面成形，这时焊缝背面需要充氩气保护；b. 对接焊缝背面不保护，正面焊缝焊好后，背面清根，清根用机械方法砂轮打磨，清根后用手工钨极氩弧焊焊封底层。6 mm V 形对接用单面焊两面成形焊接，背面氩气保护，焊 3 层焊成对接焊缝。用清根封底焊，要焊 4 层。由于镍的导热性能低，焊接时应使用小线能量焊接，即小电流、快焊速、窄道焊。镍板对接手工钨极氩弧焊的工艺参数见表 5 - 64。

表 5-64 镍板对接手工钨极氩弧焊的工艺参数

钨极直径 /mm	焊丝直径 /mm	焊接电流 /A	电弧电压 /V	焊接速度 /(cm/min)	氩气流量/(L/min)	
					正面	背面
3	3	140~160	14~18	100~140	25~30	8~15

②镍/钢复合板对接。按照焊复合板的原则,先用焊条电弧焊焊低合金钢基层,以多层焊焊到近复层 1 mm 处停止。此时对基层焊缝进行无损探伤,检查焊缝有无缺陷,若有缺陷应予以修补,待确认基层焊缝无缺陷后,接着用纯镍焊丝钨极氩弧焊,焊过渡层,焊过基层和复层的分界面上约 1 mm,此层的焊缝金属成分是介于基层和复层之间。过渡层焊好后,最后焊复层,仍用纯镍焊丝进行手工钨极氩弧焊,焊满坡口,并有 1.5 mm~3 mm 的余高,焊缝外形光顺均匀,且无缺陷。镍/钢复合板对接焊的工艺参数见表 5-65。

③镍/钢复合板角接。用焊条电弧焊焊开 50° 的角焊缝的基层,以多层焊完成,焊脚尺寸约为 5 mm。基层焊缝焊好后,对根部清理并开槽,可用砂轮打磨成形。接着用纯镍焊丝手工钨极氩弧焊在根部连续焊两层,一层作为过渡层,另一层作为盖面焊缝,此盖面焊缝并不是纯镍的。镍/钢复合板角接焊工艺参数见表 5-65。

表 5-65 镍/钢复合板焊接的工艺参数

母材板厚	坡口形式	焊接位置	焊道顺序	焊接电流/A	电弧电压/A	钨极直径/mm	焊丝或焊条直径/mm	氩气流量/(L/min)	注
钢基层 10 mm 镍复层 3 mm	V 形对接,坡口角度 70°	平对接	基 层	140~180	24~28	—	4	—	焊条电弧焊
			过渡层	100~140	14~18	3	3	20	钨极氩弧焊
			复 层	100~140	14~18	3	3	20	钨极氩弧焊
	角接,单边开坡口,角度 50°	横角焊	基 层	160~200	25~30	—	4	—	焊条电弧焊
			过渡层	110~140	14~18	3	3	20	钨极氩弧焊
			盖面层	110~150	15~20	3	3	20	钨极氩弧焊

④镍管和复合板的管板接头。由于坡口两侧都是 Ni6 纯镍的,而且镍管壁厚仅 2 mm,焊接时需要背面充气保护。焊前在距镍管端部约 30 mm~50 mm 处,塞一团棉纱,焊管板时,喷嘴喷出的氩气有部分流入管内,作为背面的保护。管板较厚,电弧宜偏向管板,电弧绕管子一周,焊缝的终端要和始焊端重叠约 5 mm,然后收弧,延时停气。镍管板接头选用纯镍焊丝(ERNi-1),手工钨极氩弧焊的工艺参数见表 5-66。

表 5-66 镍管和镍复合板的管板接头的手工钨极氩弧焊工艺参数

管壁厚 /mm	板的坡口 /°	钨极直径 /mm	焊丝直径 /mm	焊接电流 /A	电弧电压 /V	喷嘴孔径 /mm	氩气流量 /(L/min)	焊丝
2	50	2.4	2.4	55~95	9~12	12	12	ERNi-1 (HS501)

(二)用镍基焊丝手工钨极氩弧焊接长钨棒

1. 产品结构和材料

钨极氩弧焊过程中,钨极常加热到熔化状态,有微量损耗,积少成多,钨极也要损耗。当钨棒由原长150 mm烧损到50 mm时,虽焊枪能夹住钨棒,但无法使用,因钨极伸出长度太短,操作困难。钨及钨合金是贵重金属,接长钨棒再次利用具有一定的经济意义。现用镍基焊丝对钨棒进行钎焊(钎焊是采用比母材熔点低的金属材料作为钎料,通过熔化的钎料对母材金属表面的扩散作用,而形成接头),将两钨棒连在一起,可再利用。

母材:短钨棒。

钎料:ERNi-1纯镍焊丝(熔点1 410 ℃~1 455 ℃),直径3 mm。

钨极:铈钨极,直径3 mm。

氩气:纯度≥99.99%。

2. 焊接工艺

(1)设置工作垫板和夹板。用3 mm×150 mm×100 mm一块紫铜板作为工作垫板,用3 mm×80 mm×40 mm两块紫铜板作为夹板,在夹板侧挖一R=8 mm的半圆槽。两夹板间留空隙,安放钨棒用,如图5-50。未放钨棒前用钢丝轮打磨铜板和母材钨棒接触部位周围50 mm,清除污物,并用丙酮擦净。

(2)坡口准备。将两要钎焊的短钨棒端部磨平,并用细砂布擦净,再用丙酮擦净。

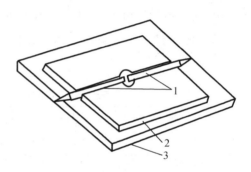

图5-50 钨棒的接长
1—钨棒;2—纯铜夹板;3—纯铜工作垫板

(3)两短钨棒的定位。将两短钨棒放置于工作垫板和两夹板之间,两夹板夹紧钨棒,两短钨棒间隙1 mm~1.5 mm。

(4)焊接工艺参数。钨极直径和焊丝直径均选用3 mm,焊接电流90 A~100 A,喷嘴孔径16 mm,氩气流量12 L/min,采用直流正极。

(5)操作技术。采用高频引弧,引弧后略拉长电弧,作小环形运动,将母材钨棒两端部均匀加热至母材钨棒端头红热时,迅速压短电弧,并及时填加镍焊丝,熔滴填满间隙后熄弧,熄弧后,焊枪不离开熔池,氩气延时保护焊接接头。

将钨棒翻身,用同样方法焊坡口背面,填满钨棒背面的间隙。

(6)修磨接头。焊接钨棒接头后,对焊缝外形进行修磨成圆形。

(7)减小使用电流。由于镍焊丝焊成的接头,不及钨极耐高温,故应减小使用焊接电流。

第六章　手工钨极氩弧焊的安全技术

第一节　焊工"十不焊"

手工钨极氩弧焊工是涉及强电、高频电磁波、放射线、弧光及有害气体的明火作业。焊工要使用电器设备,就有可能发生触电事故;用高频引弧时,受高频电磁波的伤害;使用钍钨极,人体受放射线影响;弧光及焊接产生的有害气体都对人体健康受到不同程度的伤害和影响。在焊接生产过程中,必须采取有效的安全措施,防止产生的伤害事故和减小影响。据业界多年来的经验总结出焊工"十不焊",这是焊工必须要遵守的基本原则。

(1)焊工没有操作证,又没有正式焊工在场指导,不能单独进行焊接工作。

(2)凡属禁火区,未经审批,又无安全措施,消防人员未到场,不得擅自焊接。

(3)不了解作业现场及周围情况,不得盲目焊接。

(4)不了解焊接物件内部情况,不能焊接。

(5)盛装过易燃、易爆及有毒物质的容器,未经彻底清洗,不能焊接。

(6)用可燃材料作隔层的设备、部位,未采取可靠安全措施,不能焊接。

(7)有压力或密封的容器、管道,不能焊接。

(8)附近堆放易燃、易爆物品,未经彻底清理或未采取有效安全措施前,不能焊接。

(9)和外单位相接触的作业部位,在未搞清对外单位有否影响,或明知危险而未采取有效安全措施前,不能焊接。

(10)作业场所附近有与明火相抵触的作业,不能焊接。

第二节　预防触电

电流通过人体的现象称为触电。电流通过人体内部,破坏心脏、肺脏及神经系统的正常工作,能致人死亡。对焊工来说,触电是最危险的工伤事故。当通过人体 5 mA 直流电时,人就有针刺发麻的感觉,自己尚能够脱离电源;当通过人体的电流达 10 mA 时,人痛觉剧烈;当电流达 50 mA 时,人就有生命危险;通过人体电流 100 mA,只要 1 s 时间就能使人致命。人体电阻是个变值,当人在过度疲劳或神志不清时,人体电阻急剧下降,皮肤潮湿出汗也会使电阻急剧下降。人体最小电阻约 800 Ω。因此安全电压为 50 mA × 800 Ω = 40 V。我国规定安全操作电压为 36 V。对于潮湿而危险性较大的环境,规定安全电压为 12 V。预防触电的措施有以下几种:

(1)电焊设备的安装和检修应由电工负责,焊工不得擅自拆修。

（2）焊机的外壳必须有良好的接地，接地线必须用 10 mm² 以上的铜导线。

（3）焊工在推拉三相电源闸刀时，必须戴皮手套，头部不要正面朝向闸刀，避免闸刀产生的电弧火花灼伤焊工脸部。

（4）焊接工作时要戴好手套、穿好绝缘鞋和工作服等个体防护用具。

（5）焊机、电闸、焊枪及电缆绝缘必须良好。

（6）工作时，注意工作服尽可能不被污水或雨水弄湿，工作服潮湿或在潮湿场所焊接时，身体不要靠在钢板（接焊件电缆）上，应使用干燥木板或橡胶绝缘垫等隔离，避免触电。

（7）工作场地不应有洒落的水，尤其是使用水冷式焊枪时，要防止水管接头处的漏水。

（8）在狭小舱室、容器、管道内焊接时，应进行通风排气，同时加强人体和钢板的绝缘措施，使用绝缘垫。必要时实行两人轮换焊接的监护措施。

（9）焊接时要关注焊接电缆、接焊枪电缆、遥控盒控制线等的放置，避免被灼热的焊缝烧坏绝缘。发现绝缘破损，应及时用绝缘带包扎好。

（10）夜间或在光线暗的场所工作时，使用的手提式行灯的电压不得超过 36 V，在潮湿场所或狭小容器内使用的行灯电压应不超过 12 V。

（11）发现焊机有不正常现象，先切断电源开关，然后通知电工检修。

（12）焊接工作结束，离开现场前，应切断焊机的电源。

（13）遇到有人触电时，切不可用裸手去拉触电者，应迅速将电源切断后进行抢救，如触电者呈昏迷状态，应立即进行人工呼吸，并及时送往医院。

第三节　预防高频电磁波和放射线的伤害

一、预防高频电磁波的伤害

钨极氩弧焊常用高频振荡器引燃电弧，振荡器的频率为 150 KHz～260 KHz，高频电流强度 3 mA～7 mA，电场强度约 140 V/m～190 V/m。焊工长期接收高频电磁波，能引起植物神经功能紊乱和神经衰弱。其症状是全身不适、头昏、头痛、多梦、失眠、记忆力衰退、疲乏无力、食欲不振及血压偏低。对高频电磁场的防护措施有以下几种：

（1）尽可能用高压脉冲引弧装置，而不用高频振荡器装置。若使用高频振荡器引弧，引弧后立即切断高频电源；

（2）降低振荡频率为 30 KHz，频率降低，对人体的影响可减小；

（3）焊接时，控制箱的门要关紧，减小高频向外发射量；

（4）使用屏蔽网，用细金属编织成屏蔽网，套在焊机通往焊枪的电缆橡胶层外面，并将屏蔽网接地；

（5）选用高频屏蔽式焊枪。

二、预防放射线的伤害

钨极氩弧焊使用钍钨棒时，钍钨棒含有 1%～2% 的氧化钍，钍是一种放射性元素。焊工在接触和使用钍钨棒过程中，都要受到放射线的伤害。放射性物质进入人体中可引起慢

性放射性病,主要症状是明显的衰弱无力、对传染病的抵抗力明显下降、体重减轻等。预防放射线伤害的措施有以下几种:

(1)钍钨棒应有专用的储存密闭箱,箱子应是铅制成的,可以防止钍元素向外发射;

(2)应备有专用砂轮磨制钍钨棒,砂轮机要配备除尘装置,砂轮机工作场地的磨削要经常作湿式清除,并集中深埋;

(3)磨削钍钨棒时应戴防尘口罩,手接触钍钨棒后要用流动水擦肥皂进行清洗,并经常清洗手套和工作服等;

(4)避免使用大电流焊接,减少钍钨棒的过热烧损和蒸发;

(5)选用铈钨棒,替代钍钨棒。

第四节　预防弧光伤害、灼伤和火灾

一、预防弧光伤害

氩弧焊的电弧光很强,弧光中的紫外线的强度要比焊条电弧焊大 5～10 倍。此外还有红外线和可见光。紫外线照射皮肤,可引起皮炎,皮肤上出现红斑、小水泡、渗出液和浮肿,有灼烧、发痒、触痛等症状,以后会变黑和脱皮。眼睛对紫外线更为敏感,短时间照射会引起急性角膜炎,又称电光性眼炎。其症状表现为眼疼痛、有沙粒感、多泪、畏光、怕吹风、视力不清等,一般不会有后遗症。眼睛受到红外线辐射,立即会感到强烈的灼伤和灼痛,发生闪光幻觉,长期受辐射还可能造成红外线白内障和视网膜灼伤。焊接电弧的可见光亮度,比肉眼能承受的度约大 10 000 倍。受到照射时眼睛有疼痛感,一时看不见,通常叫电弧"晃眼",不久便可恢复。预防弧光伤害的措施有以下几种:

(1)按照焊接电流的大小,选用黑玻璃的色号,表 6-1 为按焊接电流大小选用黑玻璃片色号;

表6-1　按焊接电流大小选用黑玻璃片色号

黑玻璃片色号	颜色	适用焊接电流/A
8,9	较浅	<100
10	中等	100～350
11	较深	>350

(2)使用的面罩不允许漏光;

(3)穿戴好个体防护用具,不要把颈部和手臂等外露;

(4)焊工的工作服应采用浅色或白色帆布制成,以增加对弧光的反射能力;

(5)多人一起工作时,既要防止弧光伤害他人,也要防止他人弧光伤害自己,必要时要用挡光板隔离弧光;

(6)工作场所周围如有白色墙壁或玻璃等反射物,要用屏风遮挡,避免反射光伤目。

二、预防灼伤和火灾

钨极氩弧焊是明弧焊,操作不当会有飞溅和熔滴下落,飞溅落在人体上要引起灼伤,飞溅落到易燃物上要造成火灾。预防灼伤和火灾的措施有以下几种:

(1)选用合理的焊接工艺参数,避免使用过大的焊接电流和电弧电压;

(2)焊工的工作服和手套应整齐完好,如有破损,应及时修补或更换;

(3)仰焊工作时,焊工应戴有后沿的工作帽,保护颈部,避免颈部灼伤;

(4)禁止在储存易燃易爆物品的容器、房室和场地进行焊接,易燃物必须移开焊接场所10 m以外,并要有防火材料遮挡;

(5)焊工不得乱扔焊丝残头和焊条残头;

(6)焊接隔舱壁上的连接件时,必须查明舱壁背面情况,如有易燃物品必须先移开后才能焊接。

第五节 预防焊接粉尘及有害气体中毒

氩弧焊的电弧高温不仅使焊丝和工件熔化,会能使金属形成沸腾,铁、硅、锰的沸点都低于电弧的温度。液态金属经电弧的热被蒸发呈金属蒸气状态,并随即发生氧化和冷凝,形成不同粒度的金属粉尘,金属粉尘的直径在1 μm以下,很易被焊工吸入肺部,由此产生病变。长期吸入焊接粉尘,能引起尘肺、锰中毒及焊工金属热疾病。

尘肺的发展比较缓慢,多在接触烟尘后10年,方有所觉察,其主要症状为气短、咳嗽、咯痰、胸闷和胸痛。

锰中毒是锰的化合物引起的。锰蒸气在空气中很快被氧化成灰色的一氧化锰和棕红色的四氧化三锰烟雾。锰粉和锰的氧化物通过呼吸道和消化道进入人体,作用于末梢神经和中枢神经,轻度中毒可引起头晕、失眠反应、眼睑和手指轻微震颤,中毒进一步恶化会使人出现转弯、跨越、下蹲困难,甚至走路摇摆或前冲后倒等症状。

焊接烟尘中的氧化铁、氧化锰微粒和氟化物等物质均可引起焊工金属热反应。其主要症状是工作后发烧、寒战、口感金属味、喉痒、呼吸困难、恶心、食欲不振等。

在电弧的高温和强烈紫外线照射下,在电弧周围形成多种有害气体,其中主要有臭氧、氮氧化物、一氧化碳及氟化氢等。

臭氧是由于紫外线照射空气中的氧,发生光化学反应而产生的。钨极氩弧焊产生的臭氧比焊条电弧焊的多得多。臭氧是一种淡蓝色的气体,具有刺激性、带有腥臭味。臭氧浓度超过一定限值时,往往引起咳嗽、胸闷、乏力、头晕、恶心、全身酸痛等症状,严重时可引起支气管炎。

氮氧化物是由于电弧高温作用,使空气中氮、氧分子离解,重新组合而形成的。氮氧化合物也是具有刺激性的有害气体,但毒性比臭氧小。氮氧化合物能引起咳嗽、呼吸困难及全身乏力等。

一氧化碳是由二氧化碳气体在电弧高温作用下发生分解而形成的。钨极氩弧焊和各种明弧焊都会产生一氧化碳气体,其中以二氧化碳气体保护焊产生的浓度最高。一氧化碳经呼吸道由肺泡进入血液与血红蛋白结合成碳氧血红蛋白,使人体缺氧,造成一氧化碳中毒。中毒时表现为头疼、眩晕、恶心、呕吐、全身无力、两腿发软,以至昏厥。如立即离开现场,吸入新鲜空气,症状立即消失。焊工长期吸入一氧化碳,可出现头疼、头晕、面色苍白、四肢无力、体重下降、全身不适等神经衰弱症。

氟化氢是由焊条药皮中萤石(CaF_2)在电弧高温下形成的气体。氟化氢极易溶于水形成氢氟酸,腐蚀性强,毒性剧烈。吸入较高浓度的氟及氟化物气体,强烈刺激上呼吸道,还可引起眼结膜溃疡、鼻腔和黏膜充血、干燥及鼻腔溃疡,严重时可发生支气管炎及肺炎等。

预防焊接粉尘及有害气体中毒的措施有以下几种:

(1)焊接工作场所应具有良好的通风除尘的排烟设备。除了焊接车间要做到全面通风外,还要实现局部排气,送入新鲜空气,排出有害气体和烟尘,使工作场所的空气质量符合卫生要求。

(2)加强个人防护措施,对人身各部位要有完善的防护用品,除了穿戴好工作服、手套、绝缘鞋外,可使用送风呼吸器面具,也可以使用防尘口罩和防毒面具,以过滤粉尘和焊接烟尘中的金属氧化物及有害气体。

(3)合理组织焊工操作位置,焊工应站在工作岗位通风的上风位置。

(4)改进焊接工艺和革新焊接材料,这是改善焊接卫生条件的有效措施。采用单面焊两面成形来代替两面焊,可以避免在容器内恶劣环境施焊,从而减轻焊接烟尘和有害气体的危害。革新焊接材料,就是要发展低尘低毒的焊接材料,这是积极有效的措施,有待焊接工作者的深入探讨。

第六节 气瓶的安全使用

焊接用气瓶若使用不当会发生爆炸。焊工要遵守下列气瓶安全使用规则:

(1)气瓶应竖立放置,并有支架固定,要防止倾倒,发生碰撞;

(2)气瓶应放置在通风良好的地方,并有遮阳装置,防止日光曝晒和雨淋;

(3)气瓶应远离高温、明火、熔融金属和易燃易爆物等,距离应当在 10 m 以上;

(4)气瓶使用前要检查气瓶试压日期是否过期,装上减压流量调节器后检查是否漏气,表针是否灵活;

(5)开启阀门时焊工不要面对阀门接口,应站在气瓶接口的一侧,防止气流射出伤人;

(6)未装减压流量调节器前,应先缓慢打开气瓶阀门,吹除接口处污物,以免灰尘和污物进入减压流量调节器;

(7)开启阀门的动作要稳重缓慢,以免气流过速产生静电火花,或减压器里气体的绝热压缩而发生燃烧爆炸事故;

(8)冬季瓶阀或减压流量调节器可能发生结冻现象,只能用热水或蒸汽解冻,严禁使用火焰烘烤或铁锤猛击,更不能猛拧减压流量调节器的螺丝,防止气体大量冲出造成事故;

(9)瓶内气体不得用尽,氩气瓶的剩余气压不小于 0.5 MPa;

(10)氩气瓶每三年检验一次,若发现有严重腐蚀、损伤和认为有可疑时,可提前检验,气瓶的检验项目一般包括钢瓶内外表面检验和水压试验。

参考文献

［1］中国机械工程学会焊接学会等. 焊工手册［K］. 北京:机械工业出版社,1998.

［2］上海市焊接协会. 现代焊接生产手册［K］. 上海:上海科学技术出版社,2007.

［3］俞尚知. 焊接工艺人员手册［K］. 上海:上海科学技术出版社,1991.

［4］洪松涛等. 简明焊工手册［K］. 上海:上海科学技术出版社,2008.

［5］徐越芝. 电焊工实用技术手册［K］. 南京:江苏科学技术出版社,2006.

［6］吴树雄等. 焊丝选用指南［K］. 北京:化学工业出版社,2002.

［7］李亚江. 焊接材料的选用［M］. 北京:化学工业出版社,2004.

［8］余燕等. 焊接材料选用手册［K］. 上海:上海科学技术文献出版社,2005.

［9］腾明胜. 金属熔化焊基础与常用金属材料焊接［M］. 北京:高等教育出版社,2008.

［10］梁文广. 电焊机维修简明回答［M］. 北京:机械工业出版社,2005.

［11］陈裕川. 焊接工艺评定手册［K］. 北京:机械工业出版社,2001.

［12］贾鸿谟. 手工钨极氩弧焊技术及其应用［M］. 太原:山西科学技术出版社,2006.

［13］于增瑞. 钨极氩弧焊实用技术［M］. 北京:化学工业出版社,2004.

［14］焦万才等. 氩弧焊［M］. 沈阳:辽宁科学技术出版社,2007.

［15］孙景荣. 氩弧焊入门与提高［M］. 北京:化学工业出版社,2008.

［16］吕文坤等. 高级船舶焊接工操作技能［M］. 哈尔滨:哈尔滨工程大学出版社,2002.

［17］赵伟兴. 船舶电焊工［M］. 北京:国防工业出版社,2008.